压力容器材料金相检测及图谱

杜晨阳◎著

中国石化出版社
·北京·

内 容 提 要

《压力容器材料金相检测及图谱》共8章，较系统介绍了压力容器材料的基本知识和金相检测方法。内容包括压力容器材料概述、合金与相图、金属材料热处理、材料硬度检测、金相检测、压力容器腐蚀机理、压力容器现场金相图谱和失效分析案例。本书注重理论联系实际，精选了在役压力容器常见的正常组织图片、缺陷组织图片和失效分析组织图片，涵盖20种材料，共计157张图片。本书适合压力容器设计制造、使用管理及监督检验等有关专业技术和管理人员使用，也可供大专院校有关专业师生参阅。

图书在版编目(CIP)数据

压力容器材料金相检测及图谱 / 杜晨阳著. --北京：中国石化出版社，2024. 11. --ISBN 978-7-5114-7683-8

Ⅰ. TH490. 4-64

中国国家版本馆 CIP 数据核字第 2024WZ0869 号

中国石化出版社出版发行

地址：北京市东城区安定门外大街58号

邮编：100011 电话：(010)57512500

发行部电话：(010)57512575

http://www. sinopec-press. com

E-mail：press@ sinopec. com

北京艾普海德印刷有限公司印刷

全国各地新华书店经销

*

787毫米×1092毫米 16开本 14.5印张 322千字

2024年11月第1版 2024年11月第1次印刷

定价：78.00元

前　言

压力容器是承受一定压力，盛装高温、高压、有毒有害或腐蚀性化学介质，具有潜在泄漏和爆炸危险的一类特种设备，广泛用于石化、电力、冶金、燃气、航空航天等国民经济和国防军工重要领域。一旦发生失效，往往并发火灾、爆炸、环境污染等灾难性事故，严重影响人民生命财产安全、国家经济运行和社会稳定。2017年国家将压力容器等特种设备和高铁、核电、大飞机等列为高端装备，要求提升产品质量。研究表明，材料质量是保证压力容器本质化安全的一个重要因素。

本书以压力容器为对象，对压力容器材料概念和基本要求、选材原则、合金钢中的相组成、合金钢的分类与编号、材料热处理、硬度检测原理和方法、金相试样选取和制备、现场金相检测方法等技术内容做了详细的介绍，分析了在役压力容器常见的腐蚀机理和腐蚀形貌。尤其是在笔者十多年从事承压类特种设备安全研究和工程实践的基础上，精选出了覆盖压力容器20种常见材料的正常组织、缺陷组织和失效分析组织，共计157张图片。力求反映出当前压力容器材料方面的状况和常见问题。对于判断压力容器安全服役状态，分析失效原因、优化选材和制造工艺、调整使用维护条件等有重要的指导意义。

全书分为8章，第1~3章由杜晨阳撰写，第4~5章由杜晨阳、李晓威、白宁撰写，第6章由杜晨阳、刘畅撰写，第7~8章由杜晨阳、李晓威、刘畅、卢建玉、刘宝林、白宁撰写。本书中的金相图谱和失效案例均为工程中实际发生的典型案例。对从事压力容器设计制造、使用管理及监督检验等有关专业技术和管理人员有一定参考价值。

由于作者水平有限，书中难免存在不足之处，敬请广大读者和专家批评指正。

目　　录

第1章 压力容器材料概述

1.1 压力容器基本概念

仅从压力容器的名称上理解，凡承受流体介质压力的密闭腔体都可称为压力容器。但是，具备这种特点的设备数量很多，其危险性有很大区别，它们中的一部分划入了特种设备安全监察范围。《特种设备安全监察条例》所定义的压力容器是指盛装气体或者液体，承载一定压力的密闭设备，其范围规定为最高工作压力大于或等于0.1MPa(表压)，且压力与容积的乘积大于或等于2.5MPa·L的气体、液化气体和最高工作温度高于或等于标准沸点的液体的固定式容器和移动式容器；盛装公称工作压力大于或等于0.2MPa(表压)，且压力与容积的乘积大于或等于1.0MPa·L的气体、液化气体和标准沸点等于或低于60℃液体的气瓶——氧舱等，包括其所用的材料、安全附件、安全保护装置和与安全保护装置相关的设施。

压力容器广泛应用于石油、化工、机械、冶金、轻工、航空航天、国防等工业部门的生产以及人民生活。在化肥、炼油、化工、农药、医药、有机合成等行业，压力容器是主要的生产设备，压力容器承受各种静、动载荷或交变载荷，有些还有附加的机械或温度载荷。运行温度和压力变化范围相当宽广，从100℃以下的低温到1000℃以上的高温；从真空到100MPa以上的超高压，有时运行条件甚至很苛刻，如合成氨的操作压力为10～100MPa，高压聚乙烯装置的操作压力为100～200MPa。内部介质为气体、液化气体或最高工作温度不低于标准沸点的液体，多达数千个品种，有些是易燃、易爆、有毒、腐蚀等有害物质。上述因素使压力容器从设计、制造到使用、维护都不同于一般机械设备。压力容器的品种有反应压力容器、换热压力容器、分离压力容器、储存压力容器四种。

反应压力容器：如反应器、反应釜、分解锅、聚合釜、高压釜、超高压釜、合成塔、变换炉、蒸球、煤气发生炉等，其用途是为工作介质提供一个进行化学反应的密闭空间，许多反应容器内工作介质发生化学反应的过程，往往又是放热过程或吸热过程，为了保持一定的反应温度，常装设一些加热或冷却、搅拌等附属装置。

换热压力容器：如管壳式余热锅炉、热交换器、冷却器、冷凝器、蒸发器、加热器、消毒锅、烘缸等，其用途是使工作介质在容器内进行热交换，以达到生产过程中所需要的将介质加热或冷却的目的。

分离压力容器：如分离器、过滤器、集油器、缓冲器、洗涤器、吸收塔、干燥塔、分汽、除氧器等，其用途主要是完成介质的流体压力平衡缓冲和气体净化分离。

储存压力容器：如常见的压缩气体或液化气体储罐、压力缓冲器等各种型式的储罐，其用途是用来贮备工作介质以保持介质压力的稳定，保证生产的持续进行，介质在压力容器内不发生化学变化或物理变化。

1.2 基本要求

材料是构成压力容器的物质基础，要正确设计制造压力容器，合理选用材料是极重要的一环。现代生产条件很复杂：温度从低温到高温，压力从真空(负压)到超高压、物料有易爆、剧毒或强腐蚀等特性。不同的生产条件对设备材料有不同的要求。有的要求材料具有良好的力学性能和加工工艺性能，有的要求材料耐高温或低温，有的要求材料具有优良的物理性能，有的要求材料具有良好的耐腐蚀性等。因此，在设计制造压力容器时必须针对设备的具体操作条件，正确合理地选用材料，这对于保证压力容器的正常安全运行，完成生产计划以及节约材料，减轻设备自重，延长设备使用寿命与检修周期，都起着积极作用。

1.2.1 概述

压力容器用材料有板材、管材、锻件、铸件、螺柱(含螺栓)和焊接材料等。在我国，把压力容器用材料分为两大类：受压元件用材料和非受压元件用材料。

压力容器中的受压元件(pressurepart)是指：在压力容器中直接或间接承受介质压力载荷(包括内压或外压)的零部件，如盛装、封闭压力介质的容器壳体元件和其他密闭元件、开孔补强圈、外压加强圈等。

压力容器中的非受压元件(non-pressurepart)是指：为满足使用要求与受压元件直接焊接成为整体而不承受压力载荷的零部件，如支座(或吊耳)及其垫板、保温圈、塔盘支承圈等。非受压元件通常是承载(非压力载荷)元件。

我国压力容器法规、标准中对材料提出的各种要求，实际上是对受压元件用材料的要求。对于压力容器中，与受压元件相焊接的非受压元件用材料，只要求具有良好的焊接性即可。

1.2.1.1 压力容器材料制造许可要求

在我国，压力容器受压元件用部分材料实施制造许可制度。TSG R0004—2009《固定式压力容器安全技术监察规程》2.1 条中规定：压力容器专用钢板(带)的制造单位应当取得相应的特种设备制造许可证，并且要求对压力容器专用钢板进行型式试验。压力容器专用钢板是指压力容器(承压设备)专用钢板标准中的钢板。如以下 8 个钢板标准中的钢板：GB/T 713.2《承压设备用钢板和钢带　第 2 部分：规定温度性能的非合金钢和合金钢》，GB/T 713.3《承压设备用钢板和钢带　第 3 部分：规定低温性能的低合金钢》，GB/T 713.6《承压设备用钢板和钢带　第 6 部分：调质高强度钢》，GB/T 713.7《承压设备用钢板和钢带　第 7 部分：不锈钢和耐热钢》，NB/T 47002.1《压力容器用复合板　第 1 部分：不锈钢－钢复合板》，NB/T 47002.2《压力容器用复合板　第 2 部分：镍－钢复合板》，

NB/T 47002.3《压力容器用复合板　第3部分：钛－钢复合板》，NB/T 47002.4《压力容器用复合板　第4部分：铜－钢复合板》。

压力容器用钢管和法兰锻件等的制造单位应当按TSG D2001《压力管道元件制造许可规则》的相关规定，取得相应项目的制造许可证。

对于实施制造许可的压力容器专用材料，质量证明书和材料上的标志内容应包括制造许可标志和许可证编号。

1.2.1.2　压力容器材料熔炼方法要求

压力容器受压元件用钢，应当是氧气转炉或者电炉冶炼的镇静钢。对标准抗拉强度下限值大于或等于540MPa的低合金钢钢板和奥氏体－铁素体(双相)不锈钢钢板，以及用于设计温度低于－20℃的低温钢板和低温钢锻件，还应当采用炉外精炼工艺。

炉外精炼就是把转炉或电炉中冶炼的钢水移到另一个容器中(主要是钢包)进行精炼的过程，也称“二次炼钢”或钢包精炼。炉外精炼把传统的炼钢分为两步。①初炼：在氧化性气氛下进行炉料的熔化、脱磷、脱碳和主合金化。②精炼：在真空、惰性气氛或可控气氛下进行脱氧、脱硫、去除夹杂、微调成分等。炉外精炼主要是在钢包内完成的，它具有以下冶金作用：一是使钢水温度和成分均匀化；二是微调成分使成品钢的化学成分控制在很窄的范围之内；三是把钢中S含量降到非常低(如S含量可以小于0.005%或更低)、改变钢中夹杂物形态及组成和去除有害元素；四是降低钢中的H、N气体含量(如H含量可以小于2μg/g)。

炉外精炼在现代化的钢铁生产流程中已成为必不可少的一个环节，尤其是炉外精炼和连铸相结合，可作为保证连铸生产顺行、扩大连铸品种、提高铸件质量的重要手段。在现代炼钢生产流程中，采用转炉(电炉)→炉外精炼→连铸已成为现代化炼钢厂冶炼技术的普遍模式。它可以很好地提高钢材的冶炼水平，从而保障钢材的产品质量。GB/T 713.3《承压设备用钢板和钢带　第3部分：规定低温性能的低合金钢》，GB/T 713.6《承压设备用钢板和钢带　第6部分：调质高强度钢》，GB/T 713.7《承压设备用钢板和钢带　第7部分：不锈钢和耐热钢》等标准，已均要求采用转炉或电炉冶炼加炉外精炼的冶炼技术。

1.2.1.3　压力容器材料使用温度上限要求

①钢材的使用温度上限(相应受压元件的最高设计温度)为GB/T 150.2—2011《压力容器　第2部分：材料》各许用应力表中各钢号许用应力所对应的最高温度。如在工艺过程中，钢材需短时在高于使用温度上限操作时，由设计文件规定。

②碳素钢和碳锰钢钢材在高于425℃温度下长期使用时，应考虑钢中碳化物相的石墨化倾向。

③奥氏体型钢材的使用温度高于525℃时，钢中含碳量应不小于0.04%。

1.2.1.4　压力容器材料使用温度下限要求

(1)碳素钢和低合金钢钢材

碳素钢和低合金钢钢材的使用温度下限(相应受压元件的最低设计温度)，根据

GB/T 150.2—2011 各相关章节条文的规定，应符合以下要求。

①受压元件用钢板使用温度下限应符合表 1－1 的要求。

表 1－1　受压元件用钢板使用温度下限要求

钢号	钢板厚度/mm	使用状态	冲击试验要求	使用温度下限/℃
中常温用钢板				
Q245R	<6	热轧、控轧、正火	免做冲击	－20
	6～12		0℃冲击	－20
	>12～16			－10
	>12～20	热轧、控轧	－20℃冲击（协议）	－20
	>12～150	正火		－20
Q370R	10～60	正火	－20℃冲击	－20
18MnMoNbR	30～100	正火加回火	0℃冲击	0
			－10℃冲击（协议）	－10
13MnNiMoR	30～150	正火加回火	0℃冲击	0
			－20℃冲击（协议）	－20
07MnMoVR	10～60	调质	－20℃冲击	－20
12MnNiVR	10～60	调质	－20℃冲击	－20
低温用钢板				
16MnDR	6～60	正火，正火加回火	－40℃冲击	－40
	>60～120		－30℃冲击	－30
15MnNiDR	6～60	正火，正火加回火	－45℃冲击	－45
15MnNiNbDR	10～60	正火，正火加回火	－50℃冲击	－50
09MnNiDR	6～120	正火，正火加回火	－70℃冲击	－70
08Ni3DR	6～100	正火，正火加回火，调质	－100℃冲击	－100
06Ni9DR	6～40（6～12）	调质（或两次正火加回火）	－196℃冲击	－196
07MnNiVDR	10～60	调质	－40℃冲击	－40
07MnNiMoDR	10～50	调质	－50℃冲击	－50

②受压元件用钢管使用温度下限应符合表1－2的要求。

表1－2　受压元件用钢管使用温度下限要求

钢号	钢管标准	使用状态	壁厚 t/mm	冲击试验温度/℃
10	GB/T 8163	热轧	≤10	－10
20		热轧	≤10	0
Q345D		正火	≤10	－20
10	GB 9948	正火	≤30	－20
20		正火	≤50	0
10	GB 9948	正火	≤30	－20
20		正火	≤50	0
20	GB 6479	正火	>6.5～40	0
16Mn		正火	>6.5～40	－40
09MnD	GB/T 150.2—2024 表4	正火	≤16	－50
09MnNiD		正火	≤16	－70

③受压元件用钢锻件使用温度下限应符合表1－3的要求。

表1－3　受压元件用钢锻件使用温度下限要求

钢号		公称厚度/mm	冲击试验要求	使用温度下限/℃
中常温用钢锻件	20	≤300	0℃冲击	0
			－20℃冲击	－20
	35	≤100	20℃冲击	0
		>100～300		20
	16Mn	≤300	0℃冲击	0
			－20℃冲击	－20
	20MnMo	≤700	0℃冲击	0
			－20℃冲击	－20
	20MnMoNb	≤500	0℃冲击	0
	20MnNiMo	≤500	－20℃冲击	－20
	35CrMo	≤500	0℃冲击	－20
低温用钢锻件	16MnD	≤100	－45℃冲击	－45
		>100～300	－40℃冲击	－40
	20MnMoD	≤300	－40℃冲击	－40
		>300～700	－30℃冲击	－30
	08MnNiMoVD	≤300	－40℃冲击	－40
	10Ni3MoVD	≤300	－50℃冲击	－50
	09MnNiD	≤300	－70℃冲击	－70
	08Ni3D	≤300	－100℃冲击	－100

注：20、16Mn和20MnMo钢锻件如进行－20℃冲击试验，应在设计文件中注明。

④碳素钢和低合金钢螺柱的使用温度下限：20 钢为 -20℃；35、40MnB、40MnVB 和 40Cr 钢为 0℃；30CrMoA、35CrMoA、35CrMoVA、25Cr2MoVA、40CrNiMoA 和 S45110(1Cr5Mo)钢为 -20℃。当 30CrMoA、35CrMoA 和 40CrNiMoA 钢螺柱使用温度低于 -20℃时，应进行使用温度下的低温冲击试验。

使用温度低于 -40 ~ -70℃的 30CrMoA 和 35CrMoA 螺柱用钢，其化学成分(熔炼分析)中的 P、S 含量应分别为≤0.020%、≤0.010%；40CrNiMoA 螺柱用钢和使用温度低于 -70 ~ -100℃的 30CrMoA，其化学成分(熔炼分析)中的 P、S 含量应分别为≤0.015%、≤0.008%。

(2)受压元件用高合金钢钢材

受压元件用高合金钢钢材(钢板、钢管、钢锻件)的使用温度下限应符合以下要求。

①高合金钢钢板铁素体型钢板为 0℃；奥氏体 - 铁素体(双相钢)型钢板为 -20℃；奥氏体型钢材的使用温度高于或等于 -196℃时，由于不会产生低温脆断，所以可免做冲击试验。但奥氏体型钢材的使用温度下限可达到 -253℃(液氢的沸点温度为 -252.8℃)，在 -196 ~ -253℃使用是否要做冲击试验，由设计文件规定。

②高合金钢钢管

a. GB/T 21832《奥氏体 - 铁素体型双相不锈钢焊接钢管》和 GB/T 21833《奥氏体 - 铁素体型双相不锈钢无缝钢管》中各钢号钢管为 -20℃。

b. GB/T 13296《锅炉、热交换器用不锈钢无缝钢管》、GB/T 14976《流体输送用不锈钢无缝钢管》、GB/T 12771《流体输送用不锈钢焊接钢管》和 GB/T 24593《锅炉和热交换器用奥氏体不锈钢焊接钢管》中各钢号钢管的使用温度高于或等于 -196℃时，可免做冲击试验，在 -196 ~ -253℃使用是否要做冲击试验，由设计文件规定。

c. 允许选用 GB/T 1220《不锈钢棒》中直径不大于 50mm 的 S30408、S30403、S32168、S31608、S31603、S31703 和 S31008 钢棒制造壁厚不大于 8mm 且在固溶(或稳定化)状态下使用的接管。这些钢号接管的使用温度下限为 -253℃，高于或等于 -196℃时，可免做冲击试验，在 -196 ~ -253℃使用是否要做冲击试验，由设计文件规定。

③高合金钢钢锻件

a. 铁素体型 S11306 钢锻件为 0℃。

b. 奥氏体 - 铁素体型 S21953、S22253 和 S22053 钢锻件为 -20℃。

c. 奥氏体型钢锻件不低于 -196℃时，可免做冲击试验，在 -196 ~ -253℃使用是否要做冲击试验，由设计文件规定。

(3)用于低温低应力工况的钢材

对用于低温低应力工况的钢材，其使用温度下限按 GB/T 150.3—2011《压力容器　第 3 部分：设计》附录 E 的规定执行。

1.2.2　化学成分(熔炼分析)

1.2.2.1　用于焊接的碳素钢和低合金钢材

用于焊接的碳素钢和低合金钢材，C 含量≤0.25%、P 含量≤0.035%、S 含量≤

0.035%。这是对压力容器受压元件所有用于焊接的碳素钢和低合金钢(包括通用钢材和容器专用钢材)在C、P、S方面的最低技术要求。

降低钢中含碳量对改善钢材的焊接性能和提高钢材的韧性均有利，从而也提高了压力容器的使用可靠性。近10年来，我国钢铁工业发展很快，2008年我国粗钢产量超过5亿t，开始由供不应求变为供大于求。近两年，随着国家节能降耗需求和产品结构的调整，有相当一些产量低、能耗高的小钢厂关停转产。在新材料的研制方面，近10年同样取得了很大进展。现在我国承压设备用钢材除了极少数高技术难度的尚需部分进口外，其余绝大部分均可立足于国内制造。在我国，目前用于焊接的承压设备用碳素钢和低合金钢中，所有牌号的C含量均不大于0.25%。常用美国ASME SA516Gr.70钢板的C、P、S不符合这一规定，如设计人员在选用ASMESA516Gr.70钢板时，一般通过向钢厂提出“订货附加技术要求”来满足。

1.2.2.2　压力容器专用钢中的碳素钢和低合金钢材

压力容器专用钢中的碳素钢和低合金钢材(钢板、钢管和钢锻件)，其P、S含量应当符合以下要求。

①碳素钢和低合金钢材基本要求，P≤0.030%、S≤0.020%。

②标准抗拉强度下限值大于等于540MPa的钢材，P≤0.025%、S≤0.015%。

③用于设计温度低于-20℃并且标准抗拉强度下限值小于540MPa的钢材，P≤0.025%、S≤0.012%。

④用于设计温度低于-20℃并且标准抗拉强度下限值大于等于540MPa的钢材，P≤0.020%、S≤0.010%。

压力容器专用钢中的碳素钢和低合金钢材，是指以下6种承压设备用钢材专用标准中的钢材。

钢板标准：GB/T 713.2《承压设备用钢板和钢带　第2部分：规定温度性能的非合金钢和合金钢》，GB/T 713.3《承压设备用钢板和钢带　第3部分：规定低温性能的低合金钢》，GB/T 713.6《承压设备用钢板和钢带　第6部分：调质高强度钢》。

钢管标准：GB 9948《石油裂化用无缝钢管》。

钢锻件标准：NB/T 47008(JB/T 4726)《承压设备用碳素钢和合金钢锻件》，NB/T 47009(JB/T 4727)《低温承压设备用低合金钢锻件》。

压力容器专用钢中含有高合金元素的不锈钢和耐热钢，其P、S含量不受此限制。

1.2.2.3　压力容器用新钢中含有高合金元素的不锈钢和耐热钢

压力容器用新钢种中的低合金钢材(钢板、钢管)，其化学成分(质量分数)应当符合以下要求。

(1)低合金钢钢板

①12Cr2Mo1VR钢的化学成分(熔炼分析)符合表1-4的规定。

表 1-4 12Cr2Mo1VR 钢的化学成分 %

C	Si	Mn	P	S	Cr	Mo
0.11~0.15	≤0.10	0.30~0.60	≤0.010	≤0.005	2.00~2.50	0.90~1.10
V	Cu	Ni	Nb	Ti	B	Ca
0.25~0.35	≤0.20	≤0.25	≤0.07	≤0.030	≤0.0020	≤0.015

②15MnNiNbDR 钢的化学成分(熔炼分析)符合表 1-5 的规定。

表 1-5 15MnNiNbDR 钢的化学成分 %

C	Si	Mn	P	S	Ni	Nb
≤0.18	0.15~0.50	1.20~1.60	≤0.020	≤0.010	0.30~0.70	0.015~0.040

③08Ni3DR 钢的化学成分(熔炼分析)符合表 1-6 的规定。

表 1-6 08Ni3DR 钢的化学成分 %

C	Si	Mn	P	S	Ni	Mo	V
≤0.10	0.15~0.35	0.30~0.80	≤0.015	≤0.010	3.25~3.70	≤0.12	≤0.05

④06Ni9DR 钢的化学成分(熔炼分析)符合表 1-7 的规定。

表 1-7 06Ni9DR 钢的化学成分 %

C	Si	Mn	P	S	Ni	Mo	V
≤0.08	≤0.35	0.30~0.80	≤0.008	≤0.004	8.50~10.00	≤0.10	≤0.01

注：Cr+Cu+Mo≤0.50%。

(2)低合金钢钢管

①12Cr2Mo1 钢管的化学成分(熔炼分析)符合表 1-8 的规定。

表 1-8 12Cr2Mo1 钢管的化学成分 %

C	Si	Mn	P	S	Cr	Mo
0.08~0.15	≤0.50	0.40~0.60	≤0.025	≤0.015	2.00~2.50	0.90~1.10

②09MnD 钢管的化学成分(熔炼分析)符合表 1-9 的规定。

表 1-9 09MnD 钢管的化学成分 %

C	Si	Mn	P	S	Al
≤0.12	0.15~0.35	1.15~1.50	≤0.020	≤0.010	≥0.015

③09MnNiD 钢管的化学成分(熔炼分析)符合表 1-10 的规定。

表 1-10 09MnNiD 钢管的化学成分 %

C	Si	Mn	P	S	Cr	Cu	Sb
≤0.12	0.20~0.40	0.35~0.65	≤0.030	≤0.020	0.70~1.10	0.25~0.45	0.04~0.10

④08Cr2AlMo 钢管的化学成分(熔炼分析)符合表 1－11 的规定。

表 1－11　08Cr2AlMo 钢管的化学成分　%

C	Si	Mn	P	S	Cr	Al	Mo
0. 05～0. 10	0. 15～0. 40	0. 20～0. 50	≤0. 025	≤0. 015	2. 00～2. 50	0. 30～0. 70	0. 30～0. 40

⑤09CrCuSb 钢管的化学成分(熔炼分析)符合表 1－12 的规定。

表 1－12　09CrCuSb 钢管的化学成分　%

C	Si	Mn	P	S	Cr	Cu	Sb
≤0. 12	0. 20～0. 40	0. 35～0. 65	≤0. 025	≤0. 015	0. 70～1. 10	0. 25～0. 45	0. 04～0. 10

以上所列的压力容器用新钢种中的低合金钢材(钢板、钢管)，是指已列入 GB/T 150. 2—2011 附录 A 中，但还未列入材料标准(国家标准或行业标准)中的钢材。这些新钢种暂包括：4 种低合金钢钢板(12Cr2Mo1VR、15MnNiNbDR、08Ni3DR、06Ni9DR)和 5 种低合金钢钢管(12Cr2Mo1、09MnD、09MnNiD、08Cr2AlMo、09CrCuSb)。

从以上化学成分看，这些新钢种的 S、P 等杂质含量大幅度降低，从而大大提高了钢材的强度、韧性及可焊性，也随之提高了这些材料制造压力容器的质量。

1. 2. 2. 4　我国压力容器用钢与国外同类钢中 P、S 含量对比

表 1－13～表 1－19 列举了我国现行压力容器用钢标准中一些牌号钢材 P、S 含量指标，与国际上影响较大的欧洲标准及美国 ASME 标准中相近牌号钢材 P、S 含量指标的对比。

表 1－13　碳素钢板 P、S 含量对比

标准	牌号	P/%	S/%	备注
GB/T 713. 2	Q245R	≤0. 025	≤0. 010	取代 GB 6654 中的 20R
EN 10028－2：2017	P235GH	≤0. 025	≤0. 015	
ASME—2021	SA516Gr. 60	≤0. 035	≤0. 035	

表 1－14　碳锰钢板 P、S 含量对比

标准	牌号	P/%	S/%	备注
GB/T 713. 2	Q345R	≤0. 025	≤0. 010	取代 GB 6654 中的 16MnR
EN 10028－2：2017	P355GH	≤0. 025	≤0. 015	
ASME—2021	SA516Gr. 70	≤0. 035	≤0. 035	

表 1－15　铬钼钢板 P、S 含量对比

标准	牌号	名义成分	P/%	S/%	备注
GB/T 713. 2	15CrMoR	1. 0Cr－0. 5Mo	≤0. 025	≤0. 010	
EN 10028－2：2017	13CrMo4－5	1. 0Cr－0. 5Mo	≤0. 025	≤0. 010	
ASME—2021	SA387Gr. 12	1. 0Cr－0. 5Mo	≤0. 035	≤0. 035	

表 1－16 低温用低镍钢板 P、S 含量对比

标准	牌号	Ni/%	P/%	S/%	备注
GB/T 713.3—2023	09MnNiDR	0.30～0.80	≤0.015	≤0.005	－70℃用钢
EN 10028－4：2009	13MnNi6－3	0.30～0.85	≤0.025	≤0.015	－60℃用钢
ASME—2021	SA203Gr. A	2.10～2.50	≤0.035	≤0.035	－70℃用钢

表 1－17 低温用 3.5%镍钢板 P、S 含量对比

标准	牌号	Ni/%	P/%	S/%	备注
GB/T 150.2—2011 附录 A	08Ni3DR	3.25～3.70	≤0.015	≤0.010	－100℃用钢
EN 10028－4：2009	12Ni14	3.25～3.75	≤0.020	≤0.010	－100℃用钢
ASME—2021	SA203Gr. E	3.25～3.75	≤0.035	≤0.035	－100℃用钢

表 1－18 低温用低镍钢锻件 P、S 含量对比

标准	牌号	Ni/%	P/%	S/%	备注
NB/T 47009—2010	09MnNiD	0.45～0.85	≤0.020	≤0.010	－70℃用钢
EN 10222－3：2017	13MnNi6－3	0.30～0.85	≤0.025	≤0.015	－60℃用钢
ASME—2021	SA350－LF5	1.0～2.0	≤0.035	≤0.040	+60℃用钢

表 1－19 低温用 3.5%镍钢锻件 P、S 含量对比

标准	牌号	P/%	S/%	备注
NB/T 47009—2010	08Ni3D	≤0.015	≤0.010	－100℃用钢
EN 10222－3：2017	12Ni14	≤0.020	≤0.010	－100℃用钢
ASME—2021	SA350－LF3	≤0.035	≤0.040	－100℃用钢

从表 1－13～表 1－19 数据可以看出，美国 ASME 标准 P、S 含量的规定一直延续多年前的指标不变，而我国正在实施的有效压力容器材料标准，其 P、S 含量的规定不仅符合欧洲标准所规定的指标，在低温钢板和钢锻件的标准中，其 P、S 含量的指标还优于相应欧洲标准的规定。

我国压力容器用钢中 P、S 含量的降低，是从 1999 版《压力容器安全技术监察规程》2000 年 1 月 1 日实施以后开始的。当时实施的有效标准 GB 6654—1996《压力容器用钢板》和 GB 3531—1996《低温压力容器用低合金钢钢板》中各牌号钢的 P、S 含量分别如表 1－20 和表 1－21 所示。1999 版《压力容器安全技术监察规程》第 11 条规定："压力容器专用钢材的 P 含量（熔炼分析，下同）不应大于 0.030%，S 含量不应大于 0.020%。"于是，2000 年发布了 GB 6654 第 2 号修改单和 GB 3531 第 1 号修改单，对钢中 P、S 含量按"容规"要求做了降低。2000 年以后颁布的所有压力容器用碳素钢和低合金钢材（钢板、钢管和钢锻件）标准中，其 P、S 含量指标均按≤0.030%、≤0.020%的规定。

表 1－20　GB 6654—1996 各牌号钢的 P、S 含量

牌号	S/%	P/%
	≤	
20R	0.030	0.035
16MnR	0.030	0.035
15MnVR	0.030	0.035
15MnVNR	0.030	0.035
18MnMoNbR	0.030	0.035
13MnNiMoNbR	0.025	0.025
15CrMoR	0.030	0.030

表 1－21　GB 3531—1996　各牌号钢的 P、S 含量

牌号	S/%	P/%
	≤	
16MnDR	0.015	0.025
15MnNiDR	0.015	0.025
09MnNiDR	0.015	0.020

1.2.2.5　使用温度低于－40～－70℃的螺柱用钢

使用温度低于－40～－70℃的 30CrMoA 和 35CrMoA 螺柱用钢，其化学成分(熔炼分析)中 P、S 含量应分别为≤0.020%、≤0.010%；40CrNiMoA 螺柱用钢和使用温度低于－70～－100℃的 30CrMoA 螺柱用钢，其化学成分(熔炼分析)中 P、S 含量应分别为≤0.015%、≤0.008%。

1.2.3　力学性能

1.2.3.1　冲击功

制造压力容器的材料应具有较高的韧性，使压力容器能承受运行过程中可能遇到的冲击载荷。特别是操作温度或环境温度较低的压力容器，更应考虑材料的冲击韧性值，并对材料进行操作温度下的冲击试验，以防止容器在运行中发生脆性破裂。为了预防碳素钢和低合金钢制压力容器发生脆性破坏，TSG R0004—2009《固定式压力容器安全技术监察规程》2.4.1 条和 GB/T 150.2—2011《压力容器　第 2 部分：材料》3.8.1 条均规定：碳素钢和低合金钢钢材(钢板、钢管、钢锻件及其焊接接头)的冲击功最低值应符合表 1－22 的规定。

表 1－22　碳素钢和低合金钢的冲击功最低值(GB/T 150.2—2011)

钢材标准抗拉强度下限值 R_m/MPa	3 个标准试样冲击功平均值 A_{KV2}/J
≤450	≥20
>450～510	≥24
>510～570	≥31
>570～630	≥34
>630～690	≥38

注：①夏比 V 形缺口冲击试样的取样部位和试样方向应符合相应钢材标准的规定。

②冲击试验每组取 3 个标准试样(宽度为 10mm)，允许 1 个试样的冲击功数值低于表中的规定值，但不得低于表中规定值的 70%。

③当钢材尺寸无法制备标准试样时，则应依次制备宽度为 7.5mm 或 5mm 的小尺寸冲击试样，其冲击功指标分别为标准试样冲击功指标的 75% 或 50%。

④钢材标准中冲击功指标高于表中规定的钢材，还需要符合相应钢材标准的规定。

近几年来，随着我国压力容器钢材生产技术水平与质量的不断提高，对压力容器用材规定的最低冲击功指标要求也在逐渐提高。

表 1－23 所示为 GB 150—1989(以及随后的 GB 150—1998)《钢制压力容器》中对压力容器用碳素钢和低合金钢钢材(钢板、钢管、钢锻件及其焊接接头)的冲击功最低值要求。该指标是参照当时的 ASME 规范第Ⅷ卷第 1 篇中的相应规定制定的。

表 1－23　碳素钢和低合金钢冲击功最低值要求(GB 150—1998)

钢材标准抗拉强度下限值 R_m/MPa	3 个标准试样冲击功平均值 A_{KV2}/J
≤450	≥18
>450～515	≥20
>515～650	≥27

表 1－24 所示为 JB 4732—1995《钢制压力容器——分析设计标准》中对分析设计压力容器用碳素钢和低合金钢钢材(钢板、钢管、钢锻件及其焊接接头)的冲击功最低值要求。该指标是参照当时国内重庆钢铁公司、武汉钢铁公司和舞阳钢铁公司 3 家压力容器用钢板企业标准中的指标制定的。与表 1－23 比较，表 1－24 有两大变化：一是提高了冲击功指标；二是对钢材标准抗拉强度下限值的分档细化了。

表 1－24　碳素钢和低合金钢冲击功最低值要求(JB 4732—1995)

钢材标准抗拉强度下限值 R_m/MPa	3 个标准试样冲击功平均值 A_{KV2}/J
≤450	≥20
>450～515	≥24
>515～590	≥27
>590～650	≥31

与表 1－24 比较，表 1－22 也有两大变化：一是提高了 R_m 下限值大于 510MPa 钢材的冲击功指标，且 R_m 下限值间距的划分为 60MPa 一档；二是表中 R_m 下限值的范围也有所扩大，由 650MPa 扩大为 690MPa。这一变动是根据我国现有压力容器用钢材的实际情况而

定的。如9% Ni 的06Ni9DR 钢板，其 R_m 下限值为680MPa。

这里还需说明的是，对标准抗拉强度下限值随厚度增加而降低的钢材，应按标准中最小厚度范围的 R_m 下限值来确定该钢材冲击功指标。

需要注意的是：由于 GB 150—1998 中对压力容器用碳素钢和低合金钢钢材(钢板、钢管、钢锻件及其焊接接头)的冲击功最低值要求，是参照当时的 ASME 规范第Ⅲ卷第1篇中的相应规定制定的，所以，在 GB 150—1998 执行期间，选用 ASME 标准中的材料用于我国容器制造，其冲击功大部分是满足的。2009 年 12 月 1 日正式实施 TSG R0004—2009《固定式压力容器安全技术监察规程》，2012 年 3 月 1 日正式实施 GB/T 150. 2—2011《压力容器　第 2 部分：材料》后，我国国产牌号的压力容器所有碳素钢和低合金钢用材，其冲击功均能满足表 1 – 22 的要求，但选用 ASME 标准中的材料用于我国容器制造时，其冲击功大部分是不满足的。设计人员在选用时应当予以注意。

1. 2. 3. 2　断后伸长率

制造压力容器的材料必须具有良好的塑性，以防止压力容器在使用过程中因意外超载而导致破坏。TSG R0004—2009 2. 4. 1 条中规定：压力容器受压元件用钢板、钢管和钢锻件的断后伸长率应当符合相应钢材标准的规定；焊接结构用碳素钢、低合金高强度钢和低合金低温钢钢板，其断后伸长率(A)指标应当符合表 1 – 25 的规定。

表 1 –25　容器钢板断后伸长率(A)指标(TSG R0004—2009)

钢材标准抗拉强度下限值 R_m/MPa	断后伸长率 A/%
≤420	≥23
>420 ~ 550	≥20
>550 ~ 680	≥17

注：钢材标准中的断后伸长率指标高于本表规定的，还应当符合相应标准的规定。

表 1 – 25 中的断后伸长率最低值，是根据我国现行压力容器专用钢板标准而确定的。表 1 – 26 ~ 表 1 – 28 分别为 GB/T 713. 2—2023、GB/T 713. 3—2023 和 GB/T 713. 6—2023 中有关钢号钢板断后伸长率的指标。

表 1 –26　容器钢板断后伸长率(A)指标(GB/T 713. 2—2023)

钢号	板厚/mm	R_m 下限值/MPa	断后伸长率 A/%
Q245R	3 ~ 60	400	≥25
	>60 ~ 250	390 ~ 370	≥24
Q345R	3 ~ 60	510 ~ 490	≥21
	>60 ~ 250	490 ~ 470	≥20
Q370R	6 ~ 60	530、520	≥20
18MnMoNbR	30 ~ 100	570	≥18
13MnNiMoR	6 ~ 150	570	≥18

表1-27 容器钢板断后伸长率(A)指标(GB/T 713.3—2023)

钢号	板厚/mm	R_m 下限值/MPa	断后伸长率 A/%
16MnDR	5~120	490~440	≥21
15MnNiNbDR	6~60	530~520	≥20
09MnNiDR	6~120	440~420	≥23

表1-28 容器钢板断后伸长率(A)指标(GB/T 713.6—2023)

钢号	板厚/mm	R_m 下限值/MPa	断后伸长率 A/%
Q490R Q490DRL1 Q490DRL2 Q490RW	10~60	610	≥17
Q580R Q580DR	10~60 10~50	690	≥16
Q690R Q690DR	10~80	800	≥16

GB/T 150.2—2011附录A中的新钢种06Ni9DR钢板，是 R_m 下限值达到680MPa的钢种，其最小断后伸长率(A)指标如表1-29所示。

表1-29 06Ni9DR钢板断后伸长率(A)指标

钢号	板厚/mm	R_m 下限值/MPa	断后伸长率 A/%
06Ni9DR	6~40	680	≥18

这里需说明的是，拉伸试验的试样不同尺寸，对断后伸长率的数据有影响。采用不同尺寸试样的断后伸长率指标，应当按照GB/T 17600.1—1998《钢的伸长率换算 第1部分：碳素钢和低合金钢》和GB/T 17600.2—1998《钢的伸长率换算 第2部分：奥氏体钢》进行换算，换算后的指标应当符合表1-25的规定。

需要注意的是：我国现有国产牌号的压力容器所有碳素钢、低合金钢和低温钢用材，其断后伸长率均能满足表1-25的要求，但选用国外标准中的材料用于我国容器制造时，有些材料的断后伸长率不一定满足。设计人员在选用时应当予以注意。

1.2.4 其他要求

1.2.4.1 制造工艺性能要求

压力容器材料要经过很多工序不同方法的加工，才能从材料变为零部件，再变为成品。金属材料的制造工艺性能，就是指对这些不同加工方法的适应能力。包括铸造性能、锻造性能、冲压性能、冷弯性能、切削加工性能、焊接性能和热处理性能等。

(1)铸造性能要求

当压力容器的一些受压元件通过铸造完成时，就要求这些元件使用材料应具有良好的铸造性能。铸造性能是指金属材料能用铸造方法获得合格铸件的能力。铸造性包括流动性、收缩性和偏析等。

①流动性是指液态金属充满铸模的能力。流动性越好，越容易铸造细薄精致的铸件；流动性不好时，容易出现冷隔、浇不足、气孔、夹渣及缩孔等铸造缺陷。

②收缩性是指铸件从液态冷却至室温的过程中，其体积或尺寸缩小的程度。收缩越小，铸件凝固时变形越小。从浇铸温度冷却到室温分为液态收缩、凝固收缩和固态收缩三个收缩阶段。铸件中产生缩孔和缩松的主要原因是合金的液态收缩和凝固收缩，铸件中产生铸造内应力的主要原因是合金的固态收缩。

③偏析是指化学成分不均匀，偏析越严重，铸件各部位的性能越不均匀，铸件的可靠性越差。

(2)锻造性能要求

锻造性能是指材料在承受锤锻、轧制、拉拔、挤压等加工工艺时会改变形状而不产生裂纹的性能。当前，压力容器用材几乎全要经过锻造加工工艺，如钢板需经轧制，管板、法兰等需经锤锻，管材需经轧制、拉拔、挤压等。这就要求压力容器用材应有良好的锻造性能。锻造性能实际上是金属塑性好坏的一种表现，金属材料塑性越高，变形抗力就越小，则锻造性能就越好。材料的锻造性能主要取决于金属的化学成分、显微组织、变形温度、变形速度等因素。

①化学成分的影响：纯金属的可锻性比合金的可锻性好。钢中合金元素含量越多，合金成分越复杂，其塑性越差，变形抗力越大。碳素钢、低合金钢和高合金钢，其可锻性是依次下降的。

②显微组织的影响：纯金属及固溶体的可锻性好，而随化合物含量的递增，其可锻性变差。粗晶粒结构不如晶粒细小而又均匀的组织的可锻性好。

③变形温度的影响：变形温度是指锻造温度，始锻与终锻范围内的温度均属锻造温度。锻造温度升高，塑性上升，降低变形抗力，易于锻造。所以，应严格控制终锻温度。

④变形速度的影响：一方面变形速度增大，冷变形强化现象严重，变形抗力增大，锻造性能变坏；另一方面变形速度很大时产生的热能使金属温度升高，提高塑性，降低变形抗力，锻造性能变好。

(3)冲压性能要求

冲压性能是指金属经过冲压或滚卷变形而不发生裂纹等缺陷的性能。压力容器中的许多零部件是经过冲压或滚卷制造的，如各类封头、拱盖、膨胀节、弯头等要经过冲压，筒节要经过滚卷。这就要求压力容器用材也应具有良好的冲压性能。

影响钢材冲压性能的因素有化学成分、金相组织、力学性能等。

①化学成分的影响：P、S 是有害元素，一定要严格限制含量。P 在钢中有偏析倾向，易形成带状组织，增加钢的冷脆性；S 易形成硫化物，沿晶界分布，会降低钢材冲压性能。另外，随着钢中合金元素的增加，钢材强度增加，塑性降低，冲压性能变差。

②金相组织的影响：碳素钢和低合金钢的金相组织以铁素体为主。而铁素体的晶粒度大小和形状对钢材的冲压性能有很大影响。冲压性能优良的钢板理想晶粒度为 6 级。晶粒粗大(晶粒度 3 ~4 级)时，冲压易引起裂纹；晶粒过细(晶粒度小于 8 级)时，导致钢板强

度增加，塑性降低，冲压性能恶化，零件回弹大。当晶粒度大小不均匀时，对冲压性能的影响尤为显著。铁素体晶粒形状有等轴晶粒(长轴/短轴 = 1.0)和饼形晶粒(长轴/短轴 ≥2.0)之分，在钢板厚度方向上，饼形晶粒的数目多于等轴晶粒，沿厚度方向变形阻力大，冲压时不易减薄，而沿板面方向容易变形。另外，钢板中碳化物、氧化物等化合物的数量、形状，对钢板冲压性能也产生非常大的影响。这些化合物均为脆性相，冲压时几乎不发生变形，反而成为变形的一种障碍，特别是这些化合物在晶界析出或呈链状分布时，破坏了金属基体的连续性，降低了钢板的冲压性能。

③力学性能的影响：屈服强度是影响钢板冲压性能的重要指标。屈服强度越低，变形时起始抗力越小，冲压性能越好。伸长率是钢板的塑性指标，其数值越高，冲压性能越好。硬度值越高，钢板越不易冲压变形。

冲压加工有冷冲压和热冲压之分。冲压性能好的材料可以冷冲压，冲压性能不好的材料就要热冲压，加热的目的是降低材料的屈服强度和硬度，增强冲压性能。

(4)冷弯性能要求

金属材料在常温下能承受弯曲而不破裂的性能，称为冷弯性能。出现裂纹前能承受的弯曲程度越大，则材料的冷弯性能越好。弯曲程度一般用弯曲角度 α(外角)或弯心直径 d 与材料厚度 a 的比值表示，α 越大或 d/a 越小，则材料的冷弯性越好。影响冷弯性能的因素主要是化学成分。

①化学成分对冷弯性能的影响：C 当量的增加使冷弯性能的合格率降低。S 含量对钢材冷弯性能也有影响，冷弯性能随 S 含量的增加呈下降趋势。因为在钢中，S 大部分以夹杂物的形式存在，在轧制过程中，沿钢板伸长方向延展，破坏了钢板横向性能的连续性，使钢板的横向塑性大幅度降低，造成冷弯性能变坏。因此要提高钢板冷弯性能，必须降低钢中的 S 含量。

②在我国压力容器材料标准中，唯独对“冷弯性能”这一制造工艺性能做出了明确要求，如表 1 – 30 所示。

表 1 – 30　压力容器材料标准中对“冷弯性能”的要求

标准	牌号	板厚/mm	冷弯试验 $\alpha=180°$，$b=2a$
GB/T 713.2—2023	Q245R	3 ~ 60	$D=1.5a$
		>60 ~ 250	$D=2a$
	Q345R	3 ~ 16	$D=2a$
		>16 ~ 250	$D=3a$
	Q370R	6 ~ 16	$D=2a$
		>16 ~ 60	$D=3a$
	18MnMoNbR	30 ~ 100	$D=3a$
	13MnNiMoR	6 ~ 150	$D=3a$
	15CrMoR	6 ~ 200	$D=3a$
	14Cr1MoR	6 ~ 200	$D=3a$
	12Cr2MolR	6 ~ 200	$D=3a$
	12CrIMoVR	6 ~ 100	$D=3a$
	12Cr2Mo1VR	6 ~ 200	$D=3a$

续表

标准	牌号	板厚/mm	冷弯试验 $\alpha = 180°$，$b = 2a$
GB/T 713.6—2023	Q490R	10～60	$D = 3a$
	Q490DRL1	10～60	$D = 3a$
	Q490DRL2	10～60	$D = 3a$
	Q490RW	10～60	$D = 3a$
	Q580R	10～60	$D = 3a$
	Q580DR	10～50	$D = 3a$
	Q690R	10～80	$D = 3a$
	Q690DR	10～80	$D = 3a$
GB/T 713.3—2023	16MnDR	5～16	$D = 2a$
		>16～120	$D = 3a$
	15MnNiNbDR	6～60	$D = 3a$
	09MnNiDR	6～120	$D = 2a$

注：a 为材料厚度，b 为试样宽度，D 为弯曲压头直径。

(5)切削加工性能要求

金属材料的切削加工性既是指金属接受切削加工的能力，也是指金属经过切削加工而成为合乎要求的工件的难易程度。通常可以用切削后工件表面的粗糙程度、切削速度和刀具磨损程度来评价金属的切削加工性。

影响金属材料切削加工性能的因素有两个：力学性能和化学成分。

①力学性能的影响：硬度太高的金属材料不易切削加工，但硬度太低的金属材料切削加工性能也较差，如一些低碳钢、纯铁、纯铜等，它们不但硬度低，而且塑性高。材料塑性越高，加工变形及刀具表面的冷焊现象越严重，不易断屑，也不易获得好的机加工表面质量。塑性太小就成了脆性材料，易形成崩碎切屑，切削过程不平稳，表面质量差。材料韧性太高，切削力和切削温度也都高，断屑困难，故切削加工性能变差。材料的热导率越大，由切屑带走的热量就越多，越有利于降低切削区和刀具的温度，使材料的切削加工性能变好。

②化学成分的影响：适量提高合金中的 C、Mn、Mo、V 元素有助于改善材料的切削加工性能，但含量大时就变差了；合金中 Cr、W、Ni、Ti、Si 的含量，不管是多少，都会使材料的切削加工性能变差；但材料中的 P、S、Pb 会改善材料的切削加工性能。

(6)焊接性能要求

焊接性能是指金属在特定结构和工艺条件下通过常用焊接方法获得预期质量要求的焊接接头的性能。焊接性能一般根据焊接时产生的裂纹敏感性和焊缝区力学性能的变化来判断。钢材的焊接性能说明该钢材对焊接加工的适应性，是指该钢种在一定的焊接工艺条件下(包括焊接方法、焊接材料、焊接工艺参数和结构形式等)，能否获得优质焊接接头的难易程度和该焊接接头能否在使用条件下可靠运行。由于焊接是压力容器制造工序中最主要也是最重要的一道工艺过程，所以材料焊接性能的好坏对于压力容器制造质量有着重大影响。

影响焊接性能的因素很多，对于钢铁材料来讲，可归纳为材料、设计、工艺及服役环境4类因素。本文仅对材料因素的影响进行表述。

材料因素有钢的化学成分、冶炼轧制状态、热处理状态、组织状态和力学性能等。其中化学成分(包括杂质的分布)是主要的影响因素。对焊接性影响较大的元素有C、S、P、H、O和N。对钢中的合金元素来讲，还有M、Si、Pb、Ni、Mo、Ti、V、Nb、Cu和B等，主要是为了满足钢的强度而加入，然而却不同程度地增加了焊接热影响区的淬硬倾向和各种裂纹的敏感性。人们为了便于分析和研究钢焊接性问题，把包括碳在内的元素和其他合金元素对硬化(脆化和冷裂等)的影响折合成碳的影响，建立了“碳当量”的概念。由碳当量推测焊接性的方法属工艺焊接性间接法，该方法是通过钢中碳及其他合金元素对淬硬、冷裂及脆化等的影响来间接评价低合金钢焊接接头热影响区的冷裂敏感性。

对于中高强度的非调质低合金高强钢($R_m=500\sim900$MPa)，应用较为广泛的是国际焊接学会(IIW)推荐的碳当量公式CE(IIW)：

$$CE(IIW)=\left(C+\frac{Mn}{6}+\frac{Cr+Mo+V}{5}+\frac{Cu+Ni}{15}\right)\times100\% \quad (1-1)$$

式中，各元素符号均表示该元素的质量分数。

对于低碳调质低合金高强钢($R_m=500\sim1000$MPa)，应用较为广泛的是日本JIS标准所规定的碳当量公式C_{eq}(JIS)：

$$C_{eq}(JIS)=\left(C+\frac{Mn}{6}+\frac{Si}{24}+\frac{Ni}{40}+\frac{Cr}{5}+\frac{Mo}{4}+\frac{V}{14}\right)\times100\% \quad (1-2)$$

式中，各元素符号均表示该元素的质量分数。

式(1-1)、式(1-2)都适用于含碳量偏高的钢种(C≥0.18%)。这类钢化学成分含量范围如下：

C≤0.2%；Si≤0.55%；Mn≤1.5%；Cu≤0.5%；Ni≤2.5%；Cr≤1.25%；Mo≤0.7%；V≤0.1%；B≤0.006%。对于焊接接头热影响区的冷裂纹，可用公式CE(IIW)或C_{eq}(JIS)作为判据。以上两式的数值越高，被焊钢材的淬硬倾向越大，热影响区越易产生冷裂纹。

例如，板厚小于20mm，CE(IIW)<0.4%时，钢材的淬硬倾向不大，焊接性良好，不需预热。当CE(IIW)=0.4%~0.6%时，特别是大于0.5%时，钢材易于淬硬，焊接时需要预热才能防止裂纹。

对于低碳(C≤0.17%)微量多合金元素的低合金高强度钢，式(1-2)已不适用，为此，日本的伊藤等采用Y型铁研试验对200多个钢种进行大量试验，提出了P_{cm}公式。该式适用于C含量为0.07%~0.22%、R_m为400~1000MPa的低合金高强钢。

$$P_{cm}=\left(C+\frac{Si}{30}+\frac{Mn+Cu+Cr}{20}+\frac{Ni}{60}+\frac{Mo}{15}+\frac{V}{10}+5B\right)\times100\% \quad (1-3)$$

式中，P_{cm}为焊接冷裂纹敏感性组成。其适用化学成分范围如下：C 0.07%~0.22%；Si 0~0.60%；Mn 0.40%~1.40%；Cu 0~0.50%；Ni 0~1.20%；Mo 0~0.70%；V 0~0.12%；Nb 0~0.04%；Ti 0~0.05%；B 0~0.005%。

式(1-3)已在GB/T 713.6—2023《承压设备用钢板和钢带　第6部分：调质高强度

钢》表 1 中被用来限制所列低合金钢的冷裂敏感性。标准要求的各钢种 P_{cm} 指标见表 1－31。

表 1－31 GB/T 713. 6—2023 各钢种 P_{cm} 指标

<table>
<tr><th rowspan="2">牌号</th><th colspan="14">化学成分(质量分数)/%</th></tr>
<tr><th>C</th><th>Si</th><th>Mn</th><th>P</th><th>S</th><th>Cu</th><th>Ni</th><th>Cr</th><th>Mo</th><th>Nb</th><th>V</th><th>Ti</th><th>B</th><th>P_{cm}</th></tr>
<tr><td>Q490R</td><td rowspan="3">≤0. 09</td><td rowspan="4">0. 15 ~ 0. 40</td><td rowspan="4">1. 20 ~ 1. 60</td><td rowspan="4">≤0. 015</td><td>≤0. 008</td><td rowspan="4">≤0. 25</td><td>≤0. 40</td><td rowspan="4">≤0. 30</td><td rowspan="4">≤0. 30</td><td rowspan="4">≤0. 05</td><td rowspan="4">0. 02 ~ 0. 06</td><td rowspan="4">≤0. 03</td><td rowspan="4">≤0. 0020</td><td>≤0. 21</td></tr>
<tr><td>Q490DRL1</td><td>≤0. 008</td><td>0. 20 ~ 0. 50</td><td>≤0. 22</td></tr>
<tr><td>Q490DRL2</td><td>≤0. 005</td><td>0. 30 ~ 0. 60</td><td>≤0. 22</td></tr>
<tr><td>Q490RW</td><td>≤0. 15</td><td>≤0. 008</td><td>0. 15 ~ 0. 40</td><td>≤0. 25</td></tr>
<tr><td>Q580R</td><td rowspan="2">≤0. 10</td><td rowspan="2">0. 15 ~ 0. 40</td><td rowspan="2">1. 20 ~ 1. 60</td><td rowspan="2">≤0. 015</td><td>≤0. 008</td><td rowspan="2">≤0. 25</td><td>≤0. 40</td><td rowspan="2">≤0. 50</td><td rowspan="2">0. 10 ~ 0. 30</td><td rowspan="2">≤0. 05</td><td rowspan="2">0. 02 ~ 0. 06</td><td rowspan="2">≤0. 03</td><td rowspan="2">≤0. 0020</td><td rowspan="2">≤0. 25</td></tr>
<tr><td>Q580DR</td><td>≤0. 005</td><td>0. 30 ~ 0. 60</td></tr>
<tr><td>Q690R</td><td rowspan="2">≤0. 13</td><td>0. 15 ~ 0. 40</td><td rowspan="2">1. 00 ~ 1. 60</td><td>≤0. 015</td><td rowspan="2">≤0. 005</td><td rowspan="2">≤0. 25</td><td>0. 30 ~ 1. 00</td><td rowspan="2">≤0. 80</td><td rowspan="2">0. 20 ~ 0. 80</td><td rowspan="2">≤0. 06</td><td rowspan="2">0. 02 ~ 0. 06</td><td rowspan="2">≤0. 03</td><td rowspan="2">≤0. 0020</td><td rowspan="2">≤0. 30</td></tr>
<tr><td>Q690DR</td><td>0. 15 ~ 0. 40</td><td>≤0. 012</td><td>0. 50 ~ 1. 35</td></tr>
</table>

以上公式是通过碳当量(也就是化学成分)来判定钢材的焊接性能。这些公式的得出都有特定的试验条件，压力容器设计、选材过程中若要引用这些公式，对钢材化学成分做出限制性规定时，一定要注意它们的应用范围。

(7)热处理性能要求

压力容器材料(板材、管材、锻件、螺栓等)的交货状态是指热处理状态。材料的不同热处理状态对应的材料性能有非常大的差异。无论是国内标准还是国外标准，都对压力容器材料的热处理状态做出了非常严格的规定，且当制造过程中对材料热处理状态做出改变时，明确要求要做恢复性能热处理。

热处理是指金属或合金在固态范围内，通过一定的加热、保温和冷却方法，以改变金属或合金的内部组织，而得到所需性能的一种工艺操作。热处理性能是指金属经过热处理后其组织和性能改变的能力。材料热处理性能指标包括淬硬性、淬透性、淬火变形或开裂趋势、氧化及脱碳趋势、过热及过烧敏感趋势、回火稳定性、回火脆性、时效趋势等。

①淬硬性是指钢在正常淬火条件下，以超过临界冷却速度所形成的马氏体组织能够达到的最高硬度。评定方法：以淬火加热时固溶于钢的高温奥氏体中的含碳量及淬火后所得到的马氏体组织的数量来具体确定。一般用 HRC 硬度值来表示。影响淬硬性的主要因素是钢中的含碳量。固溶在奥氏体中的含碳量越多，淬火后的硬度值也越高。但实际操作中由于工件尺寸、冷却介质的冷却速度以及加热时所形成的奥氏体晶粒度的不同影响淬硬性。

②淬透性是指钢在淬火时能够得到的淬硬层深度。它是衡量各个不同钢种接受淬火能力的重要指标之一。淬硬层深度，也叫淬透层深度，是指由钢的表面量到钢的半马氏体区(组织中马氏体占 50%，其余 50% 为珠光体类型组织)组织处的深度。钢的淬硬层深度越

大，就表明这种钢的淬透性越好。评定方法：一般用淬硬层深度 h 来表示。h 是指钢件表面至半马氏体区组织的距离(mm)。淬透性主要与钢的临界冷却速度有关，临界冷却速度越低，淬透性一般也越高。值得注意的是：淬透性好的钢，淬硬性不一定高，而淬透性低的钢也可能具有高的淬硬性。钢的淬透性指标在实际生产中具有十分重要的意义，一方面可以供机械设计人员作为考核钢件经热处理后的综合力学性能能否满足使用性能的要求，另一方面可以为供热处理工艺人员在淬火过程中，能否保证不形成裂纹及减少变形等方面提供理论根据。

③淬火变形或开裂趋势是指钢件的内应力(包括机械加工应力和热处理应力)达到或超过钢的屈服强度时，钢件将发生变形(包括尺寸和形状的改变)；而钢件的内应力达到或超过钢的破断抗力时，钢件将发生裂纹或导致钢件破断。评定方法：热处理变形程度，常常采用特制的环形试样或圆柱形试样来测量或比较。钢件的裂纹分布及深度，一般采用磁粉探伤仪或超声波探伤仪来测量或判断。这里要说明的是：淬火变形是热处理的必然趋势，而开裂则往往是可能趋势。如果钢材原始成分及组织质量良好、工件形状设计合理、热处理工艺得当，则可减少变形及避免开裂。

④氧化及脱碳趋势。钢件在炉中加热时，炉内的 O、CO_2 或水蒸气与钢件表面发生化学反应而生成氧化铁皮的现象，称为氧化，同样，在这些炉气的作用下，钢件表面的碳量比内层降低的现象，称为脱碳。在热处理过程中，氧化与脱碳往往都是同时发生的。评定方法：钢件表面氧化层的评定，尚无具体规定，而脱碳层的深度一般都采用金相法，按 GB/T 224—2008《钢的脱碳层深度测定法》规定执行。钢件氧化使钢材表面粗糙不平，增加热处理后的清理工作量，而且又影响淬火时冷却速度的均匀性；钢件脱碳不仅降低淬火硬度，而且容易产生淬火裂纹。所以，进行热处理时应对钢件采取保护措施，以防止氧化及脱碳。

⑤过热及过烧敏感趋势。钢件在高温加热时，引起奥氏体晶粒粗大的现象，称为过热；同样，在更高的温度下加热，不仅使奥氏体晶粒粗大，而且晶粒间界因氧化而出现氧化物或局部熔化的现象，称为过烧。评定方法：钢件的过烧无须评定，过热趋势则用奥氏体晶粒度的大小来评定，粗于 1 号以上晶粒度的钢属于过热钢。过热与过烧都是钢在超过正常加热温度情况下形成的缺陷，钢件热处理时的过热不仅增加淬火裂纹的可能性，而且又会显著降低钢的力学性能。所以对过热的钢，必须通过适当的热处理加以挽救，但过烧的钢件无法再挽救，只能报废。

⑥回火稳定性是指淬火钢进行回火时，合金钢与碳钢相比，随着回火温度的升高，硬度值下降缓慢。评定方法：回火稳定性可用不同回火温度的硬度值，即回火曲线来进行比较、评定。合金钢与碳钢相比，其含碳量相近时，淬火后如果要得到相同的硬度值，则其回火温度要比碳钢高，也就是它的回火稳定性比碳钢好。所以合金钢的各种力学性能全面地优于碳钢。

⑦回火脆性是指淬火钢在某一温度区域回火时，其冲击韧性会比其在较低温度回火时下降的现象。回火脆性有两类：第Ⅰ类回火脆性和第Ⅱ类回火脆性。

在 250～400℃回火出现的回火脆性称为第Ⅰ类回火脆性，又称低温回火脆性。它出现在所有钢种中，而且在重复回火时不再出现，故又称为不可逆回火脆性。这类回火脆性与回火后的冷却速度无关；断口为沿晶脆性断口。产生的原因有三种理论观点：残余奥氏体(A)转变理论、碳化物析出理论和杂质偏聚理论。第Ⅰ类回火脆性无法消除，没有能够有效抑制产生这种回火脆性的合金元素，降低钢中杂质元素的含量，用Al脱氧或加入Nb、V、Ti等合金元素细化A晶粒，加入Mo、W等可以减轻。防止第Ⅰ类回火脆性发生的方法只有不在这个温度范围内回火，或采用等温淬火代替淬火回火工艺。

在450～570℃回火时出现的回火脆性称为第Ⅱ类回火脆性，又称高温回火脆性。它出现在某些合金钢中，而且在回火后缓冷时出现，如果快冷不会出现，出现脆化后可重新加热后快冷消除，故又称为可逆回火脆性。第Ⅱ类回火脆性与组织状态无关，但以马氏体(M)的脆化倾向大；在脆化区内回火，回火后脆化与冷却速度无关；断口为沿晶脆性断口。

影响第Ⅱ类回火脆性的因素有：化学成分、A晶粒大小、热处理后的硬度。

产生的主要原因是：Sb、Sn、P等杂质元素向原A晶界偏聚。Ni、Cr不仅促进杂质元素的偏聚，且本身也偏聚，都集中在2～3个原子厚度的晶界上，从而降低了晶界的断裂强度，产生回火脆性，且回火脆性随这些杂质元素的增多而增大。Mo能抑制杂质元素向A晶界偏聚，而且自身也不偏聚。

预防方法有：提高钢材的纯度，尽量减少杂质；加入适量的Mo、W等有益的合金元素；对尺寸小、形状简单的零件，采用回火后快冷的方法；采用亚温淬火(A1～A3)方法。

加热后钢的组织为A+F(F为细条状铁素体)，杂质会在F中富集，且F溶解杂质元素的能力较大，可抑制杂质元素向A晶界偏聚，减少脆化；采用高温形变热处理，使晶粒超细化，晶界面积增大，降低杂质元素偏聚的浓度。

评定方法：回火脆性一般采用淬火钢回火后，快冷与缓冷以后进行常温冲击试验的冲击值之比来表示。即$\Delta=\alpha_K$(回火快冷)/α_K(回火缓冷)；当$\Delta>1$，则该钢具有回火脆性；其值越大，则该钢回火脆性倾向越大。我国压力容器用低合金钢14Cr1MoR、12Cr2Mo1R、12Cr1MoVR、12Cr2Mo1VR等，不论是钢板还是锻件，选用时设计文件中都会提出“回火脆性倾向评定试验”的详细要求，材料制造厂和容器制造厂必须按要求进行合格检验。

⑧时效趋势是指纯铁或低碳钢件经淬火后，在室温或低温下放置一段时间后，使钢件的硬度及强度增高，而塑性、韧性降低的现象。钢件的时效趋势往往给工程带来很大危害，如精密零件不能保持精度、软磁材料失去磁性、某些薄板在长期库存中发生裂纹等。所以，对此必须引起足够的重视，并采取有效的预防措施。

时效趋势一般用力学性能或硬度在室温或低温下随着时间的延长而变化的曲线来表示。

1.2.4.2 耐蚀抗氧化性能要求

(1)耐硫化氢(H_2S)腐蚀性能要求

我国的塔里木油田、中原油田、四川气油田、长庆气油田以及甘宁中部油气田的原油和天然气中H_2S含量均较高。H_2S对油田设备的腐蚀主要集中在原油和天然气的汇集、处理、输送装置中。因此，净化处理厂的三相分离器、气液分离器、原油加热器等压力容器以及部分压力管道均存在较严重的H_2S腐蚀现象，制造这类压力容器用材料必须要具备良好的耐硫化氢腐蚀性能。

①H_2S 的特性及来源：H_2S 的分子量为34.08，密度为1.539mg/m³，是一种无色、有臭鸡蛋味的、易燃、易爆、有毒和腐蚀性的酸性气体。H_2S 在水中的溶解度很大，水溶液具有弱酸性，如在1atm(1atm≈10^5Pa)下，30℃水溶液中 H_2S 饱和浓度约为300mg/L，溶液的pH值约为4。H_2S 不仅对人体的健康和生命安全有很大的危害性，而且它对钢材也具有强烈的腐蚀性，对石油、石化工业装备的安全运转存在很大的潜在危险。油田的原油、天然气中 H_2S 的来源，除了来自地层以外，滋长的硫酸盐还原菌转化地层中和化学添加剂中的硫酸盐时，也会释放出 H_2S。石油加工过程中的 H_2S 主要来源于含硫原油中的有机硫化物，如硫醇和硫醚等，这些有机硫化物在原油加工过程中受热会转化分解出相应的 H_2S。

注意：干燥的 H_2S 对金属材料无腐蚀破坏作用，H_2S 只有溶解在水中才具有腐蚀性，这种腐蚀称为湿 H_2S 环境下的腐蚀。

②湿 H_2S 环境的定义：国际上，通常按照美国腐蚀工程师协会(NACE)MR0175的规定，将以下两种环境定义为湿 H_2S 环境。

酸性气体系统：气体总压≥0.4MPa，并且 H_2S 分压≥0.0003MPa。

酸性多相系统：当处理的原油中有两相或三相介质(油、水、气)时，条件可放宽为气相总压≥1.8MPa且 H_2S 分压≥0.0003MPa，气相压力≤1.8MPa且 H_2S 分压≥0.07MPa，或气相 H_2S 含量超过15%。

国内将在同时存在 H_2O 和 H_2S 的环境中，H_2S 分压≥0.00035MPa，或在同时存在 H_2O 和 H_2S 的液化石油气中，液相的 H_2S 含量≥10×10^{-6}，称为湿 H_2S 环境。

③湿 H_2S 环境中的材料开裂类型主要有氢鼓泡(HB)、氢致开裂(HIC)、硫化物应力腐蚀开裂(SSCC)、应力导向氢致开裂(SOHIC)。

a. 氢鼓泡(HB)是腐蚀过程中析出的氢原子向钢中扩散，在钢材的非金属夹杂物、分层和其他不连续处易聚集形成氢分子，由于氢分子较大，难以从钢的组织内部逸出，从而形成巨大内压导致其周围组织屈服，形成表面层下的平面孔穴结构。其分布平行于钢板表面，它的发生无须外加应力，与材料中的夹杂物等缺陷密切相关。

b. 氢致开裂(HIC)是在 H_2 压力的作用下，不同层面上的相邻氢鼓泡裂纹相互连接，形成阶梯状特征的内部裂纹。裂纹有时也可扩展到金属表面。HIC的发生也无须外加应力，一般与钢中高密度的大平面夹杂物或合金元素在钢中偏析产生的不规则微观组织有关。

c. 硫化物应力腐蚀开裂(SSCC)是湿 H_2S 环境中腐蚀产生的氢原子渗入钢的内部固溶于晶格中，使钢的脆性增加，在外加拉应力或残余应力作用下形成的开裂。工程上有时也把受拉应力的钢及合金在湿 H_2S 及其他硫化物腐蚀环境中产生的脆性开裂统称为硫化物应力腐蚀开裂。SSCC通常发生在中高强度钢中或焊缝及其热影响区等硬度较高的区域。

d. 应力导向氢致开裂(SOHIC)是在应力引导下，夹杂物或缺陷处因氢聚集而形成的小裂纹叠加，沿着垂直于应力的方向(钢板的壁厚方向)发展导致的开裂。其典型特征是裂纹沿"之"字形扩展。有人认为，它是应力腐蚀开裂(SCC)的一种特殊形式，SOHIC也常发生在焊缝热影响区及其他高应力集中区，与通常所说的SSCC不同的是，SOHIC对钢中的夹杂物比较敏感。应力集中常为裂纹状缺陷或应力腐蚀裂纹所引起，据报道，在多个开裂案例中都曾观测到 SSCC 和 SOHIC 并存的情况。

④H_2S 腐蚀的影响因素：对 H_2S 腐蚀的影响因素主要有材料、冷加工、环境三方面。

a. 材料因素

材料因素中影响钢材抗 H_2S 腐蚀性能的主要有显微组织、强度、硬度以及合金元素等。

显微组织对应力腐蚀开裂敏感性按下述顺序升高：铁素体中球状碳化物组织、完全淬火加回火组织、正火加回火组织、正火组织、淬火后未回火组织。

强度随材料屈服强度的升高，临界应力和屈服强度的比值下降，应力腐蚀敏感性增加。

材料的硬度提高，对硫化物应力腐蚀的敏感性提高。材料的断裂大多出现在材料硬度大于 22HRC 的情况下。

合金元素中 C、Ni、Mn、S、P 有害，Cr、Ti 有利。

增加钢的含碳量，会提高钢在硫化物中的应力腐蚀破裂敏感性。

提高低合金钢的 Ni 含量，会降低它在含 H_2S 溶液中对应力腐蚀开裂的抵抗力。原因是 Ni 含量的增加，可能形成马氏体相。所以 Ni 在钢中的含量，即使其硬度小于 22HRC 时，也不应该超过 1%。含镍钢之所以有较大的应力腐蚀开裂倾向，是因为 Ni 对阴极过程的进行有较大的影响。在含镍钢中可以观察到最低的阴极过电位，其结果是钢对 H 的吸留作用加强，导致金属应力腐蚀开裂的倾向性提高。

Mn 元素是一种易偏析的元素，研究 Mn 在硫化物腐蚀开裂过程中的作用十分重要。当偏析区 Mn、C 含量一旦达到一定比例时，在钢材生产和设备焊接过程中，产生出马氏体/贝氏体高强度、低韧性的显微组织，表现出很高的硬度，对设备抗 SSCC 是不利的。对于碳钢一般限制 Mn 含量小于 1.6%。少量的 Mn 能将 S 变为硫化物并以硫化物形式排出，同时钢在脱氧时，使用少量的 Mn 后，也会形成良好的脱氧组织而起积极作用。在石油工业中制造油管和套管大多采用含锰量较高的钢，如我国的 36Mn2Si 钢。

S 对钢的应力腐蚀开裂稳定性是有害的。随着 S 含量的增加，钢的稳定性急剧恶化，主要原因是硫化物夹杂是 H 的积聚点，使金属形成有缺陷的组织。同时 S 也是吸附 H 的促进剂。因此，非金属夹杂物尤其是硫化物含量的降低、分散化以及球化均可以提高钢(特别是高强度钢)在引起金属增氢介质中的稳定性。

P 除了形成可引起钢红脆(热脆)和塑性降低的易熔共晶夹杂物外，还对氢原子重新组合过程起抑制作用，使金属增氢效果增加，从而也就会降低钢在酸性的、含 H_2S 介质中的稳定性。

一般认为在含 H_2S 溶液中使用的钢，含 Cr 0.5% ~13% 是完全可行的，因为它们在热处理后可得到稳定的组织。不论 Cr 含量如何，被试验钢的稳定性未发现有差异。也有的文献作者认为，含 Cr 量高时是有利的，认为 Cr 的存在使钢容易钝化。但应当指出的是，这种效果只有在 Cr 含量大于 11% 时才能出现。

Mo 含量≤3% 时，对钢在 H_2S 介质中的承载能力的影响不大。

Ti 对低合金钢应力腐蚀开裂敏感性的影响也类似于 Mo。试验证明，在 H_2S 介质中，含碳量低(0.04%)的钢加入钛(0.09% Ti)，对其稳定性有一定的改善作用。

b. 冷加工因素

冷加工经冷轧制、冷锻、冷弯或其他制造工艺以及机械咬伤等产生的冷变形，不仅使冷变形区的硬度增大，而且还产生较大残余应力，有时可高达钢材的屈服强度，从而导致对 SSCC 敏感。一般来说，钢材随着冷加工量的增加硬度增大，SSCC 的敏感性增强。

c. 环境因素

环境因素的影响：环境因素包括 H_2S 浓度、pH 值、温度、介质流速和氯离子的作用等。

H_2S 浓度的影响：从对钢材阳极过程产物的形成来看，H_2S 浓度越高，钢材的失重速度也越快。对高强度钢即使在溶液中 H_2S 浓度很低(体积分数为 1μL/L)的情况下仍能引起破坏，当 H_2S 体积分数为 0.05～0.6mL/L 时，能在很短的时间内引起高强度钢的硫化物应力腐蚀破坏，但这时 H_2S 浓度对高强度钢的破坏时间已经没有明显的影响，硫化物应力腐蚀的下限浓度值与使用材料的强度(硬度)有关。碳钢在 H_2S 体积分数小于 0.05mL/L 时破坏时间都较长。NACE MR0175 标准认为发生 H_2S 应力腐蚀的极限分压为 0.34kPa(水溶液中 H_2S 浓度约为 20mg/L)，低于此分压不发生 H_2S 应力腐蚀开裂。

pH 值对硫化物应力腐蚀的影响：随着 pH 值的增加，钢材发生硫化物应力腐蚀的敏感性下降。当 pH≤6 时，硫化物应力腐蚀很严重；6 < pH≤9 时，硫化物应力腐蚀敏感性开始显著下降，但达到断裂所需的时间仍然很短；pH > 9 时，就很少发生硫化物应力腐蚀破坏。

温度的影响：在一定温度范围内，温度升高，硫化物应力腐蚀破裂倾向减小(温度升高硫化物溶解度减小)。在 22℃左右，硫化物应力腐蚀敏感性最大。温度大于 22℃后，温度升高硫化物应力腐蚀敏感性明显降低。

介质流速的影响：流体在某特定的流速下，碳钢和低合金钢在含 H_2S 流体中的腐蚀速率，通常是随着时间的增长而逐渐下降，平衡后的腐蚀速率均很低。如果流体流速较高或处于湍流状态时，由于钢铁表面的硫化铁腐蚀产物膜受到流体的冲刷而被破坏或黏附不牢固，钢铁将一直以初始的高速腐蚀，从而使设备、管线、构件很快受到腐蚀破坏。因此，要控制流速的上限，以把冲刷腐蚀降到最小。通常规定阀门的气体流速低于 15m/s。相反，如果气体流速太低，可造成管线、设备底部集液，而发生因水线腐蚀、垢下腐蚀等导致的局部腐蚀破坏。因此，通常规定气体的流速应大于 3m/s。

氯离子的影响：在酸性油气田水中，带负电荷的氯离子基于电价平衡，总是争先吸附到钢铁的表面，因此，氯离子的存在会阻碍保护性的硫化铁膜在钢铁表面的形成。但氯离子可通过钢铁表面硫化铁膜的细孔和缺陷渗入其膜内，使膜发生显微开裂，于是形成孔蚀核。由于氯离子的不断移入，在闭塞电池的作用下，加速了孔蚀破坏。在酸性天然气气井中与矿化水接触的油套管腐蚀严重，穿孔速率快，与氯离子的作用有着十分密切的关系。

⑤对抗湿硫化氢腐蚀钢的基本要求：在湿 H_2S 环境下使用的压力容器用钢，应满足以下要求。

a. 冶炼时应采用真空脱气工艺。国外公司(如德国 DILLINGER 钢厂、法国 IN - DUSTEEL 公司和 JFE 公司)在制造抗 HIC 钢中使用了大量的洁净钢技术，如低碳微合金化技术、Ca 处理技术(改变硫化物形态，使其球化)和控轧控冷技术。采用近代洁净钢技术冶炼的抗 HIC 钢具有更好的抗 H_2S 腐蚀能力。

b. 应符合下列热处理之一：热轧、退火、正火、正火 + 回火、奥氏体化、淬火 + 回火。一般都采用正火或淬火 + 回火热处理。为了提高组织的稳定性，通常回火温度应 ≥600℃。

c. 应进行 100% UT，SA - 578(扫查方式 S1)，合格级别 C 级。

d. 对化学成分，抗 HIC 钢要求严格控制 S、P 含量，并要控制 Mn 含量，为改善钢材性能，可以添加一些微量元素。目前对抗 HIC 钢，国内外还没有标准规定，主要是通过供需双方协商确定。一般国外认为抗 HIC 钢应达到：S≤0.002%、P≤0.010%(质量分数)，并符合 NACE TM0284《压力容器及管线钢抗氢致开裂的评定》标准规定的裂纹率要求。国内目前是通过限制钢中的 Mn、$C_{eq}<0.42\%$ 及控制 S≤0.004%、P≤0.015%(质量分数)，并加 Ca 处理，而使材料具有一定的抗 HIC 能力。

e. 采用 NACE TM0284《压力容器及管线钢抗氢致开裂的评定》标准进行 HIC 性能评价，试验溶液由供需双方协商确定。评价方法：观察腐蚀后的断面，应按金相试片抛光后在金相显微镜下观察微观裂纹。微观裂纹量按图 2 - 1 所示测量，并用下列公式进行统计。

$$裂纹敏感率：CSR = \frac{\sum(ab)}{WT} \times 100\%$$

$$裂纹长度率：CLR = \frac{\sum a}{W} \times 100\%$$

$$裂纹厚度率：CTR = \frac{\sum b}{T} \times 100\%$$

式中　a——裂纹长度，mm；

b——裂纹厚度，mm；

W——试样宽度，mm；

T——试样厚度，mm。

如何确定材料的抗 HIC 性能，对于上述 3 项指标，国际上至今尚无明确规定。目前欧美等国家对于酸性环境的管线和压力容器用钢，可接受的指标为：裂纹敏感率(CSR)≤1.5%，裂纹长度率(CLR)≤10%，裂纹厚度率(CTR)≤3%。

f. 采用 NACE TM0103—2003《评价湿 H_2S 环境下钢板的抗应力导向氢致开裂性能的实验室试验方法》进行湿 H_2S 环境下钢材的抗应力导向氢致开裂性能的评价。

(2)抗氧化性能要求

压力容器中的高压加氢装置、煤化工装置大多在高温条件下使用，这就要求制造这类容器的材料必须是耐热钢。

在高温条件下，具有抗氧化性和足够的高温强度以及良好的耐热性能的钢称作耐热钢。

耐热钢按其性能可分为抗氧化钢和热强钢两类。抗氧化钢简称为不起皮钢。热强钢是指在高温下具有良好的抗氧化性能并具有较高的高温强度的钢。在压力容器中使用的耐热钢基本都是热强钢。

①耐高温腐蚀是耐热钢的一项很重要的性能，要求高温腐蚀是材料在高温下与各类气体发生的反应。主要的高温气体腐蚀形式有高温氧化、高温硫化、高温氮化、高温碳化等形态。

a. 高温氧化

金属和氧的亲和力大时，且O在晶格内溶解度达到饱和时，就在金属表面形成氧化物。钢铁材料的氧化物有两类：FeO和Fe_2O_3、Fe_3O_4。

FeO结构疏松，原子容易通过FeO层扩散；冷却时FeO要分解，发生相变产生一定的相变应力；和基体结合力弱，氧化皮易脱落。

Fe_2O_3、Fe_3O_4结构较致密，和基体有较好的结合，有较好的保护作用。

Fe与O形成氧化膜的结构与温度有关：575℃以下，氧化膜由Fe_2O_3和Fe_3O_4组成；575℃以上，表层Fe_2O_3，中间层Fe_3O_4，内层FeO。当FeO出现时，钢的氧化速度剧增。FeO为Fe的缺位固溶体，Fe^{2+}有很高的扩散速率，FeO层增厚最快，Fe_2O_3和Fe_3O_4层最薄。氧化膜的生成依靠铁离子向表层扩散，氧离子向内层扩散，氧化膜的生成主要依靠铁离子向外扩散。

要提高钢的抗氧化性，首先要阻止FeO出现。加入Me，形成稳定而致密的氧化膜，能使铁离子和氧离子通过膜的扩散速率减慢，并使膜与基体牢固结合，可提高钢和合金在高温下的化学稳定性。

要提高钢的抗氧化性能，氧化膜必须满足三个条件：连续、致密和牢固。氧化膜连续、致密，不利于铁原子在氧化膜中的扩散；氧化膜与金属基体有牢固的结合，不容易破坏和脱落。

提高钢抗氧化性的途径，主要通过加入Cr、Al、Si、Me等合金元素，来提高氧化膜的稳定性。Cr、Al、Si元素氧化物的点阵结构接近Fe_3O_4，且Cr、Al、Si元素的离子半径比Fe小，使FeO形成区缩小甚至消失，从而使FeO的形成温度提高：1.03%Cr使FeO在600℃出现；1.5%Cr使FeO在650℃出现；1.14%Si使FeO在750℃出现；1.1%Al+0.4%Si使FeO在800℃出现。另外，加入Cr、Al、Si、Me等合金元素，这些元素本身能形成致密、稳定的氧化膜：Cr_2O_3或Al_2O_3；$FeO-Cr_2O_3$或$FeO-Al_2O_3$等尖晶石氧化物膜；Fe_2SiO_4氧化膜。这些氧化膜能有效阻止Fe^{2+}的扩散，减少FeO形成。

少量稀土金属或碱土金属的加入，能明显提高钢的抗氧化能力，特别是在1000℃以上，使高温下晶界优先氧化的现象几乎消失。

耐热钢和耐热合金抗氧化和气体腐蚀级别，目前国际上认可的定义如下：

腐蚀速率≤0.1mm/a，完全抗氧化；腐蚀速率<0.1~1.0mm/a，为抗氧化；腐蚀速率<1.0~3.0mm/a，为次抗氧化；腐蚀速率>3.0~10.0mm/a，为弱抗氧化；腐蚀速率>10.0mm/a，为不抗氧化。

b. 高温硫化

硫化是指金属材料与含S气体(S_2、H_2S等)反应形成金属硫化物的过程。

由于常见金属硫化物的熔点比氧化物低得多，而且多数压力容器常用材料(如Fe、Ni等)可与硫化物形成低熔点共晶使硫化物的熔点进一步降低；由于硫化物的热力学稳定性低于氧化物，即硫化物生成自由能的变化较氧化物小，故不易像氧化那样发生单一金属元素的选择性硫化，因而无法通过选择硫化来阻止金属的进一步腐蚀；由于硫化物生长应力大，易于使硫化层在生长过程中发生破裂，失去阻碍作用，可使含硫气体直接与未硫化的基体接触加速硫化；由于硫化物中的缺陷主要是阳离子点阵缺陷，硫化物膜比氧化膜的缺陷浓度大许多，硫化物中金属的自扩散系数大，因而即使在较低温度下，金属在硫化物中的扩散速度也比在氧化物中快好几倍。当S和O同时存在时，在金属表面常形成氧化物和硫化物的混合锈层产物，这种锈层比在H_2S或有机硫以及硫蒸气中产生的硫化物的保护性好。综述这些物理现象，表明高温硫化是一种比纯氧化更严重的高温腐蚀形态，它在H_2S含量较高的原油、天然气处理装置及煤化工设备中普遍存在，也对这些设备的安全运行构成了威胁。

由于硫化与氧化相似，因此，氧化的基本理论和防止氧化的基本措施都适用于硫化。在钢中加入Cr、Al、Si等合金元素都可以在一定程度上防止或减缓高温硫化。

c. 高温氮化

氮化与氧化和硫化不同，其产生的失效形式也有所不同。氮化时其最终产物可以全是氮化物层，但该层耐水溶液腐蚀性能很差，或者由于N扩散到金属中而降低金属的塑性，当在金属表面不能形成一层连续的氮化物层时，该层很脆。因此，对基体几乎无任何的保护作用。所以，在金属表面一旦形成氮化，将显著地降低金属材料的综合性能。

d. 高温碳化

使用高合金的耐热钢是解决高温碳化的重要途径。在工程中常用25Cr20Ni钢和25Cr35Ni钢来制造高温裂解炉的炉管，效果很好。Si是提高钢抗高温碳化的有利元素之一，但它在钢中的含量不宜超过2%。碳化物稳定元素Nb、Ti、W等对提高抗高温碳化性能是有利的。改变气氛的成分能改变碳化条件，进而改善高温碳化的环境。

②耐热钢应具有很好的高温性能。

a. 耐热钢的高温性能指标

表示耐热钢高温性能的指标有三种：蠕变强度、持久强度、持久寿命。金属在高温下长时间承受载荷时，可能出现两种情况的失效：在工作应力$\ll R_m$的情况下，R_m和塑性会随载荷时间的增长显著降低，产生断裂；在工作应力$< R_{eL}$的情况下，工件连续而缓慢地发生塑性变形而失效。

蠕变是金属在一定的温度和静载荷长时间的作用下，缓慢地发生塑性变形的现象。温度越高，应力越大，蠕变的速度也就越快。碳钢$T>300℃$，低合金钢$T>400℃$，在一定的静载荷的长期作用下都有蠕变现象，蠕变强度是金属在某温度下，在规定时间达到规定变形(如0.1%)时所能承受的应力，用R_c表示。如$R_{c0.1/1000}{}^{700℃}$表示在700℃ 1000h达到0.1%变形时所能承受的应力。

持久强度是金属在规定温度和规定时间断裂所能承受的应力。

蠕变强度和持久强度都是反映材料高温性能的重要指标，但它们是完全不同的两个物理量。蠕变强度考虑变形为主，表征材料高温下对塑性变形的抗力。持久强度主要考虑材料在长期使用下的断裂破坏抗力。

持久寿命是指金属在一定温度和规定应力作用下，从作用开始到断裂的时间。

b. 影响耐热钢高温性能的主要因素

影响耐热钢高温性能的主要因素有：合金的化学成分、冶炼工艺、热处理工艺等。

耐热钢及合金的基体材料一般选用熔点高、自扩散激活能大或层错能低的金属及合金。这是因为在一定温度下，熔点越高的金属自扩散越慢；如果熔点相同但结构不同，则自扩散激活能越高者，扩散越慢；堆垛层错能越低者越易产生扩展位错，使位错难以产生割阶、交滑移及攀移。这些都有利于降低蠕变速度。大多数面心立方结构金属的高温强度比体心立方结构高，这是一个重要原因。在基体金属中加入 Cr、W、Nb 等合金元素形成单相固溶体，除产生固溶强化作用外，还因合金元素使层错能降低，易形成扩展位错，以及溶质原子与溶剂原子的结合力较强，增大了扩散激活能，从而提高蠕变极限。

一般来说，固溶元素的熔点越高、其原子半径与溶剂的相差越大，对热强性提高越有利。合金中如果含有弥散相，由于它能强烈阻碍位错的滑移与攀移，因而是提高高温强度更有效的方法。如果弥散相粒子硬度高、弥散度大、稳定性高，则强化作用越好。对时效强化合金，通常在基体中加入相同原子百分数的合金元素的情况下，多种元素要比单一元素的效果好。在合金中添加能增加晶界扩散激活能的元素(如硼及稀土等)，则既能阻碍晶界滑动，又能增大晶界裂纹的表面能，因而对提高蠕变极限，特别是持久强度是很有效的。

各种耐热钢及其合金的冶炼工艺要求较高，因为钢中的夹杂物和某些冶金缺陷会使材料的持久强度降低。高温合金对杂质元素和气体含量要求更加严格，常存杂质除 S、P 外，还有 Pb、Sn、Sb、Bi 等，即使其含量只有十万分之几，当其在晶界偏聚后，也会导致晶界严重弱化，而使热强性急剧降低，加工塑性变坏。例如，对某些镍基合金的实验结果指出，经过真空冶炼后，由于铅的含量由百万分之五降至百万分之二以下，其持久时间增长了 1 倍。由于高温合金使用中通常在垂直于应力方向的横向晶界上易产生裂纹，因此，采用定向凝固工艺使柱状晶沿受力方向生长，减少横向晶界，从而大大提高持久寿命。例如，某镍基合金采用定向凝固工艺后，在 760℃、647MPa 应力作用下的断裂寿命可提高 4 ~5 倍。

珠光体耐热钢一般采用正火加高温回火工艺。正火温度应较高，以促使碳化物较充分而均匀地溶于奥氏体中。回火温度应高于使用温度 100 ~150℃以上，以提高其在使用温度下的组织稳定性。奥氏体耐热钢或合金一般进行固溶处理和时效，使之得到适当的晶粒度，并改善强化相的分布状态。有的合金在固溶处理后再进行一次中间处理(二次固溶处理或中间时效)，使碳化物沿晶界呈断续链状析出，则可使持久强度和持久塑性进一步提高。晶粒大小对金属材料高温性能的影响很大。当使用温度低于等强温度时，细晶粒钢有较高的强度；当使用温度高于等强温度时，粒晶粒钢及合金有着较高的蠕变抗力与持久强度。但是，晶粒度太大会使持久塑性和冲击韧性降低。为此，在热处理时应考虑适当的加热温度，以满足晶粒度的要求。对于耐热钢及镍基合金，一般以 2 ~4 级晶粒度较好。在耐热钢及合金中晶粒不均匀会显著降低其高温性能。这是由于在大小晶粒交界处出现应力集中，裂纹易于在此产生而引起过早的断裂。

c. 提高耐热钢高温性能的途径

提高耐热钢高温性能的途径在于提高金属和合金基体的原子结合力，形成对抗蠕变有利的组织结构。耐热钢的高温强度主要取决于固溶体的强度、晶界强度和碳化物的强度。

提高金属和合金基体的原子结合力就是提高固溶体的强度。影响金属间原子结合力的因素有：金属的熔点、晶格类型和合金化等。熔点越高，金属间原子结合力越强；铁基、镍基、钼基耐热合金的熔点依次升高；铁基合金，面心立方(fcc)的原子结合力较强，所以奥氏体(A)型钢比铁素体(F)型钢、马氏体(M)型钢、珠光体(P)型钢的蠕变抗力高；合金化可提高固溶体的原子结合力。Mo、Cr、Mn、Si 可显著提高钢的蠕变极限。加入 Me，以增加原子之间的结合力，可使固溶体强化。外来原子溶入固溶体使晶格畸变，提高强度；有些元素能提高再结晶温度，延缓再结晶过程的进行，增加组织的稳定性，提高高温强度。

晶界强度在高温时降低的速度较快。晶界强度降低后，晶界易产生裂纹以致断裂破坏。提高晶界强度就要强化晶界。加入微量的 B 或 RE，优先与 P、S 等杂质元素化合，可减少这些杂质在晶界的偏析，净化晶界，可提高晶界强度。另外，B 元素等在晶界偏聚，既可降低体系的能量，又能填充晶界空位，可大大减弱扩散过程，提高蠕变抗力。

提高碳化物的强度就是通过弥散相强化来提高高温强度。金属基体上分布的细小的第二相质点，能有效阻止位错运动，从而提高强度。第二相质点的弥散强化，主要取决于弥散相质点的性质、大小、分布及在高温下的稳定性。获得弥散相的方法有直接加入难溶质点和时效析出两种。时效析出的弥散相大多是各种类型的碳化物(K)和金属间化合物。在 Mo 钢、V 钢中加入少量的 Nb 和 Ta 元素，可使 Mo_2C、V_4C_3 的成分复杂化，稳定性更好，使强化效果保持到更高的温度。在镍基耐热合金中加入 Co，能提高强化相 Ni_3(Al、Ti)的析出温度，延缓弥散相聚集长大的过程。

热处理也是提高耐热钢高温性能的主要途径。P 型耐热钢进行热处理既可获得需要的晶粒度，又可改善强化相的分布状态，调整基体与强化相的成分。钢的显微组织对 P 型热强钢的蠕变强度有很大影响。通过热处理来改善 P 型热强钢的组织，是提高蠕变和持久强度的主要途径。

③国内几种压力容器常用 P 型耐热钢珠光体(P)型耐热钢在 450～620℃有良好的高温蠕变强度及工艺性能，且导热性好，膨胀系数小，价格较低，广泛用于制作 450～620℃范围内各种耐热结构材料。如电站用锅炉钢管，炼油及化工用的高温高压容器、废热锅炉、加热炉管及热交换器管等。合金元素以 Cr、Mo 为主，总量一般不超过 5%。其组织除珠光体、铁素体外，还有贝氏体。

低合金耐热钢管主要用于锅炉水冷壁、过热器、再热器、省煤器、集箱和蒸汽导管等以及石化、核能用的热交换器管等。要求材料有高的蠕变极限，持久强度及持久塑性，良好的抗氧化性和耐蚀性，足够的组织稳定性及良好的可焊性和冷热加工性能。设计使用寿命达 20 万 h 。中国主要牌号有 12CrMo、15CrMo、12Cr2Mo、12Cr1MoV 等，依次用于 480～620℃范围内，热处理一般采用正火、回火处理。

石油化工、煤的气化、核电及电站中大量使用低合金的耐热钢板制作压力容器。中国主要牌号有15CrMo(1.25Cr5Mo)、12Cr2Mo(2.25Cr1Mo)及12Cr1MoV等，如热壁加氢反应器多采用2.25Cr1Mo钢板(25~150mm)制成。

紧固件用钢是在锅炉及其他高压容器设备中起连接作用的关键材料，要求有足够的屈服极限、高的松弛稳定性、良好的持久塑性及小的持久缺口敏感性，相应的抗氧化性及良好的切削加工性能。中国主要牌号有25Cr2Mo、25Cr2MoV、25Cr2Mo1V等，分别可用于500~570℃范围内。这些牌号一般调质后使用。

1.3 选材原则

压力容器用材主要包括低碳钢、低合金钢、耐热钢、低温钢、不锈钢、有色金属(Al，Ti，Ni，Cu，Zr，Ta，Nb)等。在选用这些材料时要考虑的原则主要有以下四方面。

①使用条件(服役条件)。设计温度、设计压力、介质特性和操作要点等。

a. 设计温度用于确定选材类别及该温度下材料的许用应力；

b. 设计压力用于计算受压元件厚度；

c. 介质特性用于确定选材类别；

d. 操作要点(如频繁启动、疲劳作用等)用于确定选材类别及状态。

②材料的焊接性能。选用的材料应该具有良好的焊接性。

③制造工艺性能。选用的材料应该具有良好的冷、热加工能力和热处理能力等。

④经济合理性。在满足使用要求的前提下，选用的材料应尽可能经济合理。

1.4 使用限制和范围

1.4.1 铸铁的使用限制和范围

铸铁不得用于盛装毒性程度为极度、高度或者中度危害的介质，以及设计压力大于或等于0.15MPa的易爆介质压力容器的受压元件，也不得用于管壳式余热锅炉的受压元件，不允许拼接、焊补。除上述压力容器之外，允许选用以下铸铁材料。

①牌号为HT200、HT250、HT300和HT350的灰铸铁，设计压力不大于0.8MPa，设计温度为10~200℃。

②牌号为QT350-22R、QT350-22L、QT400-18R和QT400-18L的球墨铸铁，设计压力不大于1.6MPa。QT350-22R和QT400-18R的设计温度为0~300℃，QT400-18L的设计温度为-10~300℃，QT350-22L的设计温度为-20~300℃。

1.4.2 铸钢的使用限制和范围

(1)介质限制

铸钢不得用于盛装毒性程度为极度、高度或者中度危害介质，湿H_2S腐蚀环境，以及设计压力大于或等于0.40MPa的易爆介质压力容器的受压元件。

(2)铸钢材料的冶炼和化学成分要求

铸钢应当是采用电炉或氧气转炉冶炼的镇静钢，其化学成分中的P≤0.035%、S≤0.035%(熔炼分析)；可焊铸钢材料化学成分中的C≤0.25%、P≤0.025%、S≤0.025%(熔炼分析)。

(3)铸钢材料的性能要求

压力容器受压元件用铸钢材料应当在相应的国家标准或行业标准中选用，并且应当在产品质量证明书中注明铸造选用的材料牌号。其室温下标准抗拉强度规定值的下限应当小于540MPa，断后伸长率(A)应当大于或等于17%；设计温度下的夏比(V形缺口)冲击功应当大于或等于27J。

(4)铸钢设计压力、温度限制

碳钢或低合金碳锰钢，设计压力不大于2.5MPa，设计温度为-20~400℃。低合金铬钼钢，设计压力不大于4.0MPa，设计温度为0~450℃。

1.4.3　铝和铝合金的使用限制和范围

铝和铝合金用于压力容器受压元件时，应当符合以下要求。

①设计压力不大于16MPa。

②含镁量大于或等于3%的铝合金(如5083、5086)，其设计温度为-269~65℃，其他牌号的铝和铝合金，其设计温度为-269~200℃。

1.4.4　钛和钛合金的使用限制和范围

钛和钛合金用于压力容器受压元件时，应当符合以下要求。

①钛和钛合金的设计温度不高于315℃，钛-钢复合板的设计温度不高于350℃。

②用于制造压力容器壳体、封头的钛和钛合金在退火状态下使用。

1.4.5　镍和镍合金的使用限制和范围

镍和镍合金用于压力容器受压元件时，应当在退火或者固溶状态下使用。

1.4.6　钽、锆、铌及其合金的使用限制和范围

钽、锆、铌及其合金用于压力容器受压元件时，应当在退火状态下使用。钽和钽合金设计温度不高于250℃，锆和锆合金设计温度不高于375℃，铌和铌合金设计温度不高于220℃。

1.4.7　铜和铜合金的使用限制和范围

①纯铜和黄铜用于压力容器受压元件时，其设计温度不高于200℃。

②当容器在设计工况条件下接触具有腐蚀性介质时，铜材应具有良好的耐腐蚀性能，不但应耐均匀腐蚀，必要时还应耐应力腐蚀、选择性腐蚀等局部腐蚀。

③铜和铜合金用于压力容器受压元件时，除 T2、T3 热交换器管可在半硬状态下使用外，其他牌号的铜和铜合金一般应当在退火状态下使用。

④尽量考虑所选牌号的经济性。如压力容器用纯铜主要考虑耐蚀性、力学性能、传热性能与工艺性能，并不要求太高的纯度。一般用材(除换热管外)很少选用较贵的无氧铜 TU1 和 TU2。

⑤为了便于管理，应控制所选牌号不宜太多，性能接近的牌号应减少重复。

1.4.8　复合钢板的使用限制和范围

(1)不锈钢 - 钢复合板

①不锈钢 - 钢复合板的技术要求应符合 NB/T 47002.1《压力容器用复合板　第 1 部分：不锈钢 - 钢复合板》的规定。对不计入强度计算的奥氏体型不锈钢覆材，可选用 GB/T 713.7《承压设备用钢板和钢带　第 7 部分：不锈钢和耐热钢》以外的国家标准中的钢号，该覆材钢号的技术要求(如 S、P 含量，强度指标等)允许低于 GB/T 713.7 相应钢号的规定。

②复合板的未结合率不应大于 5%，设计文件中应规定复合板的级别。

③不锈钢 - 钢复合板的使用温度范围应同时符合 GB/T 150.2 对基材和覆材使用温度范围的规定。

④复合界面的结合剪切强度应不小于 210MPa。

(2)镍 - 钢复合板

①镍 - 钢复合板的技术要求应符合 NB/T 47002.2 的规定。

②复合板的未结合率不应大于 5%，设计文件中应规定复合板的级别。

③镍 - 钢复合板的使用温度范围应同时符合基材和覆材使用温度范围的规定，其中基材的使用温度范围应符合 GB/T 150.2 的规定，覆材的使用温度范围应符合 JB/T 4756《镍及镍合金制压力容器》的规定。

④复合界面的结合剪切强度应不小于 210MPa。

(3)钛 - 钢复合板

①钛 - 钢复合板的技术要求应符合 NB/T 47002.3 的规定。

②复合板的未结合率不应大于 5%，设计文件中应规定复合板的级别。

③钛 - 钢复合板的使用温度下限应符合 GB/T 150.2 对基材的规定，使用温度上限为 350℃。

④复合界面的结合剪切强度应不小于 140MPa。

(4)铜 - 钢复合板

①铜 - 钢复合板的技术要求应符合 NB/T 47002.4 的规定。

②复合板的未结合率不应大于5%，设计文件中应规定复合板的级别。

③铜－钢复合板的使用温度下限应符合 GB/T 150.2 对基材的规定，使用温度上限为200℃。

④复合界面的结合剪切强度应不小于100MPa。

1.5　腐蚀环境下压力容器用钢的选用

1.5.1　H_2S 应力腐蚀环境下压力容器用碳素钢及低合金钢的选用

在湿 H_2S 应力腐蚀环境下使用的压力容器用碳素钢及低合金钢(包括焊接接头)，选用时要符合以下要求。

(1) H_2S 的分压≥0.00035～0.001MPa 时

①化学成分

a. $C_{eq}(\%) = C(\%) + Mn/6(\%) \leq 0.40$。

b. Si≤1.0%，Ni≤1.0%(尽可能不含)。

c. 不允许有奥氏体熔敷金属存在于焊缝中。

②母材及焊接接头硬度≤235HB。

③母材及焊缝金属的强度应相同或相当，且 $R_{eL}^{t} \leq 355$MPa，$R_m \leq 630$MPa。

(2) H_2S 的分压＞0.001MPa 时

①化学成分

a. $C_{eq}(\%) = C(\%) + Mn/6(\%) \leq 0.40$。

b. 微量元素含量

板材：S≤0.003%，P≤0.025%，Ni≤1.0%(尽可能不含)。

锻件及焊缝金属：S≤0.015%，P≤0.025%，S＋P≤0.035%，Ni＜1.0%(尽可能不含)。

c. 不允许有奥氏体熔敷金属存在于焊缝中，也不允许碳素钢、低合金钢与奥氏体不锈钢之间焊接。

②母材及焊接接头硬度≤235HB。

③母材及焊缝金属的强度应相同或相当，且 $R_{eL}^{t} \leq 355$MPa，$R_m \leq 630$MPa。

④冷成形构件的外层纤维变形量≥75%时，要进行热处理。

⑤钢材应是细晶粒钢。

1.5.2　腐蚀环境下压力容器用不锈钢的选用

腐蚀环境下压力容器用不锈钢的选用可参考表1－32进行。

表1-32 腐蚀环境下压力容器用不锈钢的选用

钢种	属性	主要特性	选用场合
304	低碳奥氏体型不锈耐酸钢	一般的抗晶间腐蚀性能和优良的耐蚀性能，对碱溶液及大部分有机酸和无机酸也有一定的抗腐蚀能力	广泛用于输酸管道和化工设备等
304H	奥氏体型不锈耐酸钢	良好的耐蚀性能和焊接性能，热强性能较好	主要用于大型锅炉过热器、再热器、蒸汽管道、石油化工的热交换器管件
304L	超低碳奥氏体型不锈耐酸钢	有良好的抗晶间腐蚀性能，在各种强腐蚀介质中均有良好的耐蚀性	适用于石油化工耐腐蚀设备部件，特别适合于焊后不能进行热处理的焊接管件
316	奥氏体型不锈热强钢	对多种无机酸、有机酸、碱、盐类有很好的耐腐蚀性及耐点蚀性，高温下有良好的蠕变强度	主要用于大型锅炉过热器、再热器、蒸汽管道、石油化工热交换器管件。也可用作耐点蚀材料
316L	超低碳奥氏体型不锈耐酸钢	有良好的抗晶间腐蚀性能，对有机酸、碱、盐类有良好的耐腐蚀性	适用于制造合成纤维、石油化工、纺织、化肥、印染及原子能后处理等工业设备用的主要耐蚀管件
321	奥氏体型不锈耐酸钢	有较高的抗晶间腐蚀能力，对一些有机酸和无机酸(尤其是在氧化性介质中)具有良好的耐腐蚀性能	用于制造耐酸输送管道，大型锅炉过热器、再热器、蒸汽管道、石油化工的热交换器管件等
347H	奥氏体型不锈热强钢	具有良好的耐腐蚀性能、焊接性能和热强性能	用于大型锅炉过热器、再热器、蒸汽管道、石油化工热交换器管件
2205	超低碳双相不锈耐酸钢	有较高的耐点蚀、缝隙腐蚀、应力腐蚀和均匀腐蚀能力，具有较高的强度和良好的韧性	用于制造各种工业热交换器和管道(尤其是含氯化物的 H_2S 环境以及醋酸等有机酸溶液)
310S	奥氏体型耐热不锈钢	耐晶间腐蚀性能较好，耐氯化物应力腐蚀性能优秀，有较好的抗高温氧化性能	用于制造炉管、锅炉过热器、热交换器管件
317L	奥氏体型不锈耐酸钢	耐蚀性能优秀，在含氯化物的溶液中有更良好的抗点蚀性能	适用于制造合成纤维、石油化工、纺织、造纸及原子能后处理等工业设备用的主要耐蚀管件

1.5.3 腐蚀环境下压力容器用镍基合金的选用

腐蚀环境下压力容器用镍基合金的选用可参考表1-33进行。

表1-33 腐蚀环境下压力容器用镍基合金的选用

合金牌号	ASME 牌号	主要特性	应用举例
NS1101	N08800 (Incoloy800)	抗氧化性介质腐蚀，高温下抗渗碳性良好	热交换器及蒸汽发生器管、合成纤维工程中的加热管
NS1102	N08810 (Incoloy800H)	抗氧化性介质腐蚀，抗高温渗碳，热强度高	合成纤维工程中的加热管、炉管及耐热构件等

续表

合金牌号	ASME 牌号	主要特性	应用举例
NS1402	N08825 (Incoloy825)	耐氧化物应力腐蚀及氧化－还原性复合介质腐蚀	热交换器及冷凝器、含多种离子的硫酸环境
NS3102	N06600 (Incoloy600)	耐高温氧化物介质腐蚀	热处理及化学加工工业装置
NS3105	N06690 (Inconel690)	抗氧化物及高温高压水应力腐蚀，耐强氧化性介质及 HNO_3－HF 混合腐蚀	核电站热交换器、蒸发器管，核工程化工后处理耐蚀构件
NS3201	N10001 (HastelloyB)	耐强还原性介质腐蚀	热浓盐酸及氯化氢气体装置及部件
NS3202	N10665 (HastelloyB－2)	耐强还原性介质腐蚀，改善抗晶间腐蚀性能	盐酸及中等浓度硫酸环境(特别是高温下)的装置
NS3203	N10675 (HastelloyB－3)	耐强还原性介质腐蚀	盐酸及中等浓度硫酸环境(特别是高温下)的装置
NS3204	N10629 (HastelloyB－4)	耐强还原性介质腐蚀	盐酸及中等浓度硫酸环境(特别是高温下)的装置
NS3303	N10002 (HastelloyC)	耐卤族及其化合物腐蚀	强腐蚀性氧化－还原复合介质及高温海水中应用的装置
NS3304	N10276 (HastelloyC－276)	耐氧化性氯化物水溶液及湿氯、次氯酸盐腐蚀	耐腐蚀性氧化－还原复合介质及高温海水中的焊接构件
NS3305	N06645 (HastelloyC－4)	耐含氧离子的氧化－还原复合介质腐蚀。组织热稳定性好	湿氯、次氯酸、硫酸、盐酸、混合酸、氯化物装置。焊后可直接应用
NS3306	N06625 (Inconel625)	耐氧化－还原复合介质、耐海水腐蚀，且热强度高	化学加工工业中苛刻腐蚀环境或海洋环境
NS3308	N06022 (Inconel622)	耐含氯离子的氧化性溶液腐蚀	醋酸、磷酸制造，核燃料回收，热交换器，堆焊阀门
NS3309	N06686 (Inconel686)	耐含高氯化物的混合酸腐蚀	化工设备、环保设备、造纸工业设备
NS3310	N06950 (HastelloyG－50)	耐酸性气体腐蚀，抗硫化物应力腐蚀	含 CO_2、Cl^- 和高 H_2S 的酸性气体环境中的管件
NS3402	N06007 (HastelloyG)	耐热硫酸和磷酸腐蚀	用于含磷酸、硫酸的化工设备
NS3403	N06985 (HastelloyG－3)	优异的耐热硫酸和磷酸腐蚀	用于含磷酸、硫酸的化工设备
NS3404	N06030 (HastelloyG－30)	耐强氧化性的复杂介质和磷酸腐蚀	用于磷酸、硫酸、硝酸及核燃料制造与后处理等设备
NS3405	N06200 (HastelloyC－2000)	耐氧化性、还原性的硫酸、盐酸、氢氨酸的腐蚀	化工设备中的反应器、热交换器、阀门、泵等

第2章　合金与相图

为获得所要求的组织结构、力学性能、物理性能、化学性能或工艺性能而特别在钢铁中加入某些元素，称为合金化。铁、碳和合金元素是合金钢的基本组元，它们之间的相互作用是很复杂的。合金元素不仅可改变相稳定性和组织演化过程，而且还可能产生新相，从而改变了材料原有的组织和性能。这些元素之间在原子结构、原子尺寸及晶体点阵上的差异，则是产生这些变化的根源。合金化理论是金属材料成分设计和工艺过程控制的重要原理，是材料成分、工艺、组织、性能、应用之间有机关系的根本源头，也是充分挖掘材料潜力和开发新材料的基本依据。

2.1　合金元素和铁的作用

2.1.1　钢中的元素

(1)杂质元素钢铁是由矿石经过冶炼而成，难免会含有一些杂质元素。一般有三种情况：

①常存杂质：由冶炼工艺所残余的杂质，如Mn、Si、Al是由脱氧剂带入。由铝脱氧生产了镇静钢，用Mn、Si脱氧的为沸腾钢，同时S、P难以彻底去除。它们作为杂质元素时，一般含量(质量分数，下同)限制在：0.3%～0.7%Mn；0.2%～0.4%Si；0.01%～0.02%Al；0.01%～0.05%P；0.01%～0.04%S。

②隐存杂质：钢中极其微量的O、H、N，在钢中有一定的溶解度，难以测量。

③偶存杂质：这与炼钢过程中所使用的矿石和废钢有关，如Cu、Sn、Pb、Ni、Cr等。

杂质元素的存在，一般是有害的，往往会影响钢的性能，所以在冶金质量中都规定了其最高允许量。最典型的杂质元素是S、P、H。S容易和Fe结合形成熔点为989℃的FeS相，会使钢在热加工过程中产生热脆性；P和Fe结合形成硬脆的Fe_3P相，使钢在冷变形加工过程中产生冷脆性；H也可能留在钢中，形成“白点”，可导致钢的氢脆。

(2)合金元素在许多情况下，碳素钢的性能不能满足要求。为了提高钢的性能，必须在钢中加入合金元素，以改变其工艺性能和力学或物理性能。为合金化目的加入其含量有一定范围的元素称为合金元素，相应的钢就称为合金钢。根据需要，加入的合金元素量可多可少：多的可达到20%～30%，如Cr；一般加入量为1%～2%，如Mn；少的是微量，如0.005%B。习惯上，把加入合金元素总量<5%的钢，称为低合金钢；合金元素总量>

10%的钢称为高合金钢；在5%～10%的钢称为中合金钢。

目前钢铁中常用的合金元素有十几个，主要有 Si、Mn、Cr、Ni、W、Mo、V、Ti、Nb、Al、Cu、B 等。不同国家常用的合金元素与各自的资源有关。

2.1.2 铁基二元相图

纯铁具有同素异构转变，纯铁的 α－Fe⟺γ－Fe 和 γ－Fe⟺δ－Fe 转变是在恒定温度下进行的，其相变温度 A_3、A_4 分别为912℃和1394℃。当加入碳元素后，就成了 Fe－C 相图，变得比较复杂。其主要特点是：相变是在某一温度范围中进行；临界相变点随碳含量而变；出现了新的相变和产物，如共析转变，由单相 γ 相形成了 $\alpha + Fe_3C$；在平衡状态下可以有两相同时存在，如 α 和 γ 相，其他合金元素的作用也大致相似。合金元素对铁的多型性转变的影响分为扩大 γ 相区、封闭 γ 相区和缩小 γ 相区几类。

(1)扩大 γ 相区合金元素使 A_3 温度下降，A_4 温度升高，γ 稳定存在相区扩大。它包括两种情况：

①与 γ－Fe 无限互溶的这类元素有镍(Ni)、锰(Mn)、钴(Co)，其作用是开启 γ 相区，当合金元素量足够大时，钢在室温时为奥氏体组织，如图2－1(a)所示。

②与 γ－Fe 有限溶解的这类元素有碳(C)、氮(N)、铜(Cu)，其作用是扩展 γ 相区。它们虽然使 γ 相区扩大，但与 γ－Fe 有限溶解，C、N 与 Fe 形成间隙固溶体，Cu 与 Fe 形成置换固溶体，这类相图如图2－1(b)所示。

(2)封闭 γ 相区合金元素使 A_3 温度升高，A_4 温度下降，γ 稳定存在相区缩小。实际上也就是使 α 稳定存在相区扩大。它也有两种情况：

①与 α－Fe 无限互溶合金元素的加入使 A_3 温度升高，A_4 温度下降，并在一定浓度处汇合，γ 相区被完全封闭。这类元素有铬(Cr)、钒(V)，当合金元素量足够大时，钢在高温时仍为铁素体组织，如图2－1(c)所示。

②与 α－Fe 有限溶解的这类元素有钼(Mo)、钨(W)、钛(Ti)等。γ 相区被封闭，在相图上形成 γ 团，如图2－1(d)所示。

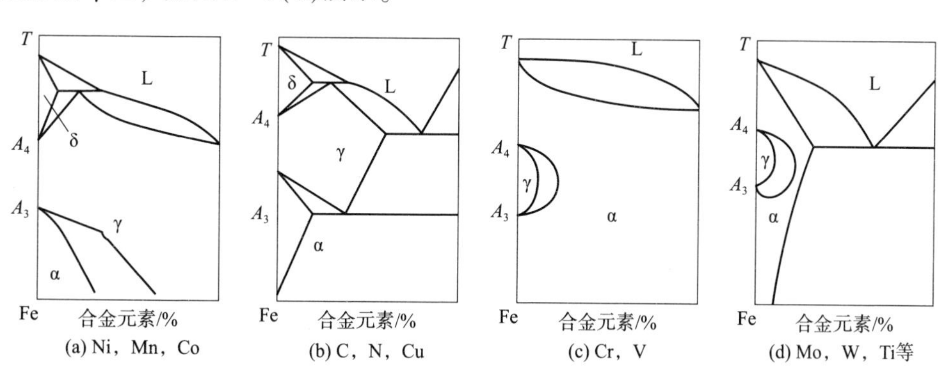

图2－1 合金元素和 Fe 的作用状态

(3)缩小 γ 相区这类元素与封闭 γ 相区元素相似，但由于出现了金属间化合物，破坏了 γ 圈。属于这类的元素有硼(B)、铌(Nb)、锆(Zr)等。

在 γ - Fe 中有较大溶解度并稳定 γ 固溶体的元素称为奥氏体形成元素，在 α - Fe 中有较大溶解度并稳定 α 固溶体的元素称为铁素体形成元素。

除 C、N 等少量元素外，大部分合金元素与 Fe 形成置换固溶体，它们扩大或缩小 γ 相区的作用与该元素在周期表中的位置有关，与它们的点阵结构、电子因素和原子大小有关。有利于扩大 γ 相区的合金元素，其本身具有面心立方点阵或在其多型性转变中有一种面心立方点阵，与 Fe 的电负性相近，与 Fe 的原子尺寸相近。合金元素和 Fe 的不同作用可以从热力学来讨论。采用 Zener 和 Andrew 的方法，设 C_α 和 C_γ 分别为在温度 T 时某合金元素在 α 相和 γ 相中的平衡浓度。在平衡状态下可得到下式：

$$\frac{C_\alpha}{C_\gamma}=\beta\cdot\exp\left(\frac{\Delta H}{RT}\right)$$

式中，ΔH 为热焓变化，是单位溶质原子溶于 γ 相中所吸收的热和溶于 α 相中所吸收的热之间的差值，即 $\Delta H=H_\gamma-H_\alpha$。$\beta$ 为常数，置换固溶体 $\beta=1$，间隙固溶体 $\beta=3$。

对于铁素体形成元素，$H_\alpha<H_\gamma$，所以 $\Delta H>0$；

对于奥氏体形成元素，$H_\alpha>H_\gamma$，所以 $\Delta H<0$。

由此可得到两种形式基本不同的平衡相图，如图 2 - 2 所示。二者呈镜面对称，这取决于 ΔH 的值。图中相平衡边界可由热力学方程来描述。当 $\Delta H<0$ 时，则 $C_\gamma>C_\alpha$，γ 相区是开启的；当 $\Delta H>0$ 时，则 $C_\gamma<C_\alpha$，出现了 γ 相圈。

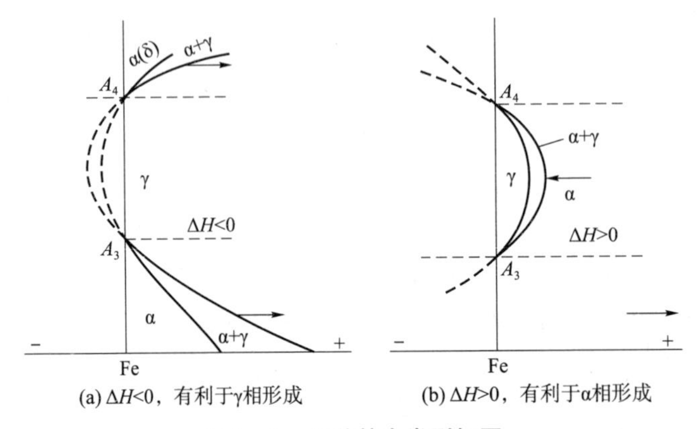

(a) ΔH<0，有利于γ相形成　　(b) ΔH>0，有利于α相形成

图 2 - 2　两种基本类型相图

2.2　合金钢中的相组成

2.2.1　置换固溶体

铁基置换固溶体的形成规律遵循 Hume - Rothery 所总结的一般经验规律。决定组元在置换固溶体中的溶解条件是：溶剂与溶质的点阵结构、原子尺寸因素和电子结构，也就是组元在元素周期表中的相对位置。

一般情况下，铁有两种同素异构的晶体，即 α - Fe 和 γ - Fe。很显然，合金元素在

α－Fe和γ－Fe中的固溶情况是不同的。表2－1所示为常用合金元素在铁固溶体中的溶解情况。表2－2所示为合金元素关于点阵结构、原子尺寸和电子结构的基本情况。

根据表2－1和表2－2可知：Ni、Mn、Co与γ－Fe的点阵结构、原子尺寸和电子结构相似，形成无限固溶体；而Cr、V与α－Fe的点阵结构、原子尺寸和电子结构相似，形成无限固溶体。如果溶剂与溶质的点阵结构不同，则不能形成无限固溶体。对无限固溶体来说，符合溶剂与溶质的点阵结构相同的第一个条件是必需的，但不是充分的。并不是所有点阵结构相同的元素，都能形成无限固溶体。如Cu和γ－Fe虽然点阵结构相同、原子半径相近，但是电子因素差别大，所以也只能是有限固溶体。原子半径对溶解度的影响是比较大的，一般规律为：$\Delta R \leqslant \pm 8\%$，可形成无限固溶体；$\Delta R \leqslant \pm 15\%$，形成有限固溶体；$\Delta R \geqslant \pm 15\%$，溶解度极小。如Zr的$\Delta R$为26%，所以溶解度≤1%。

表2－1　常用合金元素在Fe中的溶解度

元素	溶解度/%（质量分数）		元素	溶解度/%（质量分数）	
	α－Fe	γ－Fe		α－Fe	γ－Fe
Ni	10	无限	Mo	约4（室温）	约3
Mn	约3	无限	W	4.5（700℃）	3.2
Co	76	无限	Al	36	1.1
C	0.02	2.06	Si	18.5	约2
N	0.095	2.8	Ti	2.5（600℃）	0.68
Cu	1（700℃）	8.5	Nb	1.8	2
Cr	无限	12.8	Zr	约0.3	0.7
V	无限	约1.4	B	约0.008	0.018～0.026

表2－2　常用第四周期合金元素的点阵结构、原子尺寸和电子结构

合金元素	Ti	V	Cr	Mn	Fe	Co	Ni	Cu
点阵结构	bcc	bcc	bcc	bcc/fcc	bcc/fcc	fcc/hcp	fcc	fcc
电子结构	2	3	5	5	6	7	8	10
原子半径/nm	0.145	0.136	0.128	0.131	0.127	0.126	0.124	0.128
ΔR/%	14.2	7.1	0.8	3.1		0.8	2.4	0.8

注：原子半径是配位数12的值；ΔR是合金元素和Fe的原子半径相对差值；电子结构是3d层电子数。

2.2.2　间隙固溶体

Fe的间隙固溶体是较小原子尺寸的元素存在于Fe晶体的间隙位置所组成的固溶体。铁基间隙固溶体的形成有以下几个特点。

间隙固溶体总是有限固溶体，其溶解度取决于溶剂金属的晶体结构和间隙元素的原子尺寸。间隙固溶体的有限溶解度决定了它保持溶剂的点阵结构，而间隙原子仅仅占据溶剂点阵的八面体或四面体间隙，而且总是有部分间隙没有被填满。对Fe的bcc、fcc和hcp晶体结构，其八面体间隙能容纳的最大球半径分别为$0.154r_M$、$0.41r_M$、$0.412r_M$，四面体间隙能容纳的最大球半径分别为0.291r_M、0.22r_M、0.222r_M。

间隙原子在固溶体中总是优先占据有利的位置。对α－Fe是八面体间隙，对γ－Fe是四面体或八面体间隙。C、N原子进入Fe的晶体中必然会引起晶格畸变。比较C、N原子尺寸和Fe晶体中存在的间隙大小，就十分清楚。C、N原子半径分别为0.077nm和0.071nm，因此C、N原子在α－Fe中并不占据比较大的四面体间隙，而是位于八面体间隙中更为合适。这是因为原子进入间隙位置后使相邻两个铁原子移动引起的畸变比较小。对四面体间隙来说，有4个相邻铁原子，移动4个相邻铁原子则产生更高的应变能，所以四面体间隙对于C、N原子来说，并不是最有利的位置。

间隙原子的溶解度随溶质原子的尺寸的减小而增大。显然，N元素的溶解度要比C元素大。因为γ－Fe的晶体间隙大于α－Fe晶体，所以C、N原子在γ－Fe中的溶解度显著地高于α－Fe。

2.2.3　碳(氮)化物及其形成规律

2.2.3.1　钢中常见的碳化物

碳化物是钢中的重要组成相之一。碳化物类型、大小、形状和分布对材料的性能有极其重要的影响。碳化物在钢中的稳定性取决于金属元素与碳亲和力的大小，即主要取决于其d层电子数，d层电子越少，则金属元素与碳的结合强度越大，在钢中的稳定性也越大。应该指出，碳化物在钢中的稳定性并不单纯是由d层电子数来决定的，生成碳化物时的热效应也会影响碳化物的稳定性。一般来说，碳化物的生成热越大，所生成的碳化物也越稳定。

碳化物具有高硬度、脆性的特点。从高硬度看，碳化物具有共价键；但是碳化物具有正的电阻温度系数，说明碳化物具有金属的特性，保持着金属键，所以一般认为碳化物具有混合键，且金属键占优势。根据合金元素和碳的作用可分为碳化物形成元素和非碳化物形成元素两大类。

按照碳化物形成能力由强到弱排列，常用的碳化物形成元素有：Ti、Zr、Nb、V；Mo、W、Cr；Mn、Fe等，它们都是过渡族金属元素。过渡族金属元素可依其与碳的结合强度的大小分类。Ti、Zr、Nb、V是强碳化物形成元素；W、Mo、Cr是中等强度碳化物形成元素；Mn和Fe属于弱碳化物形成元素。

不同合金元素和碳形成的碳化物类型不同，钢中常见的碳化物主要有如下几种。

(1)M_3C型：如Fe_3C、Mn_3C，通常也称为渗碳体。正交点阵结构，单位晶胞中有12个Fe(Mn)原子，4个C原子。

(2)M_7C_3型：如Cr_7C_3。复杂六方点阵结构，单位晶胞中有56个金属元素(M)原子，24个C原子。可以形成复合碳化物，$(Cr, Fe, Mo\cdots\cdots)_7C_3$。

(3)$M_{23}C_6$型：如$Cr_{23}C_6$，常出现在含Cr量较高的钢中。复杂立方点阵结构，单位晶胞中有92个M原子、24个C原子。一般情况下，单元的碳化物比较少，部分Cr原子可由Mn、F等原子替代而形成复合碳化物。

(4)M_2C 型：如 Mo_2C、W_2C。密排六方点阵结构，单位晶胞中有 6 个 M 原子、3 个 C 原子。

(5)MC 型：如 VC、TiC、NbC 为简单面心点阵结构；而 MoC、WC 是简单六方点阵结构。一般情况下往往有空位，所以其一般式为 MC_x，$x \leqslant 1$，例如 V_4C_3，$x=0.75$。

(6)M_6C 型：如 Fe_3W_3C、Fe_3Mo_3C、Fe_4W_2C 等，它不是金属型的碳化物。M_6C 型具有复杂立方点阵结构，单位晶胞中有 96 个 M 原子、16 个 C 原子。这类碳化物常在含 W、Mo 合金元素的合金钢中出现，一般为 $(W, Mo, Fe)_6C$。

根据以上碳化物结构类型可分为两大类型：简单点阵结构和复杂点阵结构。属于简单点阵结构的有 M_2C 型、MC 型，其特点是硬度较高、熔点较高、稳定性较好。属于复杂点阵结构的有 $M_{23}C_6$ 型、M_7C_3 型、M_3C 型，相对于简单点阵结构的碳化物来说，其特点是硬度较低、熔点较低、稳定性较差。值得指出的是 M_6C 型碳化物，M_6C 型碳化物是复杂点阵结构，但是从性能上接近简单点阵结构，稳定性要比 $M_{23}C_6$ 型、M_7C_3 型好。钢中常见碳化物的结构与性能如表 2－3 所示。

2.2.3.2　碳化物形成的一般规律

不同合金元素和碳可形成不同的碳化物类型，钢中常见碳化物的结构和性能见表 2－3。钢中不同合金元素在相变演化过程中的行为表现也有很大的差别，一般规律如下。

表 2－3　钢中常见碳化物的结构与性能

碳化物	原子半径比 r_C/r_M	点阵类型	单位晶胞原子数	熔点/℃	溶解温度/℃	显微硬度/HV (50g)	含有此类碳化物的钢种
Fe_3C	0.61	正交晶系	12M＋4C	1650	≥Aci	900～1050	碳钢
$(Fe, M)_3C$		正交晶系	12M＋4C		≥Aci		低合金钢
Cr_7C_3	0.60	复杂六方	56M＋24C	1665	≥950	2100	少数高合金钢
$Cr_{23}C_6$	0.60	复杂立方	92M＋24C	1550(分解)	≥950	1650	不锈钢等
Fe_3W_3C		复杂立方	96M＋16C		1150～1300	1200～1300	高合金工具钢，如高速钢、Cr12MoV、3Cr2W8V 等
Fe_3Mo_3C		复杂立方	96M＋16C				
Mo_2C	0.56	密排六方	2M＋1C	2700	回火时析出，大于 650℃转变为 M_6C 型	1600	
W_2C	0.55	密排六方	2M＋1C	2750		3000	
MoC	0.56	简单六方	1M＋1C	2700	高温回火时析出		含 W 或 Mo 的钢可能存在
WC	0.55	简单六方	1M＋1C	2600(分解)		1730	
VC	0.57	简单面心	4M＋4C	2830	≥1100	2100	含＞0.3%V 的钢
TiC	0.53	简单面心	4M＋4C	3200	在钢的一般加热过程中几乎不溶解	3200	几乎所有含 Ti、Nb、Zr 的钢
NbC	0.53	简单面心	4M＋4C	3500		2055	
ZrC	0.48	简单面心	4M＋4C	3550		2700	

（1）碳化物类型的形成。形成什么样的碳化物与合金元素的原子半径有关。碳原子半径和常用合金元素原子半径的比值 r_C/r_M 见表2－3。其碳化物类型的形成规律是：

①当 $r_C/r_M>0.59$ 时，形成复杂点阵结构。Cr、Mn、Fe 是属于这一类的元素，它们形成 Cr_7C_3、$Cr_{23}C_6$、Fe_3C、Mn_3C 等形式的碳化物。

②当 $r_C/r_M<0.59$ 时，形成简单点阵结构，又称为间隙相。金属原子一般形成具有配位数12的六方晶系或立方晶系，碳原子在金属原子所形成的晶体点阵中没有固定的位置，它们填充于晶体点阵的间隙中。属于这类型的元素有 Mo、W、V、Ti、Nb、Zr 等，它们形成的碳化物有：VC、TiC、NbC 等 MC 型，Mo_2C、W_2C 等 M_2C 型。

③当合金元素量比较少时，溶解于其他碳化物，形成复合碳化物，即多元合金碳化物。如 Mo、W、Cr 含量少时，形成合金渗碳体$(Fe, M)_3C$；量多时就形成了自己的特殊碳化物 $M_{23}C_6$ 型、M_2C 型等。Mn 只能形成$(Fe, M)_3C$ 或 Mn_3C。除 Mn 元素外，在钢中随着合金元素含量的增加，都能形成特殊碳化物。

（2）相似者相溶碳化物也和固溶体一样，有些碳化物之间是可以互相溶解的。分为两种情况：完全互溶和部分溶解。如果形成碳化物的元素在晶体结构、原子尺寸和电子因素方面都相似，则两者的碳化物可以完全互溶，否则就是有限溶解。例如，Fe_3C 和 Mn_3C 可以完全互溶形成复合碳化物$(Fe, Mn)_3C$；TiC 和 VC 也是无限溶解。

一般碳化物都能溶解一些其他合金元素，构成复合碳化物，但都有一定的溶解度。如在渗碳体 Fe_3C 中，可溶入一定量的 Cr、Mo、V 等元素，其最大溶解度（摩尔分数）为：$<28\%$ Cr，$<2\%$ W，$<0.5\%$ V。MC 型碳化物不溶入 Fe 原子，但可溶入一定量的 Mo、W，如 VC 中可溶入85%～90%的 W 原子。在 W_2C 中 Cr 可置换75%的 W 原子。在 $M_{23}C_6$ 中可溶解25%的 Fe 原子，还可溶解 Mo、W、V 等原子。另外，碳化物中的碳原子也可被其他间隙原子如 N 原子所置换，在 MC 型碳化物中，常常形成 M（C、N、O）型复合碳化物。

在绝大多数情况下，溶入较强的碳化物形成元素，可使碳化物的稳定性提高。反之，溶入较弱的碳化物形成元素，使碳化物稳定性下降。较弱的碳化物形成元素的存在，虽然没有溶入碳化物中，也会降低强碳化物在钢中的稳定性。如在含 Mn－V 的钢中，由于较多 Mn 元素的存在，使 VC 碳化物的溶解温度从1100℃降低至900℃。

（3）强碳化物形成元素总是优先与碳结合形成碳化物，随着钢中碳含量的增加，依次形成碳化物。例如，含 W、Cr 合金元素的钢在平衡态下，随碳含量的增加，依次形成 M_6C、$Cr_{23}C_6$、Cr_7C_3、Fe_3C。如果碳含量有限，则较弱的碳化物形成元素将溶入固溶体中，而不形成碳化物。如含 Cr、V 的低碳钢中，Cr 元素大部分在基体固溶体中。

（4）N_M/N_C 比值决定了碳化物类型，N_M 和 N_C 是固溶体中合金元素和碳的原子数，它们的比值决定了形成的碳化物类型。一般来说，一种元素都能有几种碳化物的形式。在平衡态时，当达到一定量时，除 Mn 元素外都能形成自己的特殊碳化物。如在含 Cr 钢中，随着 N_M/N_C 比值的提高，形成碳化物的先后顺序为：$M_3C \rightarrow M_7C_3 \rightarrow M_{23}C_6$。

在回火时，随着基体中 N_M/N_C 比值的升高，则析出的碳化物中的 N_M/N_C 比值也提高。例如，在 W 钢回火时，随基体中 N_M/N_C 比值的升高，碳化物析出顺序为：$Fe_{21}W_2C_6 \rightarrow$

$WC \rightarrow Fe_4W_2C \rightarrow W_2C$。

(5)碳化物稳定性越好，溶解越难，析出越难，聚集长大也越难，稳定性好的碳化物在钢加热时，溶解较难，要在比较高的温度下才能溶解；在回火过程中，总是稳定性比较差的碳化物先析出，稳定性好的碳化物在后面才析出；稳定性好的碳化物即使析出了，也不太容易长大。例如，MC 型碳化物一般在加热温度 1000℃以上才逐步溶解，回火时，直到 500 ~ 700℃才析出，并且不容易长大，在钢中起到二次硬化的作用。

2.2.3.3 氮化物及其形成规律

氮化物的基本性能特点是：高硬度、脆性、高熔点。氮化物的形成规律和碳化物相似，但一般都形成间隙相。根据过渡族金属与氮的结合强度分类，Ti、Zr、Nb、V 为强氮化物形成元素，W、Mo 是中强氮化物形成元素，Cr、Mn、Fe 属于弱氮化物形成元素。间隙化合物越稳定，它们在钢中的溶解度越小。钢中氮化物的硬度和熔点，如表 2 -4 所示。

表 2 -4　钢中氮化物的硬度和熔点

氮化物	TiN	ZrN	NbN	VN	WN	Mo_2N	CrN	Cr_2N	AlN
r_C/r_M	0.50	0.43	0.49	0.52	0.51	0.52	0.56	0.56	
HV/(kg/mm^2)	1994	1988	1396	1520		630	1093	1571	1230
熔点/℃	2950	2980	2300	2360	800(分解)		1500	1650	2400

过渡族金属的碳化物和氮化物中，金属原子和碳、氮原子相互作用排列成密排或稍有畸变的密排结构，形成由金属原子亚点阵和碳、氮原子亚点阵组成的间隙结构。这些金属亚点阵与形成它们的金属点阵不同，但仍属于典型的面心立方、体心立方、密排六方或复杂结构。若金属亚点阵间隙足够大，可容纳非金属碳、氮原子时，就形成简单密排结构。所以，过渡族金属原子的原子半径 r_M 和非金属碳、氮原子半径 r_N 的比值(r_N/r_M)决定了形成简单密排还是复杂结构。一般来讲，氮化物和碳化物之间也可互相溶解，形成碳氮化合物。如含氮的不锈钢中，氮原子可置换$(Cr, Fe)_{23}C_6$ 中的部分碳原子，形成$(Cr, Fe)_{23}(C, N)$的碳氮化合物；在微合金钢中可形成 Ti(C, N)、V(C, N)和 Nb(C, N)复合碳氮化合物。此外，冶炼中用铝脱氧的钢存在 Al 的氮化物 AlN。Al 是非过渡族金属，故 AlN 不属于间隙相。它具有 ZnS 结构的密排六方点阵，氮原子并不处于铝原子之间的间隙位置。氮化物中属于 NaCl 型简单立方点阵结构的有 TiN、NbN、VN、CrN 等，属于密排六方点阵结构的有 WN、Nb_2N、MoN 等。氮化物中的含 N 量也在一定的范围内变化，即存在原子缺位现象。

2.2.4 金属间化合物

钢中合金元素之间和合金元素与铁之间相互作用，可以形成各种金属间化合物。因为金属间化合物各组元之间保持着金属键的结合，所以金属间化合物仍然保持着金属的特点。合金钢中比较重要的金属间化合物有 σ 相 AB_2 相(拉氏相)、AB_3 相(有序相)和 A_6B_7

相（μ 相或 ε 相）等。

在高铬不锈钢、铬镍及铬锰奥氏体不锈钢、高合金耐热钢及耐热合金中，都会出现。σ 相具有较复杂的点阵结构和高硬度。伴随着 σ 相的析出，材料的塑性和韧性显著下降，脆性增加。

AB_2 相（如 Fe_2Mo、Fe_2W、Fe_2Nb 等）是尺寸因素起主导作用的化合物，两组元原子直径之比为 $d_A:d_B=1.2:1$。元素周期表中任何两族的金属元素，只要符合两组元原子直径之比 $d_A:d_B$ 的规律，都可以形成 AB_2 相。在含 W、Mo、Nb 和 Ti 合金元素的耐热钢中都发现了 AB_2 相。不管其基体类型如何，AB_2 相是现代耐热钢中的一种强化相。

属于 AB_3 相的有 Ni_3Al、Ni_3Ti、Fe_3Al 等，是一种有序固溶体相。由于这些组元之间的电化学性的差别还达不到形成稳定化合物的条件，所以它们是介于无序固溶体与化合物之间的过渡状态。其中一部分与无序固溶体相近，如 Fe_3Al、Ni_3Fe，当温度升高超过临界温度时，有序的 AB_3 相就可转变为无序固溶体。另一部分与化合物相近，如 Ni_3Al、Ni_3Ti，其有序状态可一直保持到熔点。

属于 A_6B_7 相的有 Fe_7W_6、Fe_7Mo_6 等。当钢中加入多种合金元素时，还可生成更复杂的金属间化合物。在一些不锈钢、耐热钢和耐热合金中，常常利用金属间化合物的析出所产生的沉淀硬化现象来强化合金。在有些情况下，金属间化合物的沉淀析出会产生脆性等不良影响。

当能形成金属间化合物的元素是属于碳化物形成元素时，在钢中存在碳的条件下，一般先形成碳化物，只有当合金元素含量超过生成碳化物所需的量后，才能生成金属间化合物。

2.3 微量元素在钢中的作用

2.3.1 微量元素的作用

常见的微量元素主要有：O、N、S、P、Se、As、Zr 和稀土元素等。根据它们的作用可分为：常用微合金化元素，如 B、N、V、Ti、Zr、Nb、RE 等；改善切削加工性元素，如 S、Se、Bi、Pb、Ca 等；能净化、变质、控制夹杂物形态的元素，如 Ti、Zr、RE、Ca 等；有害元素，如 P、S、As、Sn、Pb 等。微量元素在钢中虽然含量极少，但对钢的质量和性能有很大的影响。为改善切削加工性而有意加入的易切削微量元素，就成为专门的易切削钢。下面简单介绍微量元素的有益效应和有害作用。

2.3.1.1 微量元素的有益效应

微量元素在钢铁冶炼过程中的有益效应主要有净化、变质、控制夹杂物形态。

（1）净化作用。硼和稀土元素对 O、N 有很大的亲和力，并能形成密度小易上浮的难熔化合物。所以它们有脱氧、去氮、降氢的作用，能减少非金属夹杂物，改善夹杂物类型及分布。另外，B、Zr、Ce、Mg和稀土元素加入钢中，与低熔点的As、Sb、Sn、Pb、Bi等杂质元素作用，能形成高熔点的金属间化合物，从而可消除由这些杂质元素所引起的钢的脆性，改善钢的冶金质量，保证钢的热塑性和高温强度。

(2)变质作用。B和稀土元素在钢冶炼时，能改变钢的凝固过程和铸态组织。它们与钢液反应形成微细质点，而成为凝固过程中的非自发形核核心，降低了形核功，增大了形核率。B和稀土元素在钢中都是表面活性元素，容易吸附在固态晶核表面，阻碍了晶体生长所需的原子供应，从而降低了晶体长大率。所以，在钢冶炼时加入这些元素，可细化铸态组织，减少枝晶偏析和区域偏析，改善钢化学成分的均匀性。另外，稀土元素可增大钢的流动性，提高钢锭的致密度。

(3)改变夹杂物性质或形态，夹杂物的形态和分布对钢的性能有很大的影响。夹杂物最理想的形态是呈球状，最不好的是共晶杆状。以夹杂物MnS为例，MnS有球状、枝晶间共晶形态和不规则角状三种形态。要得到球状MnS，可控制含氧量在0.02%以上，能保证得到双相夹杂物MnS－MnO。由于MnO比较硬，能防止MnS被拉长。若钢中不加Mn，则S有可能形成FeS等其他化合物。FeS分布在晶界，熔点又比较低，是非常有害的夹杂物，使钢产生热脆性。S和Mn的结合力比S和Fe的结合力强，所以钢中有Mn能优先形成MnS。因此钢中常有较多的Mn，以消除杂质元素S的影响。对于完全脱氧钢，用Al脱氧，MnS为角状，但用Zr微量加入后，形成(Mn，Zr)S，可改善MnS的塑性。

2.3.1.2 微量元素的有害作用

P、S、As、Sn、Pb等有害元素的存在并不是有意加入的，而是在炼钢时由原料带入的，常规分析还比较难以测定。这些元素主要表现是偏析、吸附在晶体缺陷及晶界处，从而影响钢的性能，如塑韧性、热塑性、蠕变强度、焊接性和耐蚀性等。例如，S、P会导致钢的热脆和冷脆；As、Sb、P等元素容易在晶界偏聚，导致合金钢的第Ⅱ类高温回火脆性，高温蠕变时的晶界脆断。

2.3.2 微合金钢中的合金元素

微合金钢是新发展的工程结构用钢，通常包括微合金高强度钢、微合金双相钢和微合金非调质机械结构钢。微合金钢中合金元素可分为两类：一类是影响钢相变的合金元素，如Mn、Mo、Cr、Ni等；另一类是形成碳(氮)化物的微合金元素，如V、Ti、Nb等。

Mn、Mo、Cr、Ni等合金元素，在微合金钢中起降低钢相变温度、细化组织等作用，并且对相变过程或相变后析出的碳(氮)化物也起到细化作用。例如，Mo和Nb的共同加入，引起相变中出现针状铁素体组织；为改善钢的耐大气腐蚀而加入Cu，并可部分地起析出强化的作用；加入Ni改变了基体组织的亚结构，从而提高钢的韧度。在非调质机械结构钢(也可简称为非调质钢)中，降低碳量，增加Mn或Cr含量，也有利于钢韧度的提高。当Mn含量(质量分数)从0.85%Mn增至1.15%～1.30%Mn时，则在同一强度水平下非调质钢的冲击吸收能量提高30J，即可达到经调质处理碳钢的冲击吸收能量水平，见图2－3。

非调质钢具有良好的强度和韧度的配合。主要是通过V、Ti、Nb等元素的碳(氮)化物沉淀析出、细化晶粒、细化珠光体组织及其数量的控制等方面来提高钢强度的。V、Ti、Nb等元素的变化对非调质钢屈服强度有显著的影响，如图2－4所示。

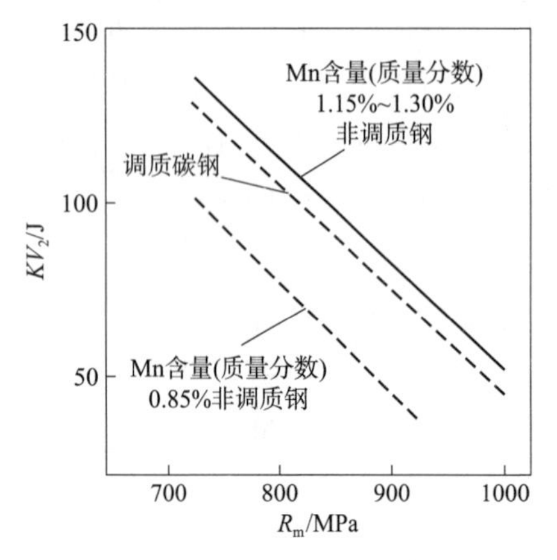

图2－3 Mn对非调质钢冲击吸收能量的影响

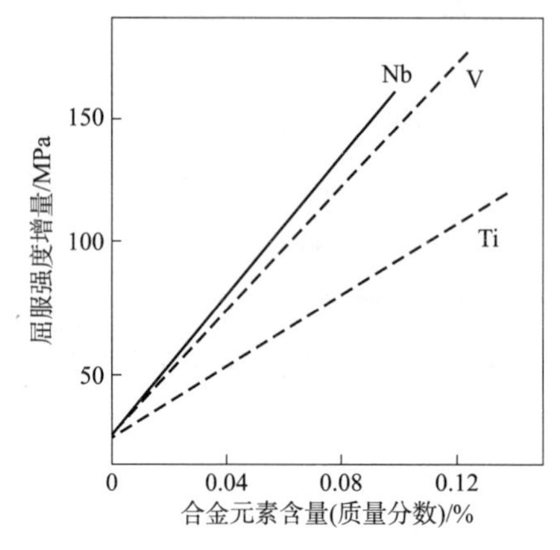

图2－4 V、Nb、Ti对非调质钢屈服强度的影响

V、Ti、Nb等微合金元素，其含量(质量分数)在0.01%～0.20%，可根据钢性能和工艺要求而定。这些元素都是强碳(氮)化物形成元素，所以在高温下优先形成稳定的碳(氮)化物，如表2－5所示。每种元素的作用都和析出温度有关，而析出温度又受到各种化合物平衡条件下的形成温度以及相变温度、轧制温度的制约。

表2－5 微合金钢中各种碳(氮)化物及其形成温度

化合物	碳化物			氮化物			
	VC	NbC	TiC	VN	NbN	AlN	TiN
开始形成温度/℃	719	1137	1140	1088	1272	1104	1527

微合金双相钢中合金元素及热处理工艺都能明显地影响双相钢的组织形态，特别是V、Ti、Nb等微合金元素对铁素体形态、精细结构和沉淀相的形态产生显著的影响。

V、Ti、Nb在钢中形成碳化物或氮化物，是微合金化常用的主要元素。在微合金高强度钢中，VN在缓冷条件下从奥氏体中析出，VC是在相变过程中或相变后形成，从表2－5可知，两者形成温度是不同的。因此V能起到阻止晶粒长大的作用，而且也对沉淀强化做出有效的贡献。Ti的化合物主要在高温下形成，在钢相变过程中或相变后的析出量非常少，所以，Ti的主要作用是细化奥氏体晶粒。Nb的碳化物也在奥氏体中形成，阻止了高温形变奥氏体再结晶。在随后的相变过程将析出Nb的碳(氮)化物，产生沉淀强化。

在非调质钢的常规锻造加热温度下，V基本上都溶解于奥氏体中，一般情况下在1100℃则完全溶解。然后在冷却过程中不断地析出，大部分V的碳化物是以相间沉淀的形式在铁素体中析出。V的强化效果要比Ti、Nb大。以热锻空冷态的45V非调质钢和热轧态的45钢比较，V含量(质量分数，下同)每增加0.1%，钢的屈服强度升高约190MPa。当然，这是沉淀强化、细晶强化等综合效果。Ti在非调质钢中完全固溶温度在1255～

1280℃，Ti能很好地阻止形变奥氏体再结晶，可细化组织。Ti和V复合加入可显著地改善钢的韧度。Nb的完全固溶温度为1325～1360℃，所以需热锻的非调质钢通常不宜单独用铌微合金化。当Nb和V复合加入时，既可提高钢的强度，又能改善韧度。

在含钒微合金双相钢中，V能消除铁素体间隙固溶、细化晶粒，从而形成了高延性的铁素体，提高了双相钢的时效稳定性。所以，一般微合金双相钢要得到良好的性能，V是必须加入的微合金元素。Ti和V的作用相似，但在双相钢中一般不单独用钛微合金化。Nb的作用也和V相似，只是Nb碳化物更为稳定。

N在非调质钢中起强化作用，当钢中N含量从0.005%N增加到0.03%N时，钢的屈服强度升高100～150MPa。N一般与V、Al等其他元素复合加入，能获得明显的强化效果。在0.1%V－N钢中，当N含量在0.005%N～0.03%N时，V的完全溶解温度为970～1130℃，说明在常规的锻造加热温度下，N和V元素是完全固溶于奥氏体中。所以，在随后的冷却过程中沉淀析出，具有明显的弥散强化效果。因为NbN、TiN溶解温度都高于常规的锻造加热温度，所以N和Nb或Ti的复合加入，其强化效果不是很明显。

一般情况下，合金元素对非调质钢强度和韧度的影响为：C、N、V、Nb、P元素提高强度，降低韧度；Ti降低强度，提高韧度；Mn、Cr、Cu＋Ni、Mo提高强度，同时又改善韧度；Al无明显影响，但形成的AlN可细化晶粒，改善韧度。

2.4　金属材料的环境协调性设计

材料为人类文明进步做出突出的贡献，但材料的制备、生产、使用和废弃全过程又是资源、能源的最大消耗者和污染环境的主要责任者之一。现在全世界提出了构筑循环型材料产业、促进循环经济发展的口号。以前针对不同的用途开发不同的材料，使材料的种类一直在增加。目前在世界上已经正式公布的金属材料及其合金的种类有三千多种，仅常用钢就有几百种。这些材料的合金元素类型及其含量是各不相同的。这样，就使材料的废弃物再生循环很困难。这是因为以前设计材料时，基本上不考虑材料的环境性，仅追求材料品种的多元化和用途的专门化。

可再生循环设计已成为钢铁材料设计的一个重要原则。目前钢铁材料再生循环面临两大难题：分选困难和再生冶炼时成分控制困难，根据冶炼过程可将各种元素分成四类：

(1)能完全去除的元素，如Si、Al、V、Zr等；

(2)不能完全去除的元素，如Cr、Mn、S、P等；

(3)全部残存的元素，如Cu、Ni、Sn、Mo、W等；

(4)与蒸气压无关的元素，如Zn、Pb、Cd等。

如果从生态环境材料的合金化原则出发，传统的思路和方法应该更新。从材料的可持续发展考虑，我们应该发展少品种、泛用途、多目的的标准合金系列。所以就出现了通用合金和简单合金的概念。

2.5 合金钢的分类与编号

2.5.1 钢的分类

钢的种类比较多，为了方便管理、选用和比较，根据钢某些特性，从不同角度出发，可以将钢分成若干具有共同特点的类别。

(1)按用途分类

①工程结构用钢：这类钢应用量较大，在建筑、车辆、造船、桥梁、石油、化工、电站、国防等国民经济行业都广泛使用这类钢制备工程构件。这类钢有普通碳素结构钢、低合金高强度结构钢。

②机器零件用钢：主要制造各种机器零件，包括轴类零件、弹簧、齿轮、轴承等。

③工模具用钢：又可分为刃具钢、冷变形模具钢、热变形模具钢、量具钢等。

④特殊性能钢：特殊性能钢可分为耐热钢、不锈钢、无磁钢等。

(2)按金相组织分类

①根据平衡态或退火态组织分为：亚共析钢、共析钢、过共析钢和莱氏体钢。

②按正火态组织分为：珠光体钢、贝氏体钢、马氏体钢和奥氏体钢。

③根据室温时的组织分为：铁素体钢、马氏体钢、奥氏体钢和双相钢。

除了以上的分类方法外，还可按照化学成分分为碳素钢和合金钢，根据合金元素含量的多少，合金钢可分为低合金钢、中合金钢和高合金钢。也可按照冶金质量分为优质钢、高级优质钢和特级优质钢。它们的主要区别在于钢中所含有害杂质S、P元素的多少。如规定不同质量合金结构钢的S、P含量(质量分数)为：优质钢，S≤0.035%，P≤0.035%；高级优质钢，S≤0.030%，P≤0.030%，在牌号尾部加符号“A”表示，如30CrMnSiA；特级优质钢，S≤0.020%，P≤0.025%，在牌号尾部加符号“E”表示。

2.5.2 合金钢的编号方法

GB标准钢号表示方法及说明关于我国钢铁牌号表示方法：根据GB/T 221—2000《钢铁产品牌号表示方法》的规定，采用汉语拼音、化学元素符号和阿拉伯数字相结合的原则；产品名称、用途、特性和工艺方法等，一般用汉语拼音的缩写字母表示；质量等级符号采用A、B、C、D、E字母表示；牌号中主要化学元素含量(质量分数,%)采用阿拉伯数字表示。不锈钢和耐热钢牌号表示方法按GB/T 20878—2007《不锈钢和耐热钢 牌号及化学成分》执行。

第3章　金属材料热处理

3.1　金属材料热处理的基本知识

压力容器品种和类型繁多，用材也比较复杂，但大多数是钢制压力容器，因此在这里主要介绍钢的热处理有关知识。

钢铁的基本组元是铁和碳两种元素，故统称为铁碳合金。在铁碳合金的基础上，加入不同的合金元素，可改善钢铁的工艺性能和使用性能，进一步扩大其使用范围。钢之所以应用广泛，是因为资源丰富，制造工艺比较简单，成本较低，经过各种热处理，可在很大范围内改善钢的性能，满足多方面的要求，为了熟悉钢铁材料的组织性能，以便在压力容器设计制造中合理使用钢铁材料，首先要了解铁碳合金相图。

3.1.1　铁碳合金相图

(1)铁碳合金的基本相及其性能

铁碳合金固态下的基本相分为两大类，即固溶体和金属化合物。纯铁从液态结晶后得到体心立方晶格的δ－Fe，随后又有两次同素异构转变，即面心立方晶格的γ－Fe和体心立方晶格的α－Fe。碳原子溶入α－Fe和γ－Fe中所形成的固溶体即为铁素体和奥氏体，当含碳量超过铁素体和奥氏体的溶解度时，则会出现金属化合物相Fe_3C，称为渗碳体。碳原子溶入δ－Fe中所形成的固溶体称为高温铁素体，这在1400℃以上高温出现，对实际使用的铁碳合金的组织和性能没有什么影响，故不作为铁碳合金的基本相。所以，固态铁碳合金的基本相为铁素体、奥氏体和渗碳体。

铁素体有很好的塑性和韧性，但强度、硬度较低，在铁碳合金中是软韧相。铁素体是912℃以下的平衡相，也称为常温相，在铁碳合金相图中铁素体用F表示；奥氏体是727℃以上的平衡相，也称为高温相。在高温下，面心立方晶格的奥氏体具有极好的塑性，所以碳钢具有很好的轧、锻等热加工工艺性能，在铁碳合金相图中奥氏体用A表示；渗碳体的硬度高达800HV，大约是铁素体硬度的10倍，但极脆，塑性和韧性几乎为0。在铁碳合金中，它是硬脆相，是碳钢的主要强化相，在铁碳合金相图中渗碳体用Fe_3C表示。

(2)铁碳合金相图图形介绍

以温度和铁碳合金元素浓度为坐标，用来表示各种不同浓度的铁碳合金在不同温度下的组织结构的简明图解称为铁碳合金相图或状态图。因为它是在极缓慢加热或冷却情况下测制的，所以又称为铁碳合金平衡状态图。

铁碳合金相图是研究钢、铸铁及合金钢的基础和重要工具。在铁碳合金系中，含碳量高于6.69%的铁碳合金性能极脆，没有使用价值，因此只研究 $Fe-Fe_3C$ 端，即含碳量小于6.69%这一部分，通常称为 $Fe-Fe_3C$ 相图；图3-1所示为 $Fe-Fe_3C$ 相图。

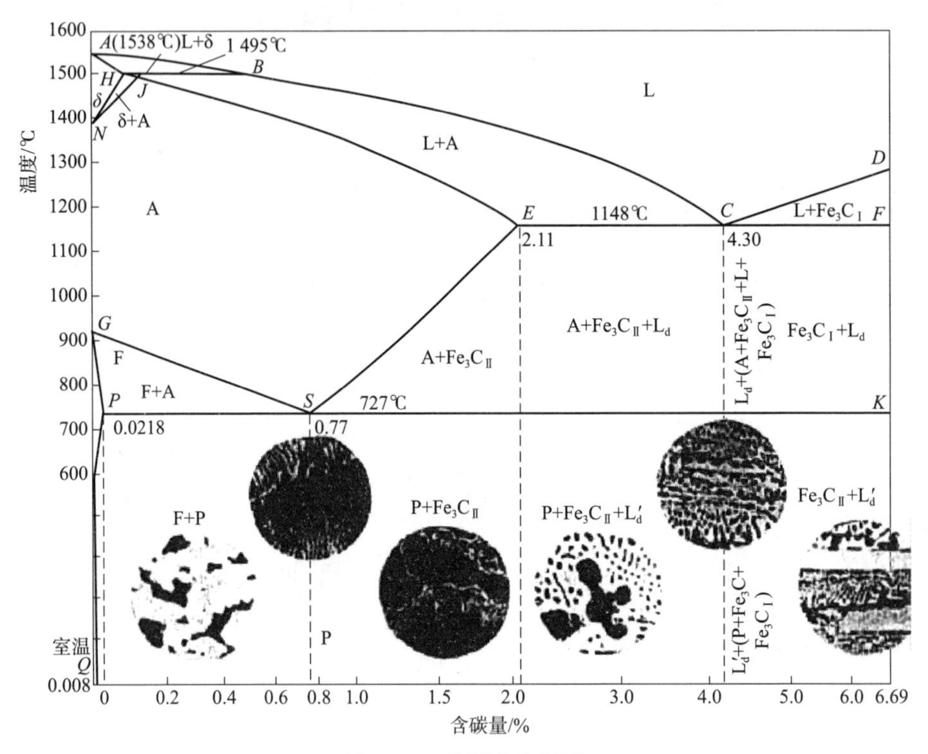

图3-1 铁碳合金相图

在 $Fe-Fe_3C$ 相图中，较稳定的金属化合物 Fe_3C 与 Fe 是组成合金的两个组元。相图由3部分组成，左上角为包晶相图。包晶相图与共晶相图都是具有三相平衡反应的基本相图，但这是在1400℃以上发生的反应，在研究和实用中对铁碳合金的组织和性能都没有什么影响，故 $Fe-Fe_3C$ 相图可以简化为图3-2的形式。

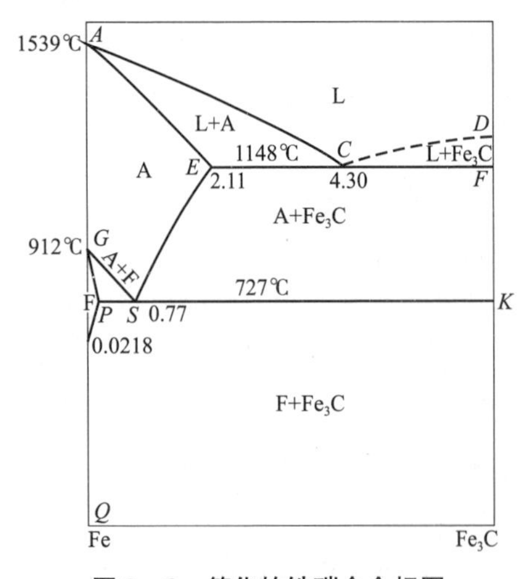

图3-2 简化的铁碳合金相图

相图的右上部为共晶相图，在1148℃时，含碳4.3%的合金发生共晶反应，生成奥氏体与渗碳体组成的机械混合物，称为莱氏体，用符号 Ld 表示。

相图的下部为共析相图。共析相图与共晶相图相似，不同的是共晶相图是从液相中同时析出两个固相，产物称为共晶体；而共析相图则是从一个固相中同时析出两个新的固相，产物称为共析体。在铁碳合金相图中，含碳0.77%的奥氏体在727℃时发生共析反应，生成铁素体与渗碳体组成的机械混合物，称为珠光体，用符号P表示，珠光体也是铁碳合金中室温时的平衡组织，其中渗碳体呈片状分布在铁素体基体上，其强度、硬度较高，塑韧性较好。

(3)铁碳相图中点、线和相区的意义

①铁碳合金相图主要点的温度、含碳量及意义如表3-1所示。

相图中的*F*和*K*点皆为虚点，仅为了便于说明*ECF*和*PSK*线的走向而添加的符号，无实际意义。

表3-1　铁碳合金相图中主要点的意义

符号	温度/℃	含碳量/%	意义
A	1538	0	纯铁熔点
C	1148	4.30	共晶点
D	1227	6.69	渗碳体熔点
E	1148	2.11	碳在奥氏体中的最大溶解度
G	912	0	α-Fe与γ-Fe的同素异构转变点
P	727	0.0218	碳在铁素体中的最大溶解度
Q	室温	0.008	室温下碳在铁素体中的溶解度
S	727	0.77	共析点

②铁碳合金相图中主要线的意义如下。

*ACD*为液相线。当温度高于*ACD*线时，铁碳合金呈液体状态。

*AECF*为固相线。若温度低于*AECF*线时，铁碳合金凝固为固体。

*ECF*为共晶线。若含碳量在*ECF*线投影范围(2.11%～6.69%)内，铁碳合金在1148℃时必然发生共晶反应，形成莱氏体。

*ES*线为碳在奥氏体中溶解度的变化线，简称Ac_m线。从这根线可以看出，碳在奥氏体中的最大溶解度是在1148℃时，可溶解2.11%的碳，而在727℃时，碳在奥氏体中的溶解度降低0.77%。若含碳量大于0.77%，温度自1148℃冷至727℃时，由于碳在奥氏体中的溶解度降低，会从奥氏体中析出渗碳体。从固溶体奥氏体中析出的渗碳体称为二次渗碳体(Fe_3C_{II})，以区别从液体中直接结晶析出的一次渗碳体(Fe_3C_{I})。

*GS*线为奥氏体在冷却过程中析出铁素体的起始温度线，简称A_3线。

*GP*线为奥氏体在冷却过程中转变为铁素体的终止温度线。

*PSK*为共析线，简称A_1线。铁碳合金碳含量在*PSK*线投影范围(0.0218%～6.69%)内时，奥氏体在727℃时必然发生共析反应，形成珠光体。

*PQ*线为碳在铁素体中溶解度变化线。从该线可以看出，碳在铁素体中的最大溶解度是在727℃时，可溶解碳0.0218%，而在室温时仅能溶解碳0.008%，一般铁碳合金凡是从727℃缓冷至室温时，均会从铁素体中析出渗碳体，称此渗碳体为三次渗碳体(Fe_3C_{III})。因Fe_3C_{III}数量极少，对力学性能影响不大，常予以忽略。一次、二次、三次渗碳体，仅在其来源、大小和分布上有所不同，但其碳含量、晶体结构和性能均相同，当然，其本身细

碎些，对脆性的影响就小一些。

③铁碳合金相图中相区分析如下。

从简化的铁碳合金相图看(图3－2)，共有4个单相区，即1个液相区L，3个固相区A、F及Fe_3C。渗碳体也可作为铁碳合金相图的1个组元，其成分是固定不变的，因此在相图上其1区仅是1条竖直线。

相图中有5个两相区，即L＋A、L＋Fe_3C、A＋Fe_3C、A＋F及F＋Fe_3C。它们都被两个单相区从左右两个方向夹在中间，两相区的平衡相即左右两个单相区的相。

相图中的两条水平线是三相平衡线，即共晶线*ECF*和共析线*PSK*。水平线表示三相平衡反应是在恒温下进行的，三相平衡线上有3个点，分别与3个单相区以点相连接，当发生三相平衡反应时，3个平衡相的成分即这3个点的成分。

从相图可以看出，含碳量大于0.008%时任何成分的铁碳合金在室温时都处在F＋Fe_3C相区内，即铁碳合金的相结构都由两相组成。若这两个相的相对量不同，相的形态和分布不同，即组织不同，合金的性能会在很大范围内变化。

(4)铁碳合金的分类

铁碳合金根据含碳量可分为以下三大类。

①工业纯铁，含碳量＜0.0218%。

②碳素钢，含碳量为0.0218%～2.11%，其特点是在冷却过程中没有共晶转变，室温组织没有莱氏体L'_d，而有共析转变，室温组织有珠光体P。加热时可得到单相奥氏体，塑性好，可以锻造，根据室温组织又分为以下3类：

a. 亚共析钢，含碳量为0.0218%～0.77%，室温组织为P＋F；

b. 共析钢，含碳量为0.77%，室温组织为P；

c. 过共析钢，含碳量为0.77%～2.11%，室温组织为P＋Fe_3C_{II}。

③白口铸铁，含碳量为2.11%～6.69%，其特点是结晶过程中有共晶转变，室温组织有低温莱氏体L'_d，室温下硬而脆，不能压力加工，高温下得不到单相奥氏体，所以不能锻造。白口铸铁根据室温组织又可分为以下3类：

a. 亚共晶白口铸铁，含碳量为2.11%～4.3%，室温组织为L'_d＋P＋Fe_3C_{II}；

b. 共晶白口铸铁，含碳量为4.3%，室温组织为L'_d；

c. 过共晶白口铸铁，含碳量为4.3%～6.69%，室温组织为L'_d＋P＋Fe_3C_I。

(5)工程上的应用及注意事项

在工业生产中，使用最多的是铁碳合金，所以铁碳合金相图有很重要的使用价值。首先，可以根据铁碳合金的成分、组织、性能三者之间的关系合理地选择材料；其次，根据相图中的相变规律，制定材料的热加工工艺，比如：确定铁碳合金的铸造浇注温度，一般在液相线以上50～100℃；选择钢材的热锻、热轧温度，一般始锻温度为1150～1250℃，终锻温度为750～850℃，在该温度区间碳钢处于单相奥氏体状态，塑性好，易成形；制定热处理时的退火、淬火、正火的加热温度等。

使用铁碳合金相图应注意以下两点：其一，铁碳合金相图是在平衡冷却条件下建立的，各区的相或组织都是平衡相和平衡组织。但钢铁在实际生产和热加工过程中，加热和冷却速度都比较快时，相图中的相变点温度有所变化，各区的相或组织都会不同于平衡状态，所以使用相图时应加以修正。其二，铁碳合金相图只反映了铁和碳两个元素组成的合金系的相变规律，而实际使用的钢铁材料中往往含有或有意加入了其他元素。在被加入元素的含量较高时，相图将发生重大变化。

3.1.2 钢的加热转变

为了使钢铁材料在热处理后获得所需性能，许多热处理工艺(如淬火、正火等)都要将钢加热到临界温度以上，获得全部或部分奥氏体组织，并使其成分均匀化，即进行奥氏体化。加热时形成的奥氏体质量(成分均匀性及晶粒大小等)，对冷却转变过程及组织、性能有很大的影响。因此，了解钢在加热时奥氏体形成的规律，是掌握热处理工艺的基础。

(1)奥氏体化加热温度

根据 $Fe-Fe_3C$ 相图，碳钢在缓慢加热或冷却过程中，在 *PSK* 线、*GS* 线和 *ES* 线上都要发生组织转变，通常把 *PSK* 线称为 A_1 线，*GS* 线称为 A_3 线，*ES* 线称为 Ac_m 线，而该线上的相变点，相应地用 A_1 点、A_3 点及 Ac_m 点来表示。

共析钢在 A_1 临界点温度下是珠光体组织，当加热温度超过 A_1 临界点后，珠光体就转变成奥氏体；亚共析钢在 A_1 临界点温度下是铁素体加珠光体，当加热温度超过 A_1 点后，其中的珠光体转变为奥氏体，继续加热当温度超过 A_3 临界点时，铁素体也转变为奥氏体；过共析钢在 A_1 临界点温度以下是渗碳体和珠光体，当加热温度超过 A_1 后，其中的珠光体转变成奥氏体，继续加热当温度超过 Ac_m 以上，渗碳体将全部溶入奥氏体中。

应当指出的是，A_1、A_3 和 Ac_m 都是平衡状态下的相变点。在实际生产中，钢的加热和冷却速度都比较快，故其相变点在加热时要高于平衡相变点，冷却时要低于平衡相变点，且加热和冷却的速度越大，其相变点偏离平衡相变点也越多。通常将实际加热时的各相变点温度用 Ac_1、Ac_3、Ac_{cm} 表示，冷却时的各相变点温度用 Ar_1、Ar_3、Ar_{cm} 表示。实际的相变临界温度不是固定的，一般手册中给出的数据仅供参考。

(2)奥氏体化过程

以共析钢为例，珠光体是铁素体和渗碳体的机械混合物。铁素体与渗碳体的晶胞类型不同，含碳量的差别很大，转变为奥氏体必须进行晶胞的改组和铁碳原子的扩散，奥氏体化大致可分为 4 个过程，如图 3－3 所示。

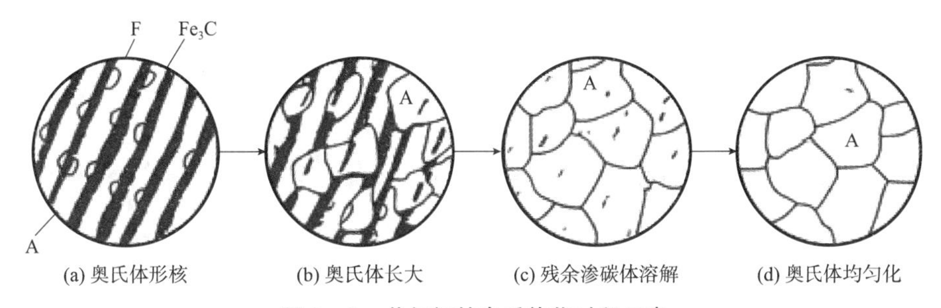

图 3－3 共析钢的奥氏体化过程示意

①奥氏体形核：奥氏体的晶核是首先在铁素体和渗碳体的相界面上形成的。因为界面上的碳浓度处于中间值，原子排列也不规则，原子由于偏离平衡位置处于畸变状态而具有较高的能量，同时位错和空位密度较高。铁素体和渗碳体的交界处在浓度、结构和能量上为奥氏体形核提供了有利条件。

②奥氏体长大：奥氏体的晶核一旦形成，便通过原子扩散开始长大。在与铁素体接触的方向上，铁素体通过逐渐改组晶胞向奥氏体转化；在与渗碳体接触的方向上，渗碳体不断溶入奥氏体。

③残余渗碳体溶解：由于铁素体的晶格类型和含碳量与奥氏体差别都不大，因而铁素体向奥氏体的转变总是先完成。当珠光体中铁素体全部转变为奥氏体后，仍有少量的渗碳体尚未溶解。随着保温时间的延长，这部分渗碳体不断溶入奥氏体，直至完全消失。

④奥氏体均匀化：刚形成的奥氏体晶粒中，碳浓度是不均匀的。原先渗碳体的位置，碳浓度较高；原先属于铁素体的位置，碳浓度较低。因此，必须保温一段时间，通过碳原子的扩散成为均匀的奥氏体。这就是热处理应该有一个保温阶段的原因。

对于亚共析钢和过共析钢，如果加热温度没有超过 Ac_{cm}，而在稍高于 Ac_1 停留，只能使原始组织中的珠光体转变为奥氏体，而部分铁素体或二次渗碳体仍将保留。只有进一步加热至 Ac_3 或 Ac_{cm} 以上并保温足够时间，才能得到单相的奥氏体。对于合金钢，除了 Mn、Ni 等个别合金元素外，大多数合金元素加入钢中，都会使钢的临界点提高，所以合金钢的奥氏体化加热温度大多要比碳钢高。同时，除了 Cr 等元素以外，大多数合金元素都会减慢碳在奥氏体中的扩散速度，而且，合金元素本身的扩散速度也较慢，所以合金钢加热时奥氏体的形成，特别是奥氏体的均匀化过程比碳钢慢，加热时必须进行较长时间的保温。

(3) 奥氏体晶粒长大及影响因素

①奥氏体形成后继续加热或保温，奥氏体晶粒将会长大，晶粒长大过程是晶粒相互吞并的过程。奥氏体晶粒长大会减少晶界总面积，降低系统自由能，所以奥氏体晶粒长大是一个自发过程。

奥氏体晶粒大小，对钢热处理冷却后的组织和性能有很大影响。奥氏体晶粒细小，冷却转变后的组织也细小，其强度和韧性都较高，冷脆转变温度较低；奥氏体晶粒粗大，冷却转变后，其塑性、韧性下降，脆性提高，而且淬火时容易变形开裂，所以要严格控制奥氏体晶粒长大。

②奥氏体晶粒度是表示晶粒大小的尺度，研究奥氏体晶粒度有以下 3 种不同的概念。

a. 起始晶粒度是指铁素体向奥氏体转变刚完成时的奥氏体晶粒度大小。起始晶粒度一般都非常细小，但实际应用很少。

b. 实际晶粒度是指某一具体的热处理后或热加工条件下，所得到的奥氏体晶粒大小，可以测定。它直接影响热处理后的性能，因此，在设计重要工件时，应提出实际晶粒度大小的要求。实际晶粒度一般分为 8 级，数字越大，晶粒越细，1 ~ 4 级为粗晶粒，5 ~ 8 级为细晶粒。

c. 本质晶粒度只表示在规定的加热条件下某种钢的奥氏体晶粒长大的倾向，而不是指具体晶粒的大小。一般情况下，随着加热温度的升高或随着时间的延长，奥氏体晶粒都要长大，但钢的成分或冶炼方法的不同，奥氏体晶粒长大倾向也不同。钢的奥氏体晶粒长大倾向分为两种类型：本质细晶粒钢和本质粗晶粒钢。本质细晶粒钢加热到950～1000℃时晶粒长大不明显，但在更高温度下剧烈长大(图3－4中曲线2)。而本质粗晶粒钢则相反，在稍高于Ac_1温度，晶粒即迅速长大(图3－4中曲线1)。根据原冶金部标准规定，将钢加热到(930±10)℃并保温8h后，测定奥氏体晶粒大小，若测得的奥氏体实际晶粒度为1～4级，属于本质粗晶粒钢；若测得的奥氏体实际晶粒度为5～8级，则属于本质细晶粒钢。

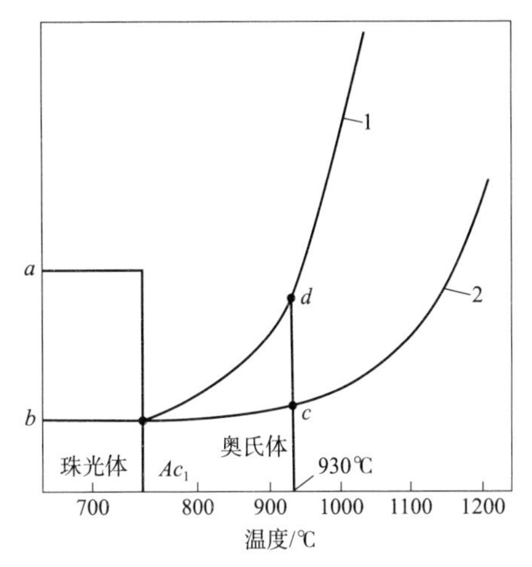

图3－4 奥氏体晶粒长大与加热温度关系

1—本质粗晶粒钢；2—本质细晶粒钢；
a—原奥氏体晶粒；*b*—奥氏体初始晶粒；
c、*d*—正常工艺试验中得到的晶粒尺寸

应注意：本质晶粒度与实际晶粒度之间有关系，但不相同。本质细晶粒钢只有在一定温度范围内加热才能得到实际细晶粒，如果超出这个温度范围，也可能出现粗大的奥氏体晶粒；本质粗晶粒钢，如果严格控制加热温度和时间，也可以得到比较细的实际奥氏体晶粒，在压力容器设计过程中，根据设备的受力情况和操作条件，多数选用本质细晶粒钢。

③影响奥氏体晶粒长大的因素：钢的奥氏体晶粒长大倾向从冶金学角度取决于钢的化学成分和脱氧条件。铝脱氧钢属本质细晶粒钢，钢中形成的AlN微粒阻碍奥氏体晶粒长大，但这些微粒被溶解(＞1000～1050℃)后，晶粒会迅速长大。在过共析钢的Ac_1～Ac_{cm}温度区间，奥氏体晶粒长大受制于未溶解的碳化物粒子；在亚共析钢中奥氏体在Ac_1～Ac_3温度区间的晶粒长大受铁素体的阻碍。在亚共析钢中随碳含量增加，晶粒长大倾向增大；而在过共析钢中由于受残留渗碳体的阻碍，晶粒长大倾向反而减小。合金元素，尤其是碳化物形成元素(影响大的是Ti、V、Zr、Nb、W和Mo)阻碍奥氏体晶粒长大，这是由于形成难溶于奥氏体的合金碳化物阻碍晶粒长大，影响最大的两种元素是Ti和V。Mn、P、S等元素溶入奥氏体后能加速铁原子扩散，促使奥氏体晶粒长大。奥氏体晶粒尺寸随加热温度的升高或保温时间的延长而不断长大。在每一温度下均有一个晶粒加速长大的阶段，当达到一定尺寸后，长大趋势逐渐减弱。加热速度越大，奥氏体在高温下停留时间越短，晶粒越细。

3.1.3 钢的冷却转变

钢经过加热获得细而均匀的奥氏体组织，是为随后的冷却转变做准备。热处理后钢在室温时的力学性能，不仅与高温加热时所获得的奥氏体晶粒大小、均匀程度和化学成分有关，更与奥氏体在冷却时的转变有直接的关系，因此控制奥氏体在冷却时的转变过程是热处理的关键。

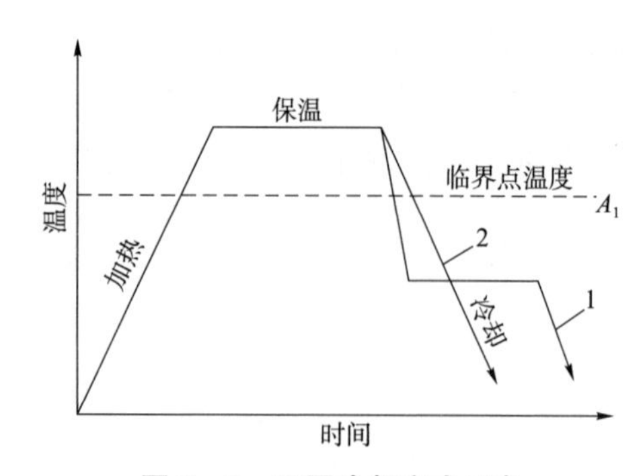

图 3-5 不同冷却方式示意

1—等温冷却；2—连续冷却

在实际热处理过程中，常用的有等温冷却和连续冷却两种冷却方式，见图 3-5。

等温冷却：将加热转变为奥氏体组织的钢，迅速冷却到临界点温度以下某一温度，进行保温，使奥氏体转变成其他组织后，再冷却到室温（图 3-5 中曲线 1）。

连续冷却：将加热转变为奥氏体组织的钢，以某种冷却速度连续不断地冷却到室温，使奥氏体在临界点温度以下不同温度进行组织转变（图 3-5 中曲线 2）。

(1) 过冷奥氏体的等温转变

奥氏体在相变点 A_1 以下处于不稳定状态，必然要发生相变，但冷却到 A_1 以下奥氏体并不是立即发生转变，而是要经过一段孕育期后才开始转变。这种在孕育期暂时存在的，处于不稳定状态的奥氏体称为“过冷奥氏体”。

①过冷奥氏体等温转变曲线图。过冷奥氏体等温转变曲线，是表示过冷奥氏体在不同温度下等温转变的转变产物、转变量与时间的关系曲线，由于曲线形状与字母“C”相似，通常简称为 C 曲线，或简称 TTT (time temperature transformation) 图。图 3-6 所示为实测的共析钢等温转变曲线。

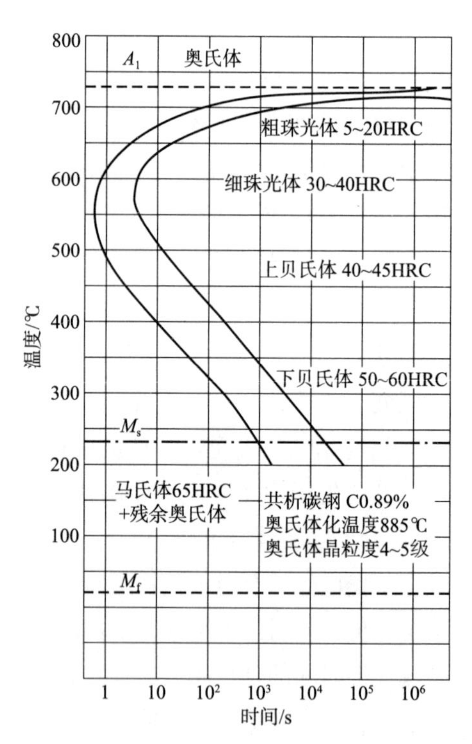

图 3-6 共析钢等温转变曲线

由图 3-6 可见，左边的曲线是奥氏体等温转变开始线；右边的曲线是奥氏体等温转变终了线；A_1 线是奥氏体平衡状态相变温度线；M_s 线是奥氏体向马氏体转变开始温度线；M_f 线是奥氏体向马氏体转变终了温度线；奥氏体向马氏体转变是在连续冷却过程中形成的。所以 M_s、M_f 线不属于等温转变特性线。

图 3-6 表示，共析钢在 A_1 线以上，奥氏体是稳定的，不发生转变；在 A_1 线以下，奥氏体不稳定，要发生转变，转变之前处于过冷状态。过冷奥氏体的稳定性取决于其转变的孕育期，在曲线的“鼻尖”处（约 550℃时）孕育期最短，过冷奥氏体的稳定性最小。

②过冷奥氏体等温转变产物的组织和性能。图 3-6 表示，根据转变温度和转变特点的不同，C 曲线可分为高温、中温和低温转变 3 个区域。对于共析钢来说，过冷奥氏体在 A_1 ~550℃进行高温转变，其转变产物是珠光体组织，又称为珠光体型转变；在 550℃至 M_s 线区间进行中温转变，其转变产物是贝氏体组织，又称为贝氏体型转变；在 M_s 线至 M_f

线温度区间进行低温转变，其转变产物是马氏体组织，又称为马氏体型转变。

a. 珠光体型转变(高温转变)。以共析钢为例，转变温度在 A_1 ~550℃，过冷奥氏体等温转变为珠光体。珠光体是铁素体和渗碳体的机械混合物，渗碳体呈片状分布在铁素体基体上，珠光体中渗碳体的片间距随着转变温度的降低而减少，珠光体细化。按珠光体中渗碳体片间距大小可分为3类：在 A_1 ~650℃内转变，形成粗大珠光体，称为珠光体，用P表示；在650~600℃内转变，形成细珠光体，称为索氏体，用S表示；在600~550℃内转变，形成极细珠光体，称为托氏体或屈氏体，用T表示。珠光体P、索氏体S、托氏体T(或屈氏体)三者之间只有渗碳体片层间距大小之分，没有其他本质的区别，它们都是扩散型转变产物。珠光体的转变温度越低，片间距越小，强度、硬度越高，塑性、韧性略有提高。

b. 贝氏体型转变(中温转变)。共析钢等温转变温度在550℃ ~ M_s 时，过冷奥氏体等温转变为贝氏体组织，用B表示。贝氏体也是铁素体和渗碳体的混合物，但在形态上和珠光体型组织完全不同，过冷奥氏体向贝氏体转变属于半扩散型转变，铁原子不扩散而碳原子有一定扩散能力。

在550~350℃温度区间，过冷奥氏体等温转变为上贝氏体，它是由许多平行而密集的铁素体片和分布在片间的、断续而细小的渗碳体组成，呈羽毛状。上贝氏体中铁素体比较粗大，有较高的硬度(约为44HRC)，但塑韧性很差，这种组织无实用价值。

在350℃ ~ M_s 温度区间，过冷奥氏体等温转变为下贝氏体，它是由片状铁素体和分布在铁素体内的渗碳体颗粒组成，下贝氏体中铁素体比较细小，且渗碳体在铁素体内均匀分布，弥散度大，所以强度硬度较高(50~60HRC)，塑韧性也较好，具有良好的力学性能，是一种很有使用价值的组织。

在有些合金钢中(如压力容器常用的低碳Cr-Mo钢和Cr-Mo-V钢等钢种)，可能出现一种称为粒状贝氏体的组织，粒状贝氏体由铁素体基体及分布在基体上的小岛状组织所组成。这些小岛组织形态不规则，常呈粒状或长条状，这些小岛可能是奥氏体、珠光体，也可能是马氏体。粒状贝氏体型钢经过高温回火后，具有良好的抗高温蠕变性能。

c. 马氏体型转变(低温转变)。共析钢转变温度在 M_s 点(约230℃)以下时，过冷奥氏体转变为马氏体，用M表示。与珠光体和贝氏体转变不同，马氏体转变是不能在恒温下发生的，而是在 M_s ~ M_f 的温度区间连续冷却时完成的，属于非扩散型转变。因为转变温度低，铁原子和碳原子都不能进行扩散，奥氏体向马氏体转变时，只发生晶格转变，但没有化学成分改变，即奥氏体中固溶的碳全部保留在马氏体中，所以马氏体是碳在α-Fe中的过饱和固溶体。马氏体组织形态一般分为两种，即板条马氏体和片状马氏体，板条马氏体多由含碳量低的奥氏体转变而成，片状马氏体多由含碳量高的奥氏体转变而成。高硬度是马氏体组织的主要特征，马氏体含碳量越高，硬度也越高，但当含碳量超过0.6%以后，马氏体的硬度就增加不多。高碳片状马氏体具有高硬度，但脆性大，韧性差；低碳板条马氏体具有较高的硬度和强度，而其韧性也较好，应用比较广泛。

(2)过冷奥氏体的连续冷却转变

在实际生产中，过冷奥氏体大多是在连续冷却过程中完成转变的，如一般的水冷淬火、空冷正火、炉冷退火等，因此研究钢在连续冷却过程中的组织转变是十分必要的。

过冷奥氏体的连续转变用连续冷却转变曲线(或连续冷却转变图)来进行分析。连续冷却转变图简称为CCT(Continous Cooling Transformation)图。图3－7所示为压力容器最常用的普通低合金钢Q345R的连续冷却转变曲线，对于压力容器用钢此图更有实用价值。以下以此图为例分析钢在连续冷却过程中过冷奥氏体的转变。

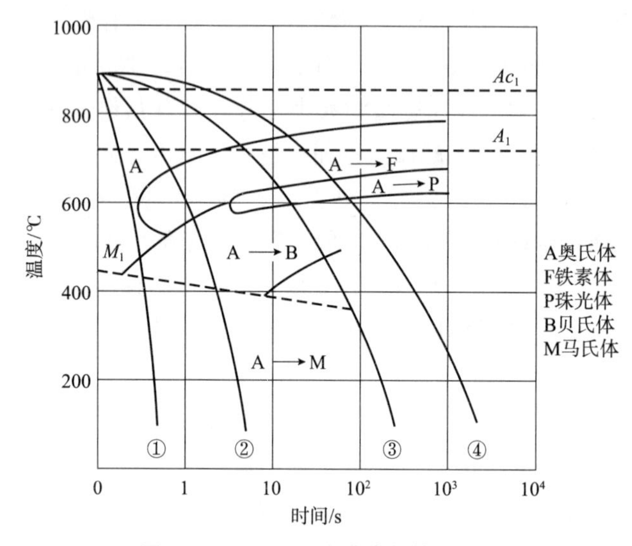

图3－7　Q345R连续冷却转变曲线

以第①种方式冷却时，过冷奥氏体转变为马氏体+少量贝氏体组织，这相当于钢板双面喷淋淬火获得的组织。

以第②种方式冷却时，过冷奥氏体转变为贝氏体+少量铁素体组织，通常钢板正火加速冷却(风冷或水冷)后就是这种组织。

以第③种方式冷却时，过冷奥氏体转变为铁素体+珠光体组织，这相当于钢板热轧后空冷和一般正火空冷后得到的组织。

以第④种方式冷却时，过冷奥氏体也是转变为铁素体+珠光体组织，所不同的是组织不及第③种冷却方式细密，这种冷却方式相当于完全退火的冷却条件。

3.2　金属材料热处理

钢制压力容器绝大多数是钢板卷焊和锻焊结构，许多热处理过程是结合热成形(如钢板热轧后余热淬火或正火、筒体热卷、封头及球片热冲压等)工艺进行的。总的来说，压力容器用钢热处理类别是不多的，常见类型有正火、淬火、回火及消除应力退火等。奥氏体不锈钢有固溶化处理和稳定化处理。

3.2.1　退火

将钢加热到高于或低于奥氏体化临界点，保温一段时间，然后缓慢冷却(一般随炉冷却)，以获得接近平衡组织的热处理工艺称为退火。

根据钢的成分、退火目的及要求的不同，退火可分为：完全退火、不完全退火、等温退火、球化退火、预防白点退火(去氢退火)、均匀化退火、再结晶退火和去应力退火。在压力容器制造过程中，应用最多的是去应力退火。因此，下面着重介绍去应力退火。

(1)压力容器用钢去应力退火的目的和作用

为了消除由于焊接、塑性变形加工及切削加工造成的残余应力而进行的退火称为去应力退火。去应力退火的加热保温温度在相变点以下。

在压力容器制造中，去应力退火主要用于消除复合钢板复层贴合后的残余应力；消除产品封头、筒体等零部件冷成形及中温成形后的残余应力；消除焊接接头中的内应力和冷作硬化，提高接头抗脆断的能力；稳定焊接结构件的形状，消除焊件在焊后机加工和使用过程中的变形；促使焊缝金属中的氢完全向外扩散，从而提高焊缝的抗裂性和韧性。

去应力退火在压力容器行业中常习惯称作高温回火或焊后热处理，但广义焊后热处理还应包括正火、固溶化处理等热处理。

(2)Larson－Miller 参数

去应力退火的根本作用就是消除钢件的残余应力，而残余应力的消除可以用一种保温时间与保温温度之间的函数来表示，即用 Larson－Miller 参数 P 表示，下面是常见的 P 值表达式：

$$P = T(\lg t + 20) \times 10^{-3}$$

式中 T——加热保温温度，K(热力学温度)；

t——加热保温时间，h。

根据 P 值的函数表达式，在较低温度下保持较长时间与较高温度下保持较短时间可以得到相同的 P 值，即它们可达到同样的消除应力程度。这对制订去应力退火热处理工艺和衡量热处理温度对工件的影响有一定的参考价值。

(3)常用压力容器用钢去应力退火工艺(表3－2)

表3－2 常用压力容器用钢去应力退火规范

钢号	去应力退火温度/℃	最短保温时间/h
Q235－A、B、C Q245R	600～650	(1)当工件加热有效厚度(对于压力容器一般是指焊接区厚度) $\delta \leq$ 50mm 时，为 $\frac{\delta}{25}$，但最短不低于0.25； (2)当工件加热厚度 $\delta \geq$ 50mm 时，为 $2 \times \frac{1}{4} \times \frac{\delta - 50}{25}$
Q345R，16MnDR 16Mn，Q345R(HIC)	600～650	
18MnMoNbR 13MnNiMoNbR 20MnMoNb	600～650	
20MnMo 20MnMoD	580～620	
07MnCrMoVR 07MnNiCrMoVDR 09MnNiD 09MnNiDR	550～590	

续表

<table>
<tr><th>钢号</th><th>去应力退火温度/℃</th><th>最短保温时间/h</th></tr>
<tr><td>15CrMoR，15CrMo
15CrMoR(H)
1.25Cr0.5Mo
14Cr1MoR</td><td>>650</td><td rowspan="5">(1)当工件加热厚度 $\delta \leqslant 125$mm 时，为$\frac{\delta}{25}$，但最短不低于0.5；
(2)当工件加热厚度 $\delta > 125$mm 时，为$5+2\times\frac{1}{4}\times\frac{\delta-50}{25}$</td></tr>
<tr><td>1Cr-0.5Mo</td><td>650~685</td></tr>
<tr><td>12Cr2Mo1R
2.25Cr1Mo
08Cr2AlMo</td><td>680~705</td></tr>
<tr><td>1Cr5Mo</td><td>680~740</td></tr>
<tr><td>12Cr2Mo1VR
2.25Cr1Mo0.25V</td><td>690~720</td></tr>
</table>

注：根据笔者经验，对于1.25Cr-0.5Mo钢，焊后热处理最短保温时间为4h；对于2.25Cr-1Mo钢，焊后热处理最短保温时间为8h。

(4)去应力退火裂纹

压力容器用钢，特别是含Nb的奥氏体不锈钢、铁素体耐热钢、低合金高强钢，在焊后去应力退火过程中往往在焊缝热影响区接近熔合线的粗晶区产生细小断续的裂纹，通常称为去应力退火裂纹(也称再热裂纹，简称SR裂纹)。

产生这种裂纹的原因，主要是钢内存在较多的碳化物形成元素，具有较高的沉淀硬化倾向；其次是钢在焊接时，热影响区处在较高的奥氏体化温度下，碳化物全部溶解于奥氏体中，并且奥氏体晶粒急剧长大，为碳化物在以后去应力退火加热过程中产生晶内沉淀创造了条件。另外，钢焊接后存在较大的内应力也是原因之一。产生裂纹的再加热温度为500~700℃，特别是在600℃附近最显著。

为防止去应力退火时形成裂纹，可以严格控制和排除V、Nb、Ti等再热裂纹敏感性元素；采用低氢焊条，小能量、小焊条焊接，适当提高焊接预热、后热温度；选用合适的去应力退火规范等措施都有助于避免产生SR裂纹。

3.2.2 正火

将钢加热至奥氏体化温度并保温使之均匀化后，在空气中冷却的热处理工艺称为正火。

压力容器常用的碳钢和低合金钢通过正火，可以提高力学性能，细化晶粒，改善组织(如消除魏氏组织、带状组织、大块铁素体等)。

(1)压力容器用钢正火的特点

压力容器用钢正火一般在钢厂进行，目的在于改善热轧状态(非控制轧制)钢板的力学性能，主要是提高其塑性和韧性。对于一些低温容器用钢，通过正火可细化晶粒，达到低温韧性要求(如16MnDR、09MnNiD等)。这对于生产冷卷压力容器和冷压制造球壳是很有意义的。

在压力容器制造过程中，碳钢和Q345R等低合金钢的正火很多都结合工件热成形(热卷、热校圆、热冲压等)进行，要求热成形温度尽可能接近正火温度。这种热成形与正火相结合的工艺，可以获得良好的综合力学性能，而且节约能源。但对于 Cr - Mo 钢等中温抗氢钢，一般不能以热成形代替正火，需在热成形后重新进行正火。对于采用电渣焊焊接的焊缝，一般需多次正火，即多次重结晶正火细化焊缝晶粒，改善组织，达到提高和改善力学性能的目的。

(2)常用压力容器用钢的正火工艺

正火加热温度一般为 Ac_3 以上 30 ~50℃，保温时间根据钢材有效厚度，一般按每毫米保温 1.5 ~2.5min 计算，冷却方式一般为空冷(静止空气中自然冷却)，也可采用风冷(用压缩空气或鼓风机强制对流空气冷却)，以及喷雾冷却(用压缩空气使水雾化后作为冷却介质)。对于特厚钢板或锻件(如厚度 $\delta \geq 200$mm)，也可采用水加速冷却正火。

常用压力容器用钢正火工艺见表 3 -3。

表 3 -3 常用压力容器用钢正火、淬火、回火热处理工艺

钢号	正火		淬火		回火	
	温度/℃	冷却方式	温度/℃	冷却方式	温度/℃	冷却方式
Q235 - A、B、C，Q245R	900 ~930	空冷	—	—	—	—
Q345R，16MnDR16Mn，Q345R(HIC)	900 ~930	空冷	900 ~930	水冷	600 ~650	空冷
18MnMoNbR 13MnNiMoNbR 20MnMoNb	890 ~910	空冷	890 ~910	水冷	580 ~640	空冷
07MnCrMoVR 09MnNiDR	900 ~930	空冷	900 ~930	水冷	600 ~630	空冷
15CrMoR，15CrMo 15CrMoR(H) 1.25Cr0.5Mo 14Cr1MoR	900 ~930	空冷	900 ~930	水冷	690 ~720	空冷
1Cr0.5Mo	930 ~950	空冷	930 ~950	水冷	630 ~680	空冷
12Cr2Mo1R 2.25Cr1Mo 08Cr2AlMo	900 ~930	空冷	900 ~930	水冷	690 ~720	空冷
1Cr5Mo	930 ~970	空冷	930 ~970	水冷	680 ~740	空冷
12Cr2Mo1VR 2.25Cr1Mo0.25V	930 ~950	空冷	930 ~960	水冷	700 ~740	空冷

(3)过热和过烧

钢在加热时，由于温度过高，并且较长时间保温，会使晶粒长得很粗大，致使性能显著降低的现象，称为过热。过热钢一般呈石状断口，断口表面呈小丘状粗晶结构，晶粒无金属光泽，仿佛被熔化过。过热钢可以通过正火或高温扩散退火等热处理方法矫正和恢复。

钢加热时加热温度比过热温度还要高，达到固相线附近时，会发生晶界开始部分熔化或氧化的现象，称为过烧。过烧钢不能用热处理方法来恢复，只能报废。

3.2.3 淬火

将钢加热到临界点以上，保温后迅速冷却下来，以得到马氏体或贝氏体组织的热处理工艺称为淬火。

(1)压力容器用钢淬火的特点

压力容器用低碳钢和低合金钢淬火是为了获得低碳马氏体或贝氏体组织。低碳马氏体是板条马氏体，它具有高强度、良好的韧性、低的脆性转变温度，贝氏体组织与低碳马氏体的性能类似。

压力容器用钢的淬火冷却一般均采用水冷，主要有以下 3 种方式。

①喷淋淬火冷却效果好，均匀，工件变形小。

对于冷成形制造的球罐等压力容器，特别是低温球罐用钢板，要求对钢板进行淬火，以达到所要求的强度和低温冲击韧性等力学性能。钢板淬火一般由钢厂进行，目前大多都放在轧钢流水线上，可以利用热轧后的余热淬火，也可以再加热后淬火，冷却采用高压水在钢板上下表面均匀喷淋冷却。

对于热成形制造的压力容器筒节、封头等零部件，则由压力容器制造厂设计专门的喷淋装置进行淬火。喷淋装置尺寸大小根据筒节、封头尺寸规格不同而异。筒节喷淋装置采用鼠笼式，筒节内外各做一个笼子使筒节内外均能喷水冷却；封头喷淋装置则做成伞形(或称蘑菇形)，也是内外喷水冷却。

为保证喷淋装置喷射水柱有一定压力，又避免喷射孔堵塞，喷射孔径一般为 2.5 ~ 3mm，另外注意喷射孔总面积不能太大(喷射孔不能太多)。为了减少工件冷却过程中的变形，并保证内外喷淋均匀，最好使筒节或封头在喷淋过程中旋转。

②在强烈循环水中浸入淬火，在略大于筒节或封头的淬火槽内，用水泵使槽内循环水强烈循环，以提高冷却能力，筒节淬火竖直入水并上下起落冷却效果更好；封头则侧位入水，为防止变形可在封头端口焊上拉筋或支撑圈。

③浸入法将工件整体浸入大的静止水槽内冷却，这种方式比前述两种方式效果要差一些，但设备简单易行。

需要指出的是，在压力容器设计制造中，特别是加氢反应器类产品的设计中，经常有“不允许使用淬火加回火(或不允许使用调质)状态材料”的规定，但在加氢设备制造过程中，主体材料为达到设计所要求的性能，往往采用喷淋水冷的方式。这时喷淋水冷往往被解释为“只是为了保证正火所需要的冷却速度”，对于这种情况一般称为“正火加速冷却”，而不叫淬火。

(2)常用压力容器用钢的淬火工艺

钢的淬火加热温度和保温时间与正火工艺基本相同，参见表 3 - 3。

3.2.4 回火

回火是将淬火或正火后的钢加热到相变点以下某一选定温度，并保温一段时间，然后以适当的速度冷却，以消除淬火或正火所产生的残余应力，增加钢的塑性和韧性的热处理工艺。回火的目的是降低钢件脆性，消除内应力，获得所需的力学性能和稳定工件尺寸等。

按回火温度的不同，可分为高温回火、中温回火和低温回火。当要求淬火或正火后的钢件有较高的硬度和较好的耐磨性时，常采用低温回火处理，当要求钢件有足够的硬度和高的弹性极限并保持一定韧性时，常采用中温回火处理；当要求钢件既有较高强度又有较好的韧性时，常采用高温回火处理。

(1)压力容器用钢回火的特点

压力容器用钢回火一般采用高温回火处理，回火后的组织一般为回火马氏体或回火马氏体＋回火贝氏体。而对于正火后获得铁素体＋珠光体组织的钢种一般没有必要进行高温回火。

(2)常用压力容器用钢的回火工艺

压力容器用钢回火处理加热温度取决于钢种和力学性能要求不同而异，保温时间以板厚(锻件以最大厚度)每毫米保温2.5～3.5min，或者按每25mm保温1h计算，常用钢种回火加热温度参见表3－3。

(3)回火脆性与回火脆化

①回火脆性随着回火温度的升高，一般钢的硬度和抗拉强度都降低，伸长率和断面收缩率则增加，但冲击韧性却不一定随着回火温度升高而简单地增加，因为有一些钢在某一温度区域回火时，其冲击韧性随回火温度提高反而降低，这种现象称为“回火脆性”。

回火脆性基本上分为两类，即第Ⅰ类回火脆性和第Ⅱ类回火脆性。

在250～400℃回火时出现的脆性，称为第Ⅰ类回火脆性。凡是淬火后形成马氏体组织的钢，在此温度区间回火都有可能发生这种脆化现象。由于这类回火脆性一旦出现就不易消除，所以也称为不可逆回火脆性。

在450～600℃回火或在更高温度(600～700℃)回火后缓冷时出现的脆性称为第Ⅱ类回火脆性。第Ⅱ类回火脆性主要产生于铬钢、锰钢及铬镍钢，出现这类回火脆性时，可用重新加热至回火温度(稍高于脆化温度范围)，然后快冷至室温的方法来消除，所以这类回火脆性又称为可逆回火脆性，在钢中加入0.3%～0.5%的Mo可有效抑制这类回火脆性的产生。

总之，产生第Ⅰ类回火脆性的钢件，需重新加热淬火或正火才能消除脆性；产生第Ⅱ类回火脆性的钢件，应重新回火并快速冷却，就可以消除脆性。

②回火脆化钢制压力容器在380～570℃温度内长时间使用，会使钢材脆化的现象称为“回火脆化”。这并不是前面所讲的回火热处理后产生的脆性，而是钢在高温长时间使用过程中产生的，请注意两者的区别。

一般碳钢不会出现回火脆化，仅在铬镍钢、铬钼钢、铬镍钼钢中才出现。合金元素Mn和Si及钢中杂质元素P、As、Sn、Te等会促使钢脆化。

为防止压力容器用钢高温长期使用发生脆化，一般通过控制钢的化学成分来减小回火脆化倾向。

3.2.5 调质

钢材淬火后再进行高温回火的热处理工艺方法称为调质。压力容器用低碳钢和低合金钢采用调质处理，可以提高钢材的强度和韧性，以更好地发挥材料的潜力。

调质处理的工艺参见淬火和回火相关部分的内容。

3.2.6 稳定化处理

含稳定化元素的奥氏体不锈钢在850～900℃加热，并保温一段时间，然后空冷，使碳充分与稳定化元素(如钛)形成碳化物，并使奥氏体晶内元素扩散均匀，从而提高晶间腐蚀抗力的处理方法称为稳定化处理。

3.2.7 固溶化处理

将奥氏体不锈钢加热至1100℃左右的高温并保温，使所有碳化物充分溶入奥氏体中，然后以较快的速度冷却(一般采用水冷或风冷)，以获得碳化物完全固溶于奥氏体基体内均匀的单相组织，从而提高抗晶间腐蚀性和延展性的工艺方法称为固溶化处理。

对于奥氏体不锈钢，碳化物完全溶入奥氏体的温度一般高于900℃，奥氏体不锈钢的碳化物主要是Cr的碳化物，它在奥氏体中的溶解相当缓慢，欲使之在较短时间内完全溶解并均匀化，必须采用更高的温度。但温度太高又会使晶粒过分粗大，影响钢的使用性能。故在实际生产中一般采用加热温度为1000～1150℃，保温时间一般按1～1.5min/mm计算。

第 4 章　材料硬度检测

显微硬度最早应用于 20 世纪 30 年代。经过多年的应用和改进，现在已有多种专用的金相显微镜式的显微硬度计。显微硬度试验法在金属材料科学与工程及金相学的研究中得到了广泛的应用，并已成为一种不可缺少的检测方法和研究仪器。“显微硬度”顾名思义，它所表示的是在显微镜下进行的一种硬度试验方法。所用的试验力很小，试验后得到的压痕也很小。从测量的对象来讲，表明可在特定的显微组织和细小的区域上进行硬度的测定。

显微硬度根据使用的压头不同，通常可分为维氏显微硬度、努氏显微硬度及三角形角锥体压头、双锥形压头、船体形压头、双柱形压头等显微硬度试验。目前国内外最常用的是前两种。

要进行金相检验，就需制备能用于微观检验的样品金相试样。为了获得正确的金相检验结果，首先试样要有代表性，即所选取的试样能代表所要研究、分析的对象。其次必须使金相试样的磨面平整光滑，没有磨痕和变形层(有时允许有甚微、可忽略不计的变形层)。为了显示金属与合金的内部组织，最后还需用适当的化学或物理方法对试样的抛光面进行浸蚀。不同的组织、不同位向的晶粒，以及晶粒内部与晶界处各受到不同程度的浸蚀，形成差别，从而在金相显微镜下可清晰地显示出金属与合金的内部组织。

本章将对应用最广的维氏及努氏显微硬度试验进行介绍。

4.1　显微维氏(Vickers)硬度试验

GB/T 4340.1—2009《金属材料　维氏硬度试验　第 1 部分：试验方法》等效采用了 ISO 6507—1：2018 国际标准。该标准硬度表示方法、试验操作基本相同，但 3 种方法的该标准原理、符号按试验力大小的不同，划分为维氏硬度、小负荷维氏硬度和显微维氏硬度，3 种试验方法区别见表 4－1。

表 4－1　3 种维氏硬度及试验力范围

检测力范围/N	硬度符号	试验名称
$F \geqslant 49.03$	≥HV5	维氏硬度试验
$1.961 \leqslant F < 49.03$	HV0.2～<HV5	小负荷维氏硬度试验
$0.09807 \leqslant F < 1.961$	HV0.01～<HV0.2	显微维氏硬度试验

在实际应用中，显微维氏硬度计的试验力由 0.098N(0.01kgf)至 9.8N(1.0kgf)，即由

显微维氏硬度试验跨越至小负荷维氏硬度试验。

4.2 试验原理及计算公式

维氏硬度试验方法是1925年由英国Vickers公司提出的。维氏硬度试验原理是以压痕单位面积上所承受的载荷来计算硬度值。

维氏硬度试验时，是以两相对面夹角为136°±20′的正四棱锥体金刚石角为压头，在一定试验力作用下压入被测试样显微组织中某个相或预定的细微区域，保持规定的时间后卸除试验力，通过显微镜测量所压印痕的两对角线 d_1、d_2 的长度(图4-1)，取其平均值，然后通过查表，见GB/T 4340.4—2009《金属材料　维氏硬度试验　第4部分：硬度值表》或代入公式计算可得硬度值。由于显微硬度计制造的进步，现在很多维氏显微硬度计在测定 d、d_2 值后，通过仪器操作面板上的按键或触摸屏可迅速在液晶屏上显示硬度值。

图4-2所示为维氏硬度压痕面积的计算原理。

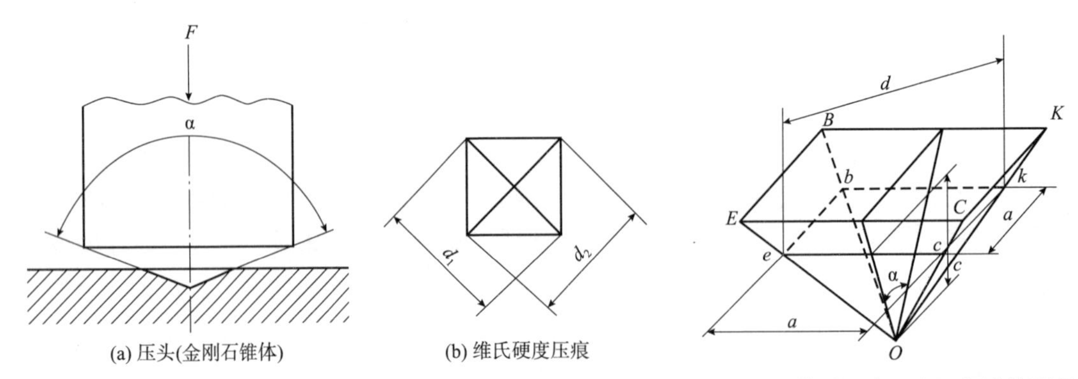

图4-1　维氏硬度试验原理

图4-2　维氏硬度压痕面积计算原理

图中 $O-ebkc$ 正四棱锥体为正棱锥金刚石压头已压入试样的立体压痕。压痕外表面由四个三角形(ΔOeb、ΔObk、ΔOkc、ΔOce)组成，相对两三角形间夹角 $\alpha=136°$。三角形的边长为 a，高为 l，压痕在平面上的对角线长为 d，三角形面积 S：

$$S=\frac{1}{2}a\cdot l=\frac{1}{2}\cdot a\cdot a/2\sin\frac{\alpha}{2}=\frac{a^2}{4}/\sin\frac{\alpha}{2}$$

立体压痕在试样内的表面由四个三角形组成，则压痕表面积 A：

$$A=4S=a^2/\sin\frac{\alpha}{2}$$

又因为 $d^2=2a^2$，得 $a=\frac{d}{\sqrt{2}}$：

$$\text{所以} A=\left(\frac{d}{\sqrt{2}}\right)^2/\sin\frac{\alpha}{2}=d^2/2\sin\frac{\alpha}{2}=d^2/2\sin68°$$

根据维氏硬度定义公式为：

$$\mathrm{HV}=\frac{\text{实验力}}{\text{压痕表面积}}=\frac{F(\mathrm{kgf})}{A(\mathrm{mm}^2)}=\frac{0.102F(\mathrm{N})}{A(\mathrm{mm}^2)}$$

原先定义中力值单位为 kgf，当式中力值单位采用法定单位 N 后，公式中乘以了 0.102 常数，以使所得硬度值在单位更改前后相同。

$$HV=\frac{0.102F\cdot 2\sin 68^{\circ}}{d^2}=0.1891\frac{F}{d^2}$$

为维氏硬度计算公式，因为显微维氏硬度压痕很小，测量时均以 μm 计测，因此，显微维氏硬度试验计算公式应为：

$$HV=0.1891\times 10^6\frac{F}{d^2}=189100\frac{F}{d^2}$$

式中 F——试验力，N；

d——压痕对角线长度，μm。

显微维氏硬度用 HV 表示，符号之前为硬度值，符号之后为检测力值（以 kgf 表示）、检测力保持时间（时间 10～15s 不标注）。例如：500HV0.01/30，表示硬度值为 500，检测力为 0.0980N（0.01kgf），保持试验力时间为 30s。测报的结果不书写量纲。

查阅文献资料时应注意，国外也有的用 HM（马氏硬度）、VPN、HD 表示维氏显微硬度符号。

4.3 维氏压头及试验法的特点

维氏硬度试验是人们在使用布氏和洛氏硬度试验方法的基础上发展起来的。维氏硬度试验为了能测很硬的材料选用了金刚石作压头。选择面角 α 为 136°的角锥体，是为了在硬、软不同的试样上选用不同但适合的试验力时，均可获得相同形状的压痕。只要材料是均匀的，试样尺寸合适，理论上用各级试验力测定的结果是相同的，而且从很软到很硬的材料均可测定。

维氏硬度试验选择面角 α 为 136°的角锥体，同时还可使维氏硬度和布氏硬度在一定范围内（400 以下时 HV≈HB）有很相近的示值。在布氏硬度试验法中，当 $d=0.375D$ 时，布氏硬度值结果有很高的准确性，此时球的压入角为 44°，球压印外切交角为 136°（图 4－3）。两种方法均是以凹印的单位面积上承受抗力的大小来反映硬度值的高低，因此，在此条件下维氏硬度值与布氏硬度值非常接近。

应该特别提出的是，很多学者和专业人员都有这样的看法：显微硬度测量（特别是在小试验力下）试验力（F）与压痕（d）的关系，不服从鲁德威克的硬度与试验力无关的几何相似定律的理论，即压痕对角线与试验力之间无固定的比例关系。该特性也称为显微硬度的负荷依存性。正因如此，显微硬度只有在相同试验力下所测得的结果，才有可比性。这类的报道，例如：Ni、Fe、Sb、岩盐在用不同试验力测定维氏硬度时，当试验力小于 0.4903N 时，硬度值会增加，如图 4－4 所示。又如，含 3.8%（质量分数）Si 的 Fe－Si 固溶体用不同试验力实测的硬度值见表 4－2，试验力减小，硬度值呈增高趋势。

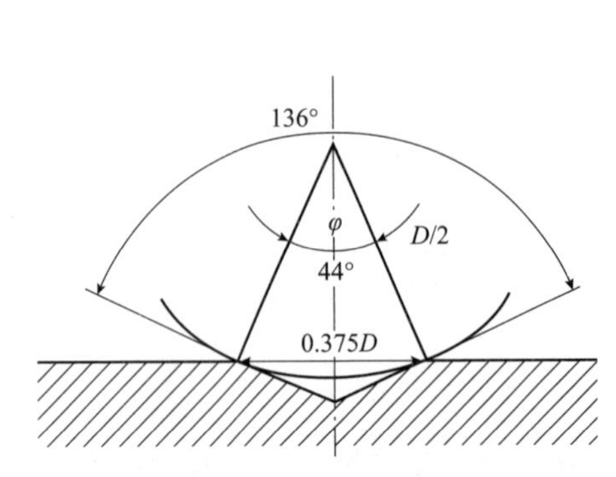

图4-3 维氏硬度压头与球压头关系

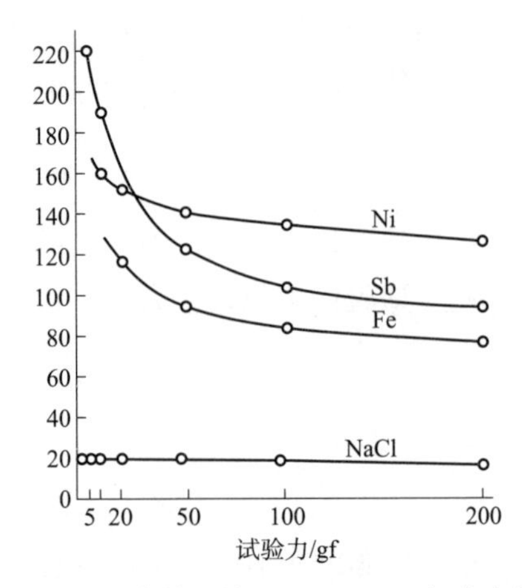

图4-4 岩盐、纯Fe、Sb、Ni在试验力(由5gf递增到200gf时测定的硬度值)

表4-2 Fe-Si固溶体在不同试验负荷下的显微硬度值

试验负荷/gf	压痕对角线长 d/μm	d^2/μm^2	硬度值/HV
1	2.26	5.1	364
2	3.24	10.5	354
5	5.21	27.2	341
10	7.61	58	320
25	12.13	147	316
50	17.5	306	303
100	25.1	630	295

对此问题国内外很多专家、研究工作者也给予关注。如国外迈尔(Meylr)提出经验公式“$F=a\cdot d$”，在此基础上建立了迈尔显微硬度测量法，还推荐了许尔滋、哈纳门(Henemann)表示法。哈纳门法是以三个标准压痕(5μm、10μm、20μm)下的显微硬度(HM5μm、HM10μm、HM20μm)表示的。

国内早在20世纪70年代有赵所琛、桂运平等专业工作者提出过“显微维氏硬度测量方法的研究”报告，提出了根据试验建立的 $F=b\cdot d^*$ 函数关系公式。传统显微硬度测量方法测得的结果是一个随着负荷的变化而变化的变量，这就是造成传统的测量结果不精确、重演性差、可比性差的主要原因。$F=b\cdot d^k$ 中两个常数项(b、k)具有明确的物理意义，b 是产生压痕 $d=1\mu m$ 时试验力的大小，是一个与金属材料刚性有关的物理量，k 是与金属材料刚性形变强化能力有关的物理量。根据 F 指数函数规律建立的常量显微硬度，是一个能代表金属材料显微硬度特性的物理常数，具有固定不变的、可重复的、可比较的性质。其物理意义是：当测量试验力 $F=0.0098N(1gf)$，压痕 d_0 是个常数，显微硬度也是一个物理常数 $H_{m0}=1854, 4b^{2/k}$。常量显微硬度用作图法求值简便，也可用计算法求值，两种方法的结果比较接近。

迄今为止，在金属显微维氏硬度试验方法和原理上国内外并没有被普遍接受的新的突破，仍然应用现行的试验方法标准。特别提出在显微硬度测试中，应认真执行标准试验方法，如根据试样厚度合理选择试验力，并准确标注出测试中试验力的大小等，就可获得有参考价值的显微硬度值并具有实用性。

4.4　试验方法和注意事项

4.4.1　试验前的准备

(1)用于进行维氏硬度试验的硬度计和压头应符合 GB/T 4340. 2—2009 的规定；

(2)室温一般应控制在 10～35℃内。对精度要求较高的检测，应控制在(23±5)℃内。

4.4.2　试样

(1)试样表面应平坦光洁，建议试样表面粗糙度应达到表 4－3 的要求。对于小负荷维氏和显微维氏试样建议根据材料种类选择适合的抛光和电解抛光进行表面处理；

(2)试样或检测层厚度至少应为压痕对角线长度的 1. 5 倍；

(3)用小负荷显微维氏硬度检测时，如试样特小或不规则，应将试样镶嵌或用专用夹具夹持后测试。

表 4－3　试样表面粗糙度参考要求

试样类型	表面粗糙度参数最大值 Ra/μm
维氏硬度试样	0. 4
小负荷维氏硬度试样	0. 2
显微维氏硬度试样	0. 1

4.4.3　试验方法

(1)试验力的选择根据试样硬度、厚薄、大小等情况或工艺文件的规定，选用相合适检测力进行试验。具体可按 GB/T 4340. 1—2009 附录 A 执行。

(2)试验加力时间从加力开始至全部检测力施加完毕的时间应在 2～10s。对于小负荷维氏和显微维氏硬度试验，压头下降速度应不大于 0. 2mm/s。试验力保持时间为 10～15s。对于特别软的材料保持时间可以延长，但误差应在±2s 之内，并要在硬度值的表示式中注明。

(3)压痕中心至试样边缘距离钢、铜及铜合金至少应为压痕对角线长度的 2. 5 倍；轻金属、铅、锡及其合金至少应为压痕对角线长度的 3 倍。两相邻压痕中心之间的距离，对于钢、铜及铜合金至少应为压痕对角线长度的 3 倍；对于轻金属、铅、锡及其合金至少应为压痕对角线长度的 6 倍。

(4)光学放大系统应将压痕对角线放大到视场的25%～75%。

(5)测量压痕两条对角线的长度的算术平均值，按GB/T 4340.4—2009查出维氏硬度值，也可按公式计算硬度值。

(6)在平面上压痕两对角线长度之差应不超过对角线平均值的5%，如果超过则应在检测报告中注明。

(7)对于曲面试样上试验结果，应按GB/T 4340.1—2009附录B进行修正。

(8)在一般情况下，建议对每个试样报出3个点的硬度测试值。

4.5 试样最小厚度与最大检测力间的关系

显微维氏硬度试验常被用于测定金属中的相和组织组成物的硬度。其他还可测定薄材和细小零件以及保护层、热处理强化层等的硬度。

在显微硬度试验中，根据试样(或保护层)的厚度选择最合适的试验力是非常重要的。因为试验力大了会产生底部效应而影响示值；而试验力小了会增大测量压痕d值时引入误差。在GB/T 4340.1—2009附录A中列出了“试样最小厚度-试验力-硬度关系图”，由该图可选择合适的试验力。也可由基本公式、基本条件推导出相关计算公式，并由该公式计算出选用表，应用中更为便捷。

根据压痕对角线长d与对应的压痕深度$h=\frac{d}{7}$的关系及试样厚度大于压痕深度h的10倍的标准规定，按被检材料从小到大的硬度值和显微硬度范围内的各级试验力推导了最小试样厚度和最大试验力两个公式。

举例：如准备检测的试样为铁基上电刷镀镍层，镀镍层厚度为20μm，刷镀层的硬度参考值为500～550HV(如完全不知道，可用最小试验力作预先测试得知参考值)。据此从表4-4中查出应选用的试验力为0.4903N(50gf)。也可用公式计算。当用公式计算最大试验力时，算出的试验力如在推荐试验力两级之间时，应选用小一级的试验力。

4.5.1 试样最小厚度计算

(1)根据三角关系，压痕深度$h=\frac{d}{2\sqrt{2}\text{tg}68°}=\frac{d}{7}\approx 0.143d$。又根据试样最小厚度$t$应大于压痕深度的10倍，即$\frac{t}{h}\geqslant 10$，所以$t\geqslant 10\times 0.143d$。

即试样最小厚度$t\geqslant 1.43d$

(2)根据试验力大小及试样硬度值高低，$\text{HV}=0.1891\frac{F}{d^2}$，知$d^2=\frac{0.1891}{\text{HV}}F$

由上式可得，$t\approx 1.43d$，即$d\approx\frac{t}{1.43}$，代入上式得

$$t^2=\frac{0.1891\times(1.43)^2}{HV}F$$

试样最小厚度为 $t_{min}\approx 0.62\sqrt{\frac{F}{HV}}$

式中　t、d——试样厚度及压痕对角线长，mm；

F——试验力，N。

4.5.2　最大试验力计算

（1）根据式 $HV=0.1891\frac{F}{d^2}$得试样最大试验力$F_{max}=\frac{d^2}{0.1891}HV$

将式 $d\approx\frac{t}{1.43}$代入上式，得

$$F_{max}\approx\frac{t^2}{0.1891\times 2.04}HV$$

$$F_{max}\approx\frac{t^2}{0.38}HV$$

式中　F_{max}——最大试验力，N；

t——试样厚度，mm。

（2）利用压痕深度（h）关系，还可得出以下公式：

$$F_{max}\approx\frac{49h^2}{0.1891}HV\approx 259h^2 HV$$

4.5.3　试样最小厚度和试验力选用表

根据上述算得不同试样厚度、硬度的试验力选用值见表4－4、表4－5。

表4－4　试样最小厚度不同硬度的试验力选用表

HV	试验力/N(kgf)							
	0.049 (HV0.005)	0.09807 (HV0.01)	0.1471 (HV0.015)	0.1961 (HV0.02)	0.2452 (HV0.025)	0.4903 (HV0.05)	0.9807 (HV0.1)	1.9614 (HV0.2)
	最小厚度 t/mm							
50	0.019	0.028	0.034	0.039	0.043	0.062	0.087	0.123
100	0.013	0.020	0.024	0.028	0.031	0.043	0.061	0.087
200	0.0097	0.014	0.017	0.020	0.022	0.031	0.043	0.062
300	0.008	0.011	0.014	0.016	0.018	0.025	0.036	0.050
400	0.0069	0.010	0.012	0.014	0.015	0.022	0.031	0.043
500	0.0062	0.0087	0.011	0.012	0.014	0.019	0.028	0.039
600	0.0056	0.008	0.010	0.011	0.013	0.018	0.025	0.036

续表

HV	试验力/N(kgf)							
	0.049 (HV0.005)	0.09807 (HV0.01)	0.1471 (HV0.015)	0.1961 (HV0.02)	0.2452 (HV0.025)	0.4903 (HV0.05)	0.9807 (HV0.1)	1.9614 (HV0.2)
	最小厚度 t/mm							
700	0.0052	0.007	0.009	0.010	0.012	0.016	0.023	0.033
800	0.0049	0.0069	0.0084	0.0097	0.011	0.015	0.022	0.031
900	0.0045	0.0064	0.008	0.0091	0.010	0.014	0.021	0.029
1000	0.0043	0.006	0.0075	0.0086	0.009	0.0138	0.019	0.028
1200	0.0039	0.0056	0.0069	0.0079	0.0088	0.013	0.018	0.025
1400	0.0036	0.0052	0.0064	0.0073	0.0082	0.012	0.016	0.023

表4-5 覆盖层硬度(HV)和试验力选用表

HV	覆盖层厚度 t/μm									
	10	20	30	40	50	60	70	80	90	100
	试验力/N(gf)									
50	0.0098 (1)	0.049 (5)	0.09807 (10)	0.196 (20)	0.196 (20)	0.49 (50)	0.49 (50)	0.49 (50)	0.9807 (100)	0.9807 (100)
100	0.019 (1)	0.09807 (10)	0.196 (20)	0.24 (25)	0.49 (50)	0.9807 (100)	0.9807 (100)	0.9807 (100)	1.961 (200)	1.961 (200)
200	0.049 (5)	0.196 (20)	0.49 (50)	0.49 (50)	0.9807 (100)	1.961 (200)	1.961 (200)	2.942 (300)	2.942 (300)	4.90 (500)
300	0.049 (5)	0.24 (25)	0.49 (50)	0.9807 (100)	1.961 (200)	2.942 (300)	2.942 (300)	4.90 (500)	4.90 (500)	4.90 (500)
400	0.098 (10)	0.24 (25)	0.9807 (100)	0.9807 (100)	1.961 (200)	4.90 (500)	4.90 (500)	4.90 (500)	4.90 (500)	9.807 (1000)
500	0.098 (10)	0.49 (50)	9.807 (1000)	1.961 (200)	2.942 (300)	4.90 (500)	4.90 (500)	4.90 (500)	9.807 (1000)	9.807 (1000)
600	0.147 (15)	0.49 (50)	0.9807 (100)	1.961 (200)	2.942 (300)	4.90 (500)	4.90 (500)	9.807 (1000)	9.807 (1000)	9.807 (1000)
700	0.196 (20)	0.49 (50)	0.9807 (100)	2.942 (300)	4.90 (500)	4.90 (500)	9.807 (1000)	9.807 (1000)	9.807 (1000)	9.807 (1000)
800	0.196 (20)	0.49 (50)	0.196 (20)	2.942 (300)	4.90 (500)	4.90 (500)	9.807 (1000)	9.807 (1000)	9.807 (1000)	19.614 (2000)

续表

HV	覆盖层厚度 t/μm									
	10	20	30	40	50	60	70	80	90	100
	试验力/N(gf)									
900	0.24 (25)	0.9807 (100)	1.961 (200)	2.942 (300)	4.90 (500)	4.90 (500)	9.807 (1000)	9.807 (1000)	19.614 (2000)	19.614 (2000)
1000	0.24 (25)	0.9807 (100)	2.942 (300)	2.942 (300)	4.90 (500)	9.807 (1000)	9.807 (1000)	9.807 (1000)	19.614 (2000)	19.614 (2000)
1100	0.24 (25)	0.9807 (100)	1.961 (200)	4.90 (500)	4.90 (500)	9.807 (1000)	9.807 (1000)	19.614 (2000)	19.614 (2000)	29.42 (3000)

4.6　钢铁、有色合金、难熔化合物组成相的显微硬度值

钢和铸铁、有色合金及难熔化合物等的组成相的显微维氏硬度测定参考值分别见表4－6～表4－8。

表4－6　钢和铸铁中部分生成相的显微维氏硬度参考值

相及结构名称	材料牌号	显微维氏硬度值/HV
铁素体	08 钢 20 钢 30 钢 45 钢	125 240～275 275～315 255
片状珠光体	20 钢 30 钢 70 钢 铸铁	275～320 325～345 275～330 300～365
索氏体(铁素体和粒状碳化物)	20CrNi GCr15 Cr12Mo	275～325 215～285 275～310
碳化物	铸铁 Cr12Mo Cr12	1095～1150 1156～1250 1156～1370
碳化物	W18Cr4V	1300
奥氏体	不锈钢 Cr12 铸铁	175 520 425～495
托氏体	—	485
莱氏体共晶体	Cr12 铸铁	750～850 1000～1125
磷共晶	铸铁	370～480
石墨	铸铁	2～11
马氏体	30 钢 70 钢 20CrNi GCr15 Cr12Mo 铸铁	935 1010 635 1040 890 825～960

表 4－7　有色合金中生成相的显微维氏硬度参考值

相名称	化学式 （或测试条件）	显微维氏 硬度值/HV	相名称	化学式 （或测试条件）	显微维氏 硬度值/HV
1. 铝合金：铝化钡	Al_4Ba	280	青铜中的δ相	（电解抛光后）	135
铝化钙	Al_4Ca	200		（机械抛光后）	191
	Al_3Ca	208	青铜中的ε相	$Cu_{31}Zn_3$	325～537
铝化钴	Al_2Co_2	735	青铜中的η相	Cu_3Sn	560
铝化铜	Al_2Cu	540～560	青铜中的ω相	Cu_6Sn_5	342～369
铝化铬	Al_7Cr	510			13.9～12.1
	$Al_{11}Cr$	710	3. 其他：有色合金		
铝化铁	Al_3Fe	960	铝化铜	CuAl	580
铁－铝－硅化物	β(Al－Fe－Si)	260～370	氧化铜	Cu_2O	240～260
铝化镁	Al_2Mg_3	240～340	锑化铜	Cu_2Sb	278
铝化锰	Al_6Mn	390～540	锡化铜	Cu_3Sn	460
	Al_4Mn	560～732		Cu_6Sn	460
铝化镍	Al_3Ni	550～610	铝化铁	$FeAl_2$	1290
铝化锑	AlSb	1480		$FeAl_5$	750
铝化锶	Al_4Sr	160		AlFe	750
铝化钒	Al_3V	395	钙化铅	Pb_3Ca	93
铝化锆	Al_3Zr	560	碲化铅	PbTe	46
初生硅	Si	950～1050	锑化锡	SbSn	107
2. 铜合金：黄铜中的α相	（电解抛光后）	65～75	镁化铝	Mg_7Al_{12}	175
			镁化钕	$Mg_{12}Nd$	169
	（机械抛光后）	139～144	镁化锌	MgZn	246
			镁化铈	Mg_2Ce	158
黄铜中的β相	（电解抛光后）	118～136	镁化钍	Mg_4Th	234
	（机械抛光后）	160～214	镁化钙	Mg_2Ca	149
青铜中的α相	（电解抛光后）	75			
	（机械抛光后）	143			

表4－8　难熔化合物的显微维氏硬度参考值

相名称	化学式	显微维氏硬度值/HV	相名称	化学式	显微维氏硬度值/HV
碳化硼	BC	2400～3700	硼化钼	Mo_2B	2500
碳化铬	Cr_3C_2	1000～1400		MoB_2	1200
	Cr_7C_3	1336		α－MoB	2350
碳化钨	WC	1430～1800		β－MoB	2500
	WC_2	3000～3400	硼化物	W_2B	2420
碳化钒	VC	2700～2990		WB	3700
碳化钛	TiC	2850～3309		WB_2	2660
碳化钽	TaC	1800		CoB	1150
碳化钼	Mo_2C	2000		Ni_3B	1145
	Mo_3C	1500		NiB_2	2575
碳化铌	NbC	2400	氮化钛	TiN	1994
碳化锆	ZrC	2836～3480	氮化锆	ZrN	1520
碳化铪	HfC	2913	氮化钒	VN	1520
碳化硅	SiC	2200～3000	氮化铌	NbN	1396
碳化铍	Be_2C	2690	氮化钽	TaN	1060
碳化钇	YC	120	氮化铬	CrN	1093
	YC_2	708	氮化钼	Mo_2N	630
铬－钨－碳化物		1500～2400	氮化铝	AlN	1225～1230
铁－铜－碳化物		1812	硅化镁	Mg_2Si	457
铁－钒－碳化物		1495	硅化铬	$CrSi_2$	1150
钼－钨－碳化物		2060～2133	硅化钼	$MoSi_2$	1290～1410
钛－钨－碳化物		2145～2600		Mo_3Si	1310
锆－钨－碳化物		2700～2733	硅化钴	CoSi	1000
钽－钨－碳化物		1836～1846	硅化锆	$ZrSi_2$	1063
硼化钛	TiB	2700～2800	硅化钛	$TiSi_2$	892
	TiB_2	3370	硅化钽	$TaSi_2$	1560
硼化锆	ZrB	3500～3600	硅化钨	WSi_2	1090～1632
	ZrB_2	2252	硅化镍	$NiSi_2$	1019
硼化钒	VB_2	2800		NiSi	400
硼化铬	CrB	1200～1300	硅化铪	$HfSi_2$	910
	CrB_2	2100	硅化钒	VSi_2	940
硼化铪	HfB_2	2840	硅化铌	$NbSi_2$	1030
硼化铌	NbB_2	2550			

第5章　金相检测

5.1　金相试样的选取及截取

5.1.1　金相试样的选取

用金相显微镜对金属的某一部分进行金相研究，其研究的成功与否，可以说首先决定于所取的试样有无代表性。在一般情况下，研究金属及合金显微组织的金相试样应从材料或零件在使用中最重要的部位(包括加工区及影响区)截取，如热处理应包含完整的硬化层，焊接件应包括焊缝、热影响区及基体等；或在偏析、夹杂等缺陷最严重的部位截取。在分析损坏原因时，应在损坏的地方与距离损坏较远的完整的部位分别截取试样，以探究其损坏或失效的原因。对于有些产生较长裂纹的零件，应在裂纹发源处、扩展处、裂纹尾端分别取样，以分析裂纹产生的原因。如在进行材料的工艺研究时，应视研究目的的不同在相应的部位取样。有些零件的“重要部位”的选择，需通过对具体工作条件进行分析才能确定。

对于大型的金相分析项目，或较重要的金相检验项目，在报告中都应有图、文字说明试样选取的部位及方向。

金相试样截取的部位确定以后，还需要进一步明确选取哪个方向、哪个面作为金相试样的磨面。金相试样按照在金属构件或钢材上所取的截面位置不同，可分为横向试样与纵向试样，横向试样即试样磨面为原金属构件的横截面，纵向试样即试样磨面为原金属构件的纵截面。

横向试样常用于观察：

(1)试样自中心至边缘组织分布的渐变情况；

(2)表面渗层、硬化层、镀层等表面处理的深度及组织；

(3)表面缺陷，如裂纹、脱碳、氧化、过烧、折叠等疵病的深度；

(4)非金属夹杂物在整个横断面上的分布情况；

(5)晶粒度大小；

(6)碳化物网级别等。

纵向试样常用于观察：

(1)非金属夹杂物的类型、形态、大小、数量和分布及等级等；

(2)带状组织的存在或消除情况；

(3)因塑性变形而引起晶粒或组织变形的情况。

有时为了研究某组织的立体形貌，在一个试样上选取两个相互垂直的磨面，这两个面的交接处(棱边)必须保护好，不能倒角。对于裂纹、夹杂物的深度测量，往往也需要在另一个垂直磨面上进行。

以上所述是取样的一般原则。对于一些常规检验的取样部位，有关的技术标准中都有明确规定，必须严格执行，否则，所得到的金相检测结果不能作为判断的依据。有些具体的产品有相应的国家标准，或相应的国际或行业标准，规定其金相检验的项目及取样部位。如自攻螺钉，ISO 规定在螺钉中心纵截面上进行金相检验。

5.1.2　金相试样的截取

金相试样较理想的形状是圆柱状或正方柱体，推荐取样尺寸见图5－1，GB/T 13298—2015《金属显微组织检验方法》中，推荐试样尺寸以磨面面积小于400mm^2，高度15～20mm为宜。但在实际工作中由于被检验材料和零件的品种极多，要在材料或零件上截取理想的形状与尺寸有一定困难，一般可按实际情况决定。试样的高度取试样直径或边长的一半为宜，形状与大小以便于握在手中磨制为原则。对于要进行镶嵌的试样，可根据检测要求及镶嵌模子的尺寸选择适当大小。

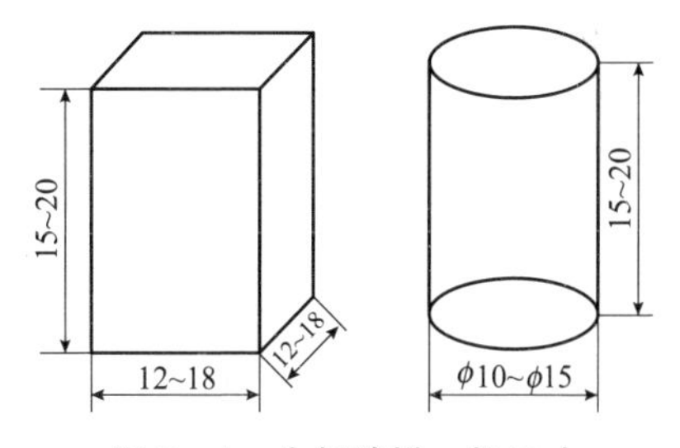

图5－1　金相试样一般尺寸

金相试样截取过程中，需注意以下几项：

(1)防止试样在截取过程中出现过热、过烧，以免金相组织因受热发生变化。用火焰切割或电切割时，应将熔融部分及附近出现的过热部分完全去除，用金相试样切割机时，应用水充分冷却。

(2)无论采用何种切割方法，都会在试样的切割面形成程度不同的变形层，这一变形层会对金相组织产生影响，因此在切取时力求将变形层减至最小。

(3)截取样品时应注意保护试样的特殊表面，如热处理表面强化层、化学热处理渗层，热喷涂层及镀层、氧化脱碳层、裂纹区等。

(4)对试样的切割位置、形状、大小、磨面确定后，在试样上做好标记。常用的截取方法有：

a. 电切割(包括电火花切割和线切割)、气切割，适用于对较大的金属试样初步取样；

b. 砂轮切割机切割，适用范围较广，主要用于有一定硬度的材料，如普通钢铁材料，以及进行过热处理的钢铁材料；

c. 手锯或机锯，适用于软钢、普通铸铁及有色金属材料等；

d. 敲击，适用于硬且脆的材料，如白口铁等。

在这些截取方法里，金相实验室里最常用的是薄片砂轮切割。薄片砂轮片厚度一般在

1.2～2.0mm，由颗粒状碳化硅(或氧化铝)与树脂、橡胶黏合而成。砂轮片安装在主轴上，以高速旋转(常用2840r/min)，在与试样接触时产生磨削作用。磨削时试样切割处材料被带走，砂轮本身也相对被磨损。磨削会产生高温，对金相试样不利，因此需要用冷却液强制冷却。冷却液除冷却作用外，还能起润滑作用，并可随时带走磨削产物。过去常用的冷却剂有水、乳化油、火油等。现已有高分子溶剂，可提高冷却效果，更利于润滑，还有防锈的作用。

随着生产技术的发展，实验室用金相试样切割机大多采用全封闭罩壳，安全、噪声低、无污染。有的适用于大工件试样，有的适用于切割电镜试样，有的可半自动切割，有的可全自动切割。

图5-2　台式砂轮切割机

图5-2所示为一种手动式切割机，采用双位虎钳设计，能迅速方便夹持试样两端，根据各生产单位设计的不同，这种切割机的额定切割深度一般为50～160mm。

在自动砂轮切割机上，当砂轮片切入工件时，砂轮的心轴沿切割方向做小椭圆形平面运动，每秒一次，每次只切掉样品上一小条材料。这样的切割方式使接触面仅仅取决于进料速率而不受样品尺寸的限制，一旦样品材料和尺寸改变时，只需重新设定所需的进料速率和切割深度，就可使接触面积保持不变直到切割完毕。这种轨道式切割，切割时间显著缩短，砂轮的使用寿命也大幅提高。

为适应细小试样、易损或特硬试样的精细截样，可采用如图5-3所示的自动精密切割机。这种切割机可通过面板和先进的自动线性进给与收回系统将试样移动定位在2μm，且能按照期望的厚度进行多个试样连续全自动切割。精密切割机的转速范围很大，150～5000r/min，取决于被切割材料的品种、切割片的类型和所用的磨料。切割片有两种类型：一类切割片为橡胶黏结的氧化铝或碳化硅砂轮片，属于磨耗型；另一类切割片由镀铜的钢片制成，金刚石或立方氮化硼磨料粘接在切割片的两侧边缘部分，其宽度为3.2～5mm，切割的厚度为0.15～0.76mm，这种切割片属于非磨耗型切割片，切割表面的变形损伤深度也浅得多。

图5-3　自动精密切割机

切割过程中，不同试样的夹持，也可采用不同的夹具。普通型夹具，在放入试样后只需将控制杆推紧，压下锁紧手柄即可将试样夹持牢固。图5-4所示为一种适合不规则类样品的夹具，该夹具有多个钩形压头，可任意组合，夹持任意大小及形状的试样。

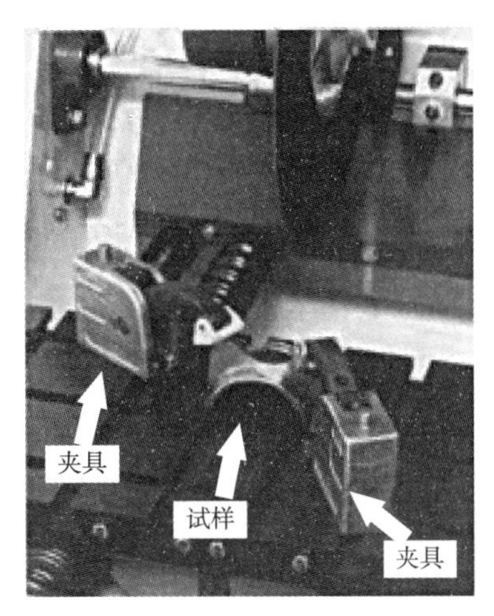

图5－4　砂轮切割机用特殊夹具

5.2　金相试样的夹持及镶嵌

当试样尺寸过小(如金属碎片、钢丝、钢带、钢片等)不易握持，或者要保护试样边缘(如做表面处理的检测、表面缺陷的检验等)时，对试样要进行镶嵌或夹持。镶嵌是把试样镶入镶嵌料中，夹持是把试样夹入预先制备好的夹具内。为达到保护试样边缘和便于手持操作的目的，要求夹具或镶嵌料紧贴试样，没有空隙；夹具和镶嵌料的硬度要稍低于或等于试样的硬度；夹具和镶嵌料在浸蚀时应不影响试样的化学浸蚀过程。

在现代金相实验室中，广泛使用半自动或自动化的磨光机和抛光机，要求试样的尺寸规格化，便于装入夹持器中。

金相试样在镶嵌或夹持前均应经过清洗，有条件的可用超声波清洗器清洗。在镶嵌或夹持后应编写上号码，以免试样之间产生混乱。

5.2.1　金相试样的夹持

金相试样夹持的特点是利用预先制备好的夹具装置，依照试样的外形分别选用不同类型的夹具。夹具的形状，主要根据被夹试样的外形、大小及夹持保护的要求选定。常用的有平板夹具、环形夹具和专用夹具3种。

5.2.1.1　平板夹具

平板夹具如图5－5所示，适用于长方形截面的板材试样或圆形截面的棒材试样。夹具靠两端的螺栓可使试样与夹板紧贴。如果螺钉过紧，会使压板弯曲影响效果。平板夹具常用两块50mm×20mm×5mm的中碳钢板制成，两端用两副M6螺

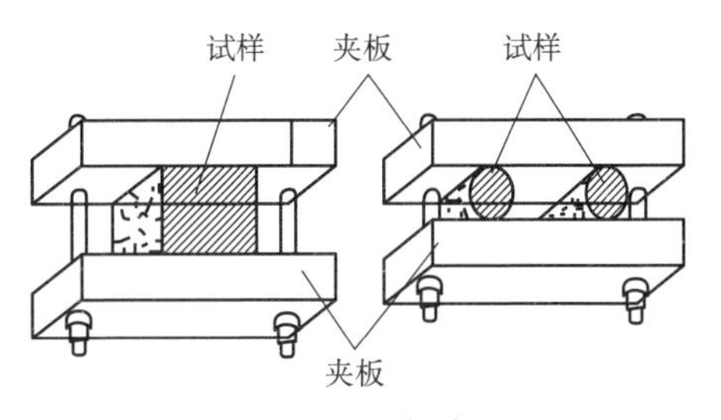

图5－5　平板夹具

栓、螺母，螺钉长度根据试样厚度而定。小试样也可用4mm的钢板及M5螺栓制成。

5.2.1.2 环形夹具

环形夹具如图5-6所示，适用于小尺寸试样的夹持。凡能装入环内的试样都能使用，也可一次同时装入多个试样，用一只螺钉即可把试样夹牢。这种夹具装拆较方便，效率高，在接触点处不会产生倒角。缺点是不能使整个圆周不倒角。环形夹具可用钢管、白铁管或铜管来制造，也可用碳钢车削加工制成。环形夹具具体尺寸可视具体的常规产品而定，但不宜过大。

5.2.1.3 专用夹具

专用夹具如图5-7所示，适用于需要经常检查表面处理后的组织情况，又具有固定形状试样的夹持。夹具孔形随试样形状而定。

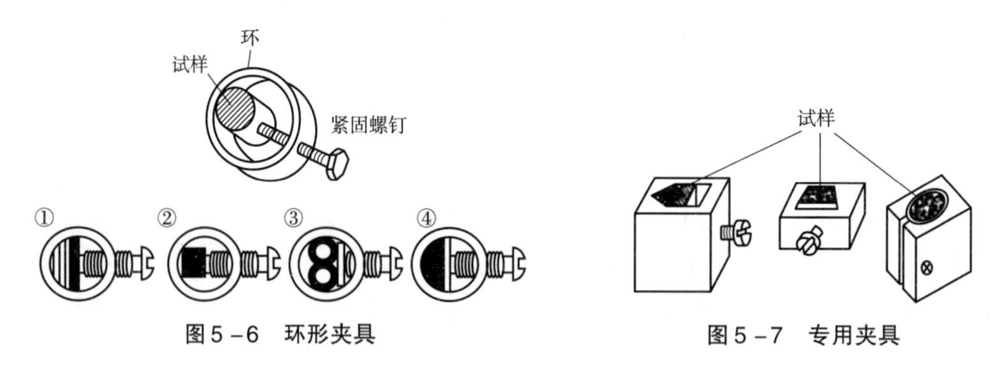

图5-6 环形夹具

图5-7 专用夹具

5.2.2 金相试样的镶嵌

有些金相试样体积很小，外形不规则，或者需检查表面薄层，如渗碳层、氮化层、表面淬火层、金属渗镀层及喷涂层等试样，需要镶嵌制成一定尺寸规格的试件，以便在磨光抛光机上定位夹紧。镶嵌分为热镶嵌和冷镶嵌。

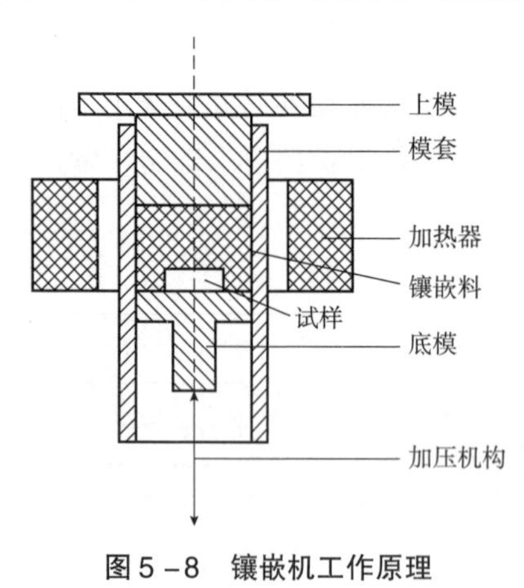

图5-8 镶嵌机工作原理

热镶嵌是把试样与镶嵌料一起放入钢模内加热加压、冷却后脱模，这种镶嵌方法是最为有效和最快捷的方法。进行热镶嵌时，要使用镶嵌机，工作原理见图5-8。开始时，底模上升至模套口处，放妥试样后底模下降到一定深度，加镶嵌料，然后固定好上模，加热、加压，达到一定温度后再加压至所规定的要求，经一段时间保温确定成型后即可冷却。冷却分为自然冷却和强制冷却(如水冷)。充分冷却后就可放松底模，取走上模，再顶起底模就可取出镶嵌好的试样。所施压力、加热温度、保温时间均视镶嵌材料而定。

图5-9所示为自动热压镶嵌机，整个镶嵌过程

的各个参数，包括加热温度、时间、压力和压力保持时间、冷却速度等，均可事先设定并自动完成。该型镶嵌机采用电子液压操作，具有可长时间持续自动镶嵌压力的特点，镶嵌压力为 8 ~ 30kPa，且具有双模具，能同时制备两个试样。

图 5 -9　自动热压镶嵌机

热镶嵌材料常用的有酚 - 甲醛树脂、酚 - 糠醛树脂、聚氯乙烯、聚苯乙烯，前两种主要为热固性材料，后两种为热塑性材料，并呈透明或半透明性。在酚 - 甲醛树脂内加入木粉，即成常用的“电木粉”，它可以染成不同颜色。还有一种能导电的镶嵌料，镶嵌好的试样能直接进行电解抛光或扫描电镜观察。

热镶嵌中会遇到一些缺陷，这些缺陷的成因、补救方法见表 5 - 1。

表 5 -1　镶嵌常见缺陷及修正方法

材料	缺陷	原因	修正方法
酚醛树脂等类镶嵌料	放射状开裂	试样截面相对模套过大 试样四角太尖锐	选用大直径模套 减小试样尺寸
	试样边缘处收缩	塑性收缩过大	降低镶嵌温度 选择低收缩率的树脂 模套冷却后再推出镶嵌材料
	环周性开裂	吸收了潮气 镶嵌过程中截留了气体	对镶嵌料或模套预热
	破裂	镶嵌过程太短 压力不足	延长镶嵌时间 液态向固态转化过程中加足够的压力
	未熔合	压力不足 加热时间不足	施加适当镶嵌压力 延长加热时间
透明镶嵌料	有棉花状物	中间介质未达最高温度 最高温度时保温时间不足	最高温度时增加保温时间
	龟裂	镶嵌试样出模后内应力释放	冷却到较低温度后再出模 把镶嵌试样置于沸水中软化

冷镶嵌指在室温下使镶嵌料固化，一般适用于不宜受压的软材料及组织结构对温度变化敏感或熔点较低的材料。进行冷镶嵌时，将金相试样置于模套中，注入冷镶嵌剂，冷凝

后脱模，编号后即可进行下道工序操作。冷镶嵌所用的材料通常为环氧树脂和固化剂，两者在浇注前按照一定比例混合均匀，随后发生的放热反应使树脂固化。镶嵌介质应当与试样能良好地附着并不产生固化收缩，否则会产生裂纹或缝隙。常用的冷镶嵌配方为：环氧树脂90g，乙二胺10g，少量增塑剂(磷苯二甲酸二丁酯)，室温下2～3h即可凝固。但环氧树脂的硬度较低，与试样的硬度相比，差别很大，试样的边缘在制备时容易形成圆角。曾有人将一定比例的烧结氧化铝颗粒作为填料加入树脂中，以提高固化后的硬度，但由于氧化铝的硬度高达2000HV，其磨光和抛光特性无法与金属材料相匹配。近年来，国外研制出一种比较软(硬度约为775HV)的陶瓷填料(Flat－Edge Filler)，其磨光和抛光特性与金属材料匹配较好，可作为提高镶嵌树脂硬度的填料。

图5－10　真空浸透装置

还有一种真空冷镶嵌法，使用冷镶嵌材料加固化剂调制，盛装于小杯中，通过真空泵在真空室内形成负压、开启插入小杯中的胶管夹，小杯中的冷镶嵌料在大气压力下被很快压入真空室冷镶嵌模内，并充分渗入试样的细微孔隙或裂纹中。这种镶嵌方法适用于多孔或是有细裂纹的试样，特别是粉末冶金、金属陶瓷样等。图5－10所示为真空浸透装置，抽真空可将试样内的空气排出，以增强镶嵌材料的渗透力，提高边缘保持度。

金相试样的镶嵌，在具体操作过程中有时需要一定的技巧。尤其是试样的放置方法，它直接影响镶嵌质量。极细小的线材、板材要得到垂直截面的金相磨面，可先预制一块薄镶嵌料片，在片上钻小孔，插入线材；或对半锯开放入薄板材料。随后再放入镶嵌机内重新加料镶嵌。有时薄片试样数块平行叠放同时镶嵌，需预先做好放置标记，成型后再在相应的径向截去一小块。这样既可保证试样垂直，又可使试样之间保证紧密接触。有时为了提高试样表面薄层厚度的精度，镶嵌时使试样磨面与表面处理面的横截面呈一个小角度，这样最终磨面上测得的深度乘以实际倾斜角的余弦值即可得实际深度值。对于要进行电解抛光、电解浸蚀的试样或用于电镜观察的试样，可用导电镶嵌料或是在镶嵌时或镶嵌后，安置好连接金属试样的引出导线。

如果试样与镶嵌材料之间的硬度差别较大，试样经镶嵌后抛磨，试样边缘总要发生倒角现象。在目前条件下要获得没有倒角的平整磨面往往选用机械夹持的方法。如果夹具、填片、装夹等各环节都掌握好，即可得到所要求的试样磨面。

为保证试样边缘不倒角，还可以采用电镀镀层的方法。钢铁试样可以镀铜、镀铁、镀铬等。

5.3　金相试样的磨光

金相试样从极粗糙不平的表面到制成光滑无痕的磨面要经过多道工序的操作，其中磨光是该过程中最关键的工序。10多年前，Bousfield提出磨光的定义是：磨光时，固定在某种基底(如砂纸的纸基)上的磨料颗粒以高应力划过试样表面，以产生磨屑的形式去除材料，在试样表面留下磨痕并形成具有一定深度的变形损伤层。磨光的目的是使试样表面的变形损伤逐渐减小到理论上为零，即达到无损伤。实际操作时，只要使变形损伤减小到不会影响观察到试样的真实组织即可。进行磨光后，磨面上还留有极细的磨痕，这将在以后的抛光过程中消除。

5.3.1 磨光机理

在上述磨光定义中，磨光的目的是去除前道工序切割中引入的严重变形层，但同时在磨光的过程中也不可避免地会产生磨制引入新的表层应变层，如图5－11所示。

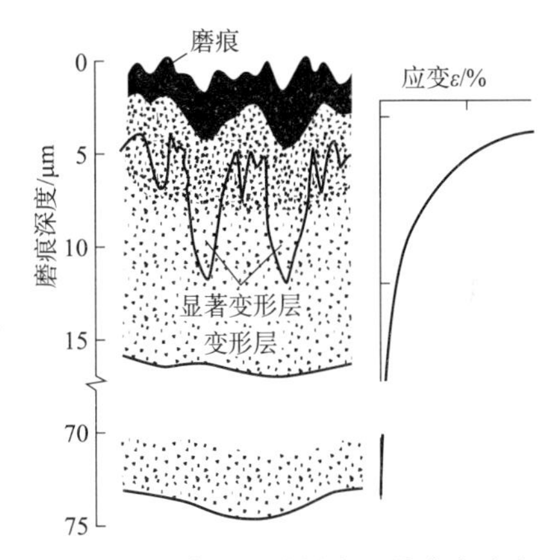

图5－11 磨制后试样表层的应变分布

从图5－11可以看出，最表层为严重变形层(磨痕)，层深较薄呈黑色。向下可以看到应力集中从磨痕向下呈放射状扩展，其应变量仍大于5%，通常称这层为显著变形层。再向下则形成浅蚀条纹，被认为是存在形变的扭折带的标志，应变小，称为变形层。在磨光过程中，应注意砂纸及磨光器材的选用和操作方法，合理制定磨光工艺，尽量将变形层减至最低。

磨制产生的变形层对金属的显微组织会产生影响，只是因材料的不同、制样过程的差异引起的变形深度不同，表现形式不同而已。砂纸磨光表面变形层消除过程如图5－12所示。

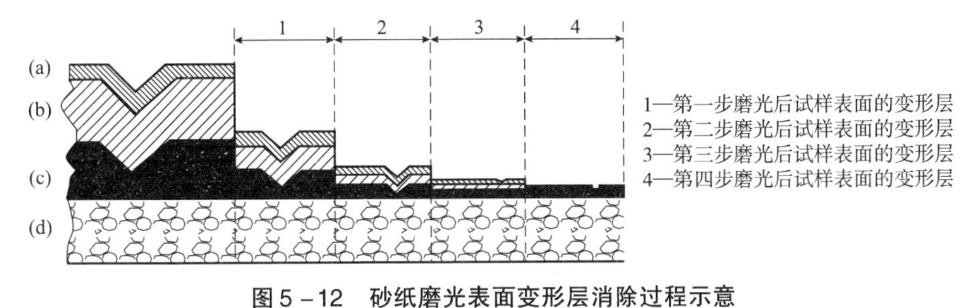

图5－12 砂纸磨光表面变形层消除过程示意

(a)—严重变形层；(b)—变形大的层；(c)—变形微小层；(d)—无变形的原始组织

5.3.2 磨光用材料

磨光用材料主要为砂纸及磨盘两种。砂纸通常分为干砂纸及水砂纸两种，水砂纸通常用于机械磨光，即在磨光过程中需要用水、汽油、柴油等润滑冷却剂冷却；干砂纸通常用于手工磨光。现代金相制样中，除教学中还保留少量手工磨光即干砂纸磨光外，基本均采用机械水砂纸磨光。这两种砂纸基本由纸基、黏结剂、磨料组合而成。磨料主要为SiC、Al_2O_3等。按磨料颗粒的粗细尺寸分别编号，GB/T 9258.1—2000《涂附磨具用磨料 粒度分

析　第1部分：粒度组成》中定义粗磨料粒度直径为3.35～0.053mm，从P12～P220共15个粒度号。细磨料微粉粒度直径为58.5～8.4μm，从P240～P2500共13个粒度号。微粉的粒度组成见表5－2。

表5－2　微粉P240～P2500的粒度组成

粒度标记	d_0 值最大/μm	d_3 值最大/μm	中值粒径 d_{s50}/μm	d_{s95} 值最小/μm
P240	110	81.7	58.5±2.0	44.5
P280	101	74.0	52.2±2.0	39.2
P320	94	66.8	46.1±1.5	34.2
P360	87	60.3	40.5±1.5	29.6
P400	81	53.9	35.0±1.5	25.2
P500	77	48.3	30.2±1.5	21.5
P600	72	43.0	25.8±1.0	18.0
P800	67	38.1	21.8±1.0	15.1
P1000	63	33.7	18.3±1.0	12.4
P1200	58	29.7	15.3±1.0	10.2
P1500	58	25.8	12.6±1.0	8.3
P2000	58	22.4	10.3±0.8	6.7
P2500	58	19.3	8.4±0.5	5.4

注：表中数值仅适用于GB/T 2481.2—2009《固结磨具用磨料 粒度组成的检测和标记　第2部分：微粉》中的沉降管粒度仪测定。

研磨盘一般是使用酚醛树脂将金刚石微粉黏结于研磨盘。根据金刚石的粗、细选用。这种磨盘具有很强的磨削力，高效并能获得很好的磨光效果，适用于硬质、脆性材料及复合材料的研磨。与普通的碳化硅水砂纸相比，这种研磨盘由于使用了金刚石磨料，材料去除速率大大提高，且能保持较长时间这种材料较高的去除速率，因此，从制样开始就可以使用粒度较细的磨料，以获得较低的残余损伤。这种新型的金刚石磨盘价格较贵，但耐用，寿命较长。如Buehler公司生产的HERCULES型磨光片，如图5－13所示。基体为不锈钢片，上面黏结有金属填料和衬垫，其直径约为12mm，衬垫只占据制备表面的一部分，使表面应力得到控制并获得适度的材料去除速率，同时也能有效地清除磨屑并使变形量减小到最低程度。

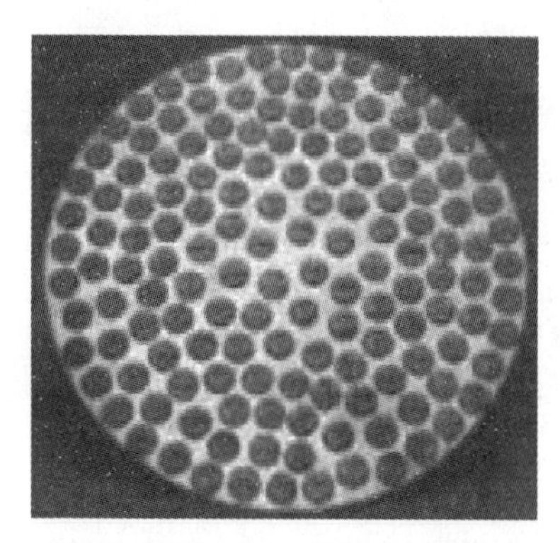

图5－13　HERCULES型磨光片

5.3.3　磨光方法

磨光方法可分为经典传统的手工磨光和现代机械磨光两类。

5.3.3.1　手工磨光

手工磨光制样方法很简单，用砂纸和一块平的玻璃板即可实现，虽然这种磨光方式已逐渐被现代自动、半自动的制样方法所淘汰，但其操作过程是机械制样的基础。

磨光时，一般有如下几个注意事项：

①进行粗磨后，凡不做表面层金相检验的，棱边都应倒角成小圆弧，以免在以后工序过程中将砂纸或抛光织物拉裂。在抛光时试样还有可能被抛光织物钩住而飞出，造成事故。

②进行磨制时，对试样的压力应均匀适中。压力太小磨削效率低，压力太大则会增加磨粒与磨面之间的滚动，产生过深的划痕，而且又会发热并造成试样表面变形层。

③当新的磨痕盖过旧的磨痕，而且磨痕平行时，可更换下一号砂纸。

④更换砂纸时，不宜跳号太多，因为每号砂纸的切削能力是保证能在短时间内将前面的磨痕全部磨掉来分级的。若跳号过多，不仅会增加磨削时间，而且前面砂纸留下的表面强化层和扰乱层也难以消除。

⑤每更换一次砂纸，试样应转动90°，使新的磨痕方向与旧磨痕垂直。易于观察粗磨痕的逐渐消除情况，并能逐步获得磨光的正确信息。

⑥砂纸一经变钝，磨削作用降低，不宜继续使用，否则磨粒与磨面会产生滚压现象而增加表面扰乱层。

5.3.3.2　机械磨光

机械磨光的设备包括圆盘预磨机及砂带磨光机。

(1)圆盘预磨机

国内外有多种型号，其共同特点是预磨机带有流水不断地流入旋转的磨盘中，圆形砂纸置于磨盘上，浮在盘上的砂纸在旋转盘驱动下将砂纸下的水抛出盘外，砂纸与盘间形成负压，大气压力将砂纸紧紧压在磨盘上，磨制时很牢固平稳，相对自动/半自动磨抛机而言经济实惠且简单实用。如 Buehler 公司的 MetaServ 系列研磨机之一，如图 5－14 所示，它的转速一般在 50～500r/min 可调，磨光机的转速一般控制在 300～500r/min。

(2)砂带磨光机

由电动机拖动环形砂带进行磨削，可有一两个工作台，中间槽为冷却用，冷却水可调节，如图 5－15 所示。砂带磨光机通常适用于金相、光谱及硬度测试的高速手动粗磨，可以迅速去除较大较粗的试样表面材料，获得一个初始的制备平面。

图 5－14　手动双盘研磨机

图 5－15　DuoMet Ⅱ &SurfMetⅠ 带式研磨机

(3)自动/半自动抛(光)磨(光)机

自动/半自动抛(光)磨(光)机是由机械抛磨机发展而来的，由磨盘上配置试样夹持器及动力头组成。Buehler 公司生产的自动抛磨机，如图 5-16(a)所示。该设备采用动力头和试样夹持器以固定转速和转动方向转动，并对试样施加可以调节的力，使试样在一定压力下与转盘上的制备表面做相对运动。动力头对试样的施加方式有单独加载与中心加载两种。单独加载是动力头内的加载杆放下时对准每一块试样的中心，如图 5-16(b)所示，单独加载方式的优点是每次可以制备一块、两块或多块试样，增加了操作的灵活性，但试样一般均需镶嵌。

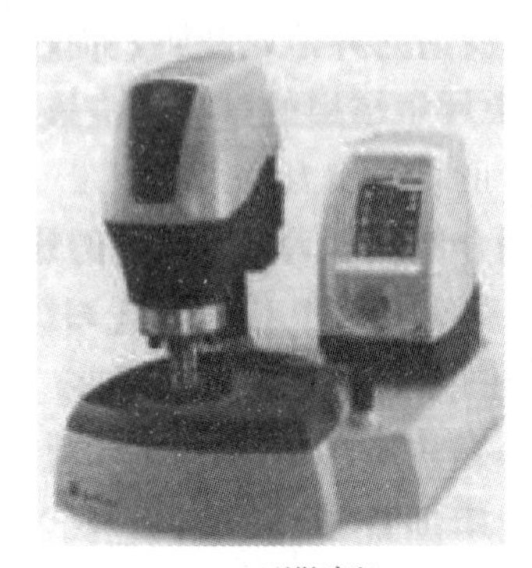

(a) EcoMet250型抛磨机

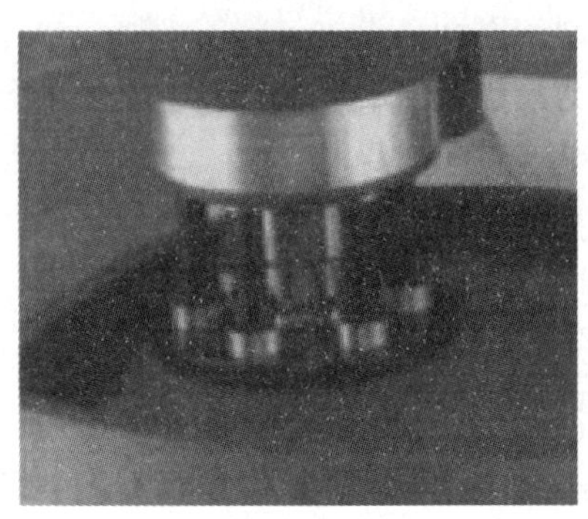

(b) 单独加载方式

图 5-16 EcoMet250 型抛磨机及其动力头加载方式

5.4 金相试样的抛光

抛光的目的是除去金相试样磨面上由细磨留下的细微磨痕，使之成为平整无疵的镜面。尽管抛光是金相试样制备中最后一道工序并由此而得光滑的镜面，但金相工作者的经验是：要在金相试样磨光过程中多下功夫，因为抛光仅能除去表层很薄一层金属，所以抛光效果的好坏很大程度上取决于前几道工序的质量。有时抛光之前磨面上留有少量几条较深的磨痕，即使增加抛光时间也难以去除，一般必须重新磨光。故抛光之前应仔细检查磨面，是否只留有单一方向均匀的细磨痕，否则应重新磨光，免得白费时间，这是提高金相制样设备效率的重要环节。

金相试样的抛光方法按其作用本质分为机械抛光、电解抛光、化学抛光。下面分别加以介绍。

5.4.1 机械抛光

5.4.1.1 机械抛光原理

机械抛光是抛光微粉与金相试样磨面相对作用的结果。抛光微粉比磨光用磨料要细些。一般认为抛光过程中抛光磨料对试样磨面的作用有两个方面。

（1）磨削作用

抛光微粒嵌入抛光织物的间隙内获得暂时性固定，起着犹如磨光用砂纸的作用，但在试样表面上产生的切削和划痕比磨光时要细得多，如图 5－17 所示。

（2）滚压作用

抛光微粒很容易从抛光织物中脱出，甚至飞出抛光盘。这些脱出的微粒在抛光过程中夹在抛光织物与试样磨面之间，对磨面产生机械的滚压作用，使金属表面凸起部分移流凹洼部分。此外，抛光织物与磨面之间的机械摩擦也有助于“金属的流动”，如图 5－18 所示。

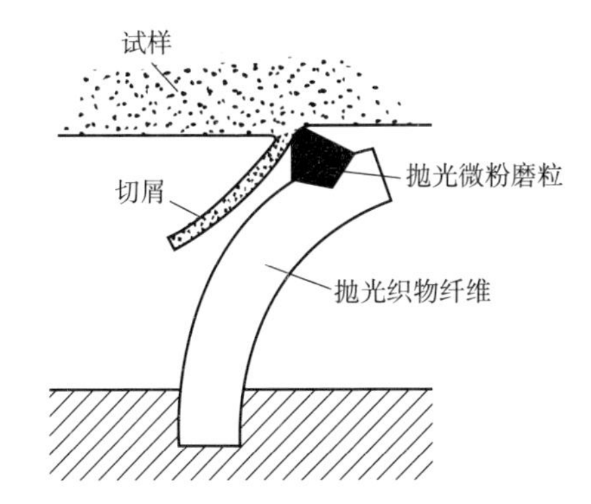

图 5－17　抛光时试样磨面被切削的示意

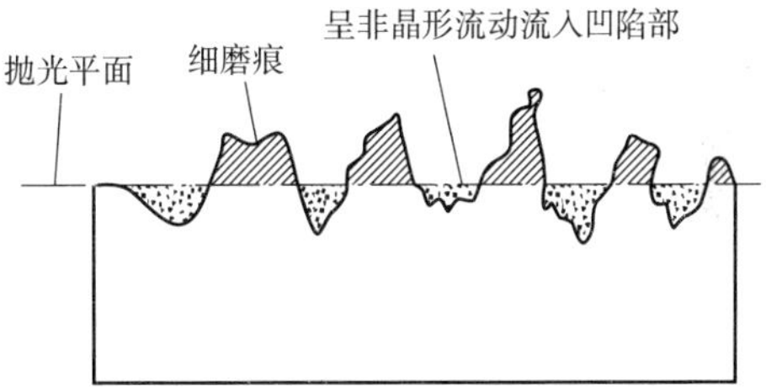

图 5－18　抛光时表层金属的流动

显然，抛光过程的滚压作用会产生一层很薄的变形层，即拜尔培层，或称扰乱层，使得磨面不能正确显示原来的组织结构，是我们所不希望的。为了尽量减少拜尔培层的厚度就应该选择工艺参数。

5.4.1.2　抛光操作

金相试样的抛光工序一般分为粗抛光和精抛光两道，若进行不照相的普通常规金相检验，也可一次操作。较软的合金一般不经粗抛光而直接进行精抛光，或采用其他抛光技术，以免造成过严重的扰乱层。

粗抛光的目的是消除由细磨留下的磨痕，为精抛光提供更佳条件。粗抛用织物常用帆布、法兰绒。粗抛用微粉是抛光微粉中较粗的一类。抛光时抛光盘转速最好在 400～600r/min。

抛光时握稳试样，手势要随应试样磨面并使之平行于抛光盘平面，磨面应均衡地压在旋转的抛光盘上。开始时将试样由盘中心向边缘左右移动，所施压力不能太重。抛光将近结束时，试样应该从边缘向中心移动，以降低抛光线速度，同时压力应越来越轻。在抛光过程中要随时补充磨料及适量的水（润滑剂），以弥补其逐渐地散失。抛光盘的湿度对抛光质量影响很大。若水分太多会减弱抛光磨削作用，增加滚压作用，使试样内较硬相呈现浮雕，使非金属夹杂物及铸铁中的石墨拖出。若水分太少，润滑作用就会大大减弱，可能拖伤磨面，试样磨面将变得晦暗而有斑点。抛光最合适的湿度可由磨面上水膜蒸发的时间来决定：当磨面离开抛光盘后磨面上水膜若经 1～5s 即被蒸发，被认为是理想的湿度。若使用金刚石研磨膏，可将少许研磨膏用手指嵌入抛光织物内并抹开，最后加些甘油。抛光时试样蘸水抛光，切勿洒水，以免研磨膏被冲失而降低其抛光效果。试样粗抛所需时间为2～5min，将细磨光的磨痕消除后，即应停止。抛光时压重太大或抛光时间过久都会导致变形、扰乱层的增厚。粗抛光好的磨面已较光滑，但仍暗淡无光。

精抛光的目的是消除粗抛光所留下的抛光磨痕，得到光亮平整的磨面。常用的抛光磨料可根据金相试样材料及检验目的在细的抛光磨料一类中选择，其中α氧化铝是最优良的抛光料，应用最广泛。

精抛光的操作与粗抛光基本相同，只是磨面应均衡地更轻地压在抛光盘上，并不断地左右移动。在抛光即将完成阶段可略为逆着抛光盘旋转方向转动金相试样，最后在抛光盘中心处提起试样。这样可不断变换抛光方向，防止非金属夹杂物的“曳尾”现象。当磨痕完全消除后，应当立即停止抛光，以减少表层金属变形。一般精抛光需3～5min，未经粗抛光的试样，时间相应长些。

抛光全部完成后先用水冲洗，有一定硬度的试样可用湿棉花轻轻揩拭去磨面上残留的磨粒。再在乙醇中清洗，然后用金相样品吹干器吹干，也可用电热吹风机，但要注意温度控制。吹干后若不马上浸蚀观察，则应放入干燥缸内，以免受潮生锈。

金相试样经抛光后应光亮无痕，100倍显微镜下观察应看不到任何细微的划痕，非金属夹杂物不准有“曳尾”现象。若不符要求则应重新抛，严重的应从磨光开始重新做。

在试样制备过程中，表层金属由于受机械力的作用会产生变形扰乱层，影响组织的正确显示，混淆分析结果，尤其是一些软材料的试样，如奥氏体类钢、铝合金等。这种变形扰乱层可用交替抛、浸蚀的方法得以消除。开始几次可浸蚀深一些。浸蚀后再抛光成镜面，再浸蚀观察。一般试样经四五次操作，淬火钢二次操作已足够。若变形扰乱层很厚，则应增加次数。有些试样材料硬度较高，操作符合规范，经一次浸蚀即可消除扰乱层，不必再做交替操作。

半自动/自动抛光机的操作，磨料及润滑剂的加入方法应该按照说明执行。各种自动设备都应有使用说明，包括各种材料试样的磨、抛操作规范。规范着重列出抛光盘的转速、使用的抛光织物、抛光磨料、冷却润滑液及试样夹持器对抛光盘所施压力。半自动抛光机一般选用油性冷却润滑剂，而自动抛光机由本身的循环泵自动供给适量水性冷却润滑剂及磨料。

5.4.2 电解抛光

5.4.2.1 电解抛光原理

电解抛光是靠电化学作用使金相试样磨面平整光洁。图5－19所示为电解抛光的一般装置。不锈钢等作为阴极，试样作为阳极，接通直流电源，试样的金属离子进入溶液，发生溶解。在一定电解条件下，试样表面微凸出部分的溶解比凹陷处来得快。这样渐渐地使试样表面由粗糙变成平坦光亮。

电解抛光仅仅是电化学溶解作用，无机械力的影响，不会引起表层金属变形或流动而形成的扰乱层。因而硬度较低的金属，单相合金以采用电解抛光法为最佳，如奥氏体不锈钢、高锰钢、铜合金等用电解抛光效果要比机械抛光好得多。电解抛光既可节省抛光时间，又能节省抛光材料，对前道磨光操作要求不高，一般经400号水砂纸预磨后即可进行电解抛光。工艺参数一经确定，效果较稳定。对于大面积的金相试样，同样可获得良好结果，不像机械抛光那么困难，只要调整工艺参数。

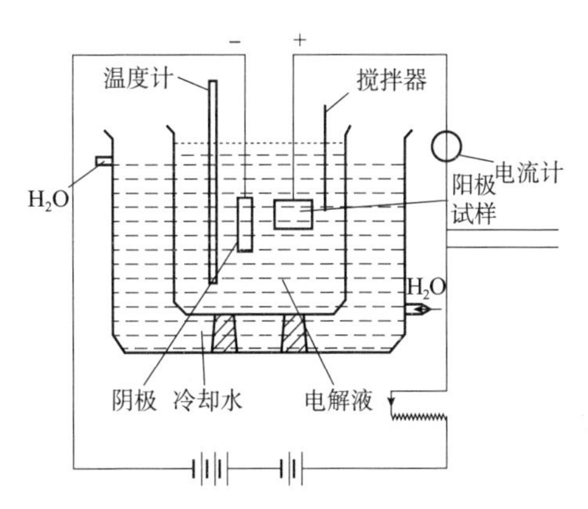

图5－19　电解抛光装置示意

但是，电解抛光对材料化学成分不均匀性、显微偏析特别敏感，电解抛光时在金属基体与夹杂物界面处会受到剧烈浸蚀。故电解抛光用于偏析显著的金属材料、铸铁及做夹杂物检验的金相试样还有相当大的困难，电解抛光在目前还不能完全替代机械抛光。此外，电解液成分多样复杂，对具体材料要掌握可行的具体规范有一定的难度。

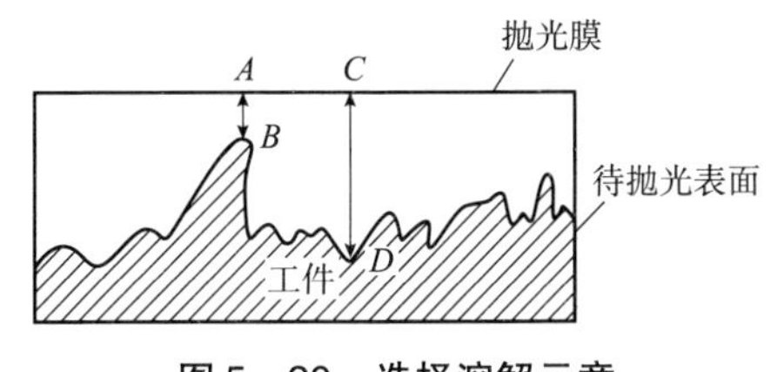

图5－20　选择溶解示意

电解抛光的原理概括地说是试样表面凸起部分选择溶解的结果。首先，作为阳极的金属试样与电解液相互作用，在试样粗糙表面形成一层电阻较大的黏性薄膜，见图5－20。膜的电阻与膜的厚度有关，膜越厚，电阻越大。从微区来看，各点处的膜的厚度不同，试样表面凸出处液膜较薄（图中 *AB*）电阻较小，凹陷处液膜较厚（图中 *CD*）电阻较大。*B* 处的电流密度较大，使得试样凸起部分（*B* 处）的溶解比凹陷处（*D* 处）来得快。这样各“顶峰”逐渐依次被溶解，最后形成光滑平整的表面。

要使电解抛光顺利进行，就要设法保持这一层薄膜，这需要各方面的配合。除与金相试样材料的性质、所采用的电解液的种类有关以外，主要取决于抛光时所加的电压与通过的电流密度。根据金属电解时电压－电流关系曲线，选择合适的电解抛光规范。

研究发现，不同的金属及合金在电解抛光时有不同的电压－电流关系曲线，归纳起来可分为两类。

图5－21所示为第一类电解抛光电压－电流特性曲线。曲线可以明显地分成四部分。*AB* 段电流随电压的增加而上升。电压过低，不足以形成一层稳定的薄膜，即使一旦形成也很快溶解掉。所以不起抛光作用，仅有浸蚀现象。*BC* 段是不稳定段。电压升到 *C* 点薄膜形成，进入了电解抛光的工作区。随着电压的升高，薄膜厚度相应增加，薄膜的电阻随之上升使电流保持不变（为一定值），因此 *CD* 段呈

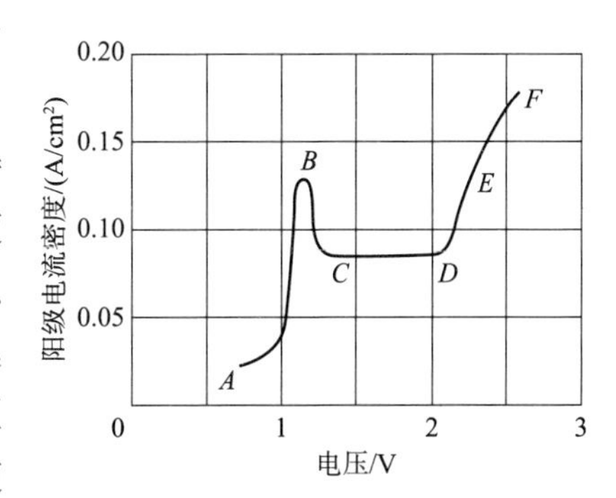

图5－21　第一类电解抛光电压－电流特性曲线

水平线段。最佳电解抛光条件在近 D 处。过 D 点后，电压升高到足以击破薄膜，电流大增，抛光作用被破坏，将产生深点浸蚀。

CD 段是正常电解抛光范围，是制定电解抛光操作规程的依据。具有这种特性的金属有 Cu、Co、Zn、Mn、W 等金属及部分合金。这类金属电解抛光控制较容易。但 CD 段的宽度各金属之间相差很大，有的达数伏，有的仅 1V 左右。

第二类电解抛光电压－电流特性曲线如图 5－22 所示，它不像第一类特性曲线那样明显地分成四段，尤其是无水平线段区域。但整个曲线所产生的物理化学现象仍然是一样的。按照薄膜的形成与击破情况，找出电解抛光的工作区域。工业上许多金属及合金，如 Fe、Al、Pb、Sn、Ni、Ti 都属于这一类。这类金属无法由电压－电流曲线制订合适的电解抛光工艺，电压的改变都会导致电流的变化，无法根据电流或电压来控制抛光过程。正常的电解抛光依赖于稳定的薄膜层，故直接测量薄膜的电阻能发现薄膜变化的某些规律，也就可以找到一些控制电解抛光过程的依据。图 5－23 所示为电压－电阻关系曲线。电压极低时电阻甚低，电阻值的变化也很小，无薄膜形成；电压略为升高，虽有薄膜产生但不稳定。电压升高到 $e(C)$ 点始能形成稳定的薄膜，开始有电解抛光作用，电压继续升高，膜厚度增加，其电阻也急剧上升($e-e'$线段)，到 e' 点达最高值，在此电压下抛光效果最佳。若电压再升高(超过对应 C 点的电压)，膜被击破，电阻反而下降，此时无抛光作用仅有点蚀现象。由 $e-e'$段找出相应的 $C-D$ 段的电压范围，由此可确定这类金属的电解抛光最有效的范围。

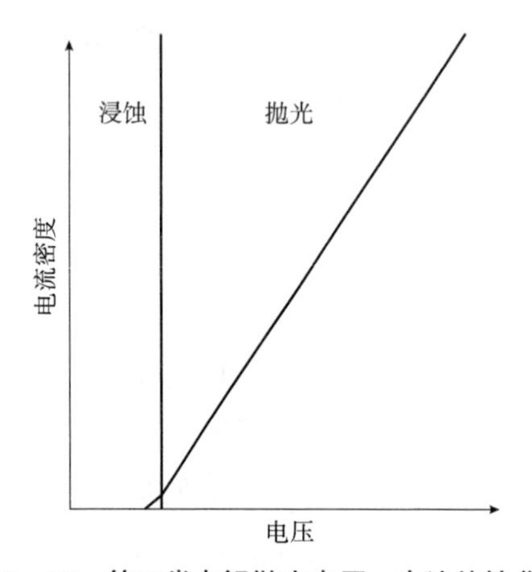

图 5－22 第二类电解抛光电压－电流特性曲线

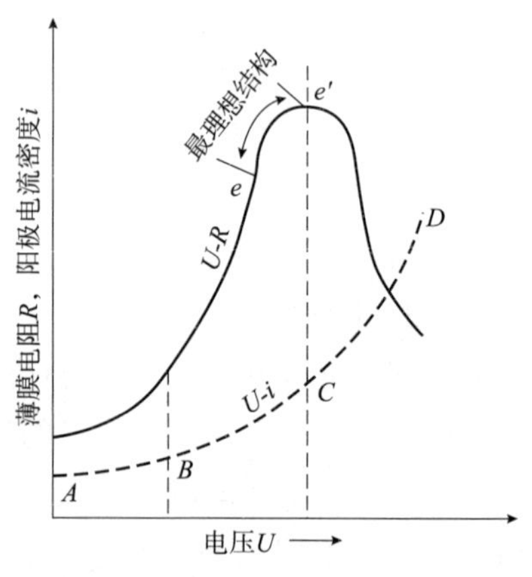

图 5－23 电压－电阻关系曲线

5.4.2.2 电解抛光液

电解抛光液的组成物一般分为下列 3 种：

①酸类：具有氧化能力，是电解抛光液的主要组成物，如铬酸、正磷酸等；

②溶媒：用以冲淡酸类，并能溶解抛光过程中磨面所产生的薄膜，如酒精、冰醋酸、醋酸酐等；

③水：基本稀释溶剂。电解抛光液应有一定黏度，并含有一种或多种大半径的离子，如$(PO_4)^{-3}$、$(ClO_4)^{-1}$、$(SO_4)^{-2}$或大的有机分子。

电解抛光液的种类很多，本章结尾部分根据各种资料归列出一部分电解抛光液的配方及操作规范。某些电解液只能适用于某一种金属及其合金的电解抛光；有些电解液对许多种金属及合金试样都能适用。应用最广泛的电解液主要有两种，一种是高氯酸电解液，另一种是铬酸电解液。从使用时的温度条件来讲，前者属于“冷法”电解抛光液，即在抛光过程中必须给予充分的冷却，以保证电解液温度不致升高；后者属于“热法”电解抛光液，也就是说抛光时电解液必须加热以保持一定的温度。

高氯酸（$HClO_4$）是无色透明液，一经脱水形成氯酐，极易爆炸，一般使用体积分数为60%或20%的冲淡液。在配制电解抛光液时，常用醋酸酐（冰醋酸）或酒精冲淡，分别成为高氯酸—醋酸（酐）溶液和高氯酸—酒精溶液。前者也称杰氏溶液（Jacquet Solution），由于溶液有爆炸危险（超过30℃时），价格又贵，故已很少使用；后者又称提莎—海曼溶液（De Syand Hammer Solution），使用时温度在50℃以下不会有爆炸危险。工作时电压高些，电流也大些，试样应靠近阳极，抛光速度很快。被认为是优良的金相电解抛光液。使用这种电解抛光液要特别注意安全，必须有冷却措施。

铬酸（H_2CrO_4）是六价氧化铬（铬酸酐 CrO_3）的水溶液，是一种强氧化剂。一般均以铬酸酐配制，它是一种暗红色的结晶体。铬酸常与其他酸类混合，如与磷酸、醋酸混合成为电解抛光液。其中铬酸—磷酸电解液使用较广泛，甚至可用于铸铁试样。这种电解液的配制很方便，又无危险，有良好的覆盖能力，所需抛光电流也较低。铬酸—磷酸电解液的工作温度高于50℃，故在工作时应不断加热以保持正常工作条件。这种抛光液的主要缺点是电解抛光时间较长。

对于形成易溶解的氢氧化物的金属，要使用碱性电解液。

电解抛光技术是较活跃的领域，不断有新的电解液推出，在使用各种电解液时可以根据具体情况作适当调整。

5.4.3　化学抛光

化学抛光不易产生机械抛光容易出现的变形层，尤其适于软材料；操作简便，对抛光试样尺寸要求不严。缺点是化学药品消耗量大，成本高，不适于高倍分析。

化学抛光的实质与电解抛光相类似，是化学药品对表面金属不均匀溶解的过程，试样磨面在这一过程中逐渐转变成光亮的表面。化学抛光因此又称为化学光亮处理。在溶解过程中，如同电解抛光一样在试样表面也有一层氧化膜产生，其厚度随表面凹凸而不同，这是使试样表面逐渐光洁的主要原因。但是化学抛光中对磨面凸出处的溶解速度没有电解抛光时那么迅速，因此化学抛光时间长可略为提高平面度，但随之带来了产生浸蚀斑的可能。

尽管化学抛光处理的试样磨面不如电解抛光、机械抛光处理的磨面那么平整，但磨痕确实已被消除，并不妨碍在较低倍数下观察组织。因为一般表面不平整的垂直距离在低倍或中倍物镜垂直鉴别能力范围以内，所以在金相显微镜下均能清晰地观察到组织。

化学抛光兼有化学浸蚀作用，能显现出金相组织。故化学抛光后不必再经过浸蚀操作，即可在显微镜下观察。此外，化学抛光对试样磨面的预先磨光要求不是很高，一般经

280号或300号水砂纸湿磨后即能顺利地进行化学抛光。

化学抛光液的成分依金属性质而定，大多是混合酸溶液。常用正磷酸、铬酸、硫酸、醋酸、硝酸及氢氟酸等。此外，为了促进金属表面的活动性，有助于化学抛光的进行，化学抛光液中还含有一定量的过氧化氢(双氧水)。由于化学抛光过程中溶解的金属以金属离子形态不断进入抛光液中，致使其化学抛光作用减弱，故化学抛光液的寿命较短，要时常更换新鲜溶液。同时，配制要用蒸馏水及纯度较高的化学药品。

化学抛光极为简单，犹如浸蚀一样，只需将金相试样浸在化学抛光液中，在指定工作温度下经过一定时间后，就可得到光亮的表面。化学抛光的工作温度因抛光液不同而异；有的在室温下就可以工作，有的要加热到55～90℃才能工作，这在具体配方中均有说明。化学抛光用的容器一般是玻璃制的，可避免容器产生腐蚀而影响抛光正常进行。在抛光过程中要适当搅动，或用棉花擦拭，以驱除试样表面产生的气泡，防止表面产生点蚀。

5.5 显微组织的显示

金相试样经抛光后在显微镜下观察，应看不到划痕。按照需要可以检验非金属夹杂物、游离石墨、显微裂纹、表面镀层等项目。有些合金由于各组织组成物的硬度相差极大，或者由于各组织组成物本身色泽显著不同，在显微镜下也能粗略地把它们进行区别。如铝合金基体中可能有的Si相或其中的某些金属间化合物，又如灰铸铁中的石墨、钢中的非金属夹杂物等，它们未经浸蚀就能观察。除了以上一些较特殊情况外，一般的抛光磨面上的金相组织是看不出来的。一般认为是磨面表层存在非晶态的拜尔培层的缘故，使各组成相的反光能力差别极小。

为了把磨面表层的变形层除去，利用物理或化学的方法对抛光磨面进行专门的处理，把各个不同的组成相显著区别开来，得到有关显微组织的信息。按金相组织显示方法的本质可分为化学、物理两类。化学方法主要是浸蚀方法，包括化学浸蚀、电化学浸蚀及氧化法，是利用化学试剂的溶液借化学或电化学作用显示金属的组织。物理方法是借金属本身的力学性能、电性能或磁性能显示出显微组织。

无论是化学法还是物理法，常常还要借助于显微镜上某些特殊装置，应用一定的照明方式以获得更多更准确的金相组织信息，其中包括暗场、偏光、干涉和相衬等，称为“光学”显示显微组织法。

5.5.1 化学浸蚀

金相试样表面的化学浸蚀可以是化学溶解作用，也可以是电化学溶解作用。这取决于试样材料的组成相的性质及它们的相对量。

一般把单相合金或纯金属的化学浸蚀主要看作是化学溶解过程。浸蚀剂首先把磨面表层很薄的变形层溶解掉，然后对晶界处起化学溶解作用。这是因为晶界上原子排列得特别紊乱，其自由能也较高，所以晶界处较容易受浸蚀而呈沟凹，见图5-24(a)，这时显微镜下就可以看到固溶体或纯金属的多面体晶粒。若继续浸蚀则会对晶粒产生溶解作用。金属原子的溶解大多是沿原子排列最密的面进行的。由于金相试样一般都是多晶体，各晶粒的取向不会一致，同一磨面上各晶粒原子排列位向不同，所以每一颗晶粒溶解的结果也不同，都把原子排列最密的面露在表面，也即浸蚀后每个晶粒的面与原磨面各倾斜了一定角度，见图5－24(b)。在垂直照明下，各晶粒的反射光方向不一致，就显示出亮度不一致的晶粒。这种“深”浸蚀对显现某些合金的组织是十分必要的。如黄铜，因为晶界很薄，一般浸蚀下很难区分黄铜的晶粒和晶内退火孪晶带，只有延长浸蚀时间使之得到较“深”浸蚀后，才能在显微镜下分辨出晶粒及退火孪晶带。

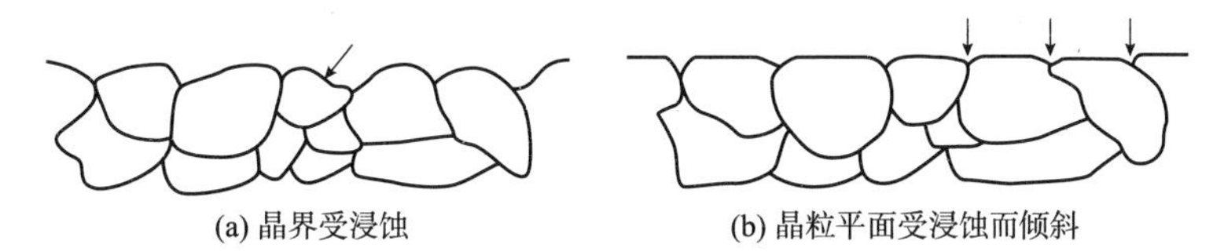

(a) 晶界受浸蚀　　(b) 晶粒平面受浸蚀而倾斜

图5－24　单相合金或纯金属化学浸蚀示意

二相合金的金相试样的浸蚀主要是一个电化学腐蚀过程。合金中的两个组成相一般具有不同的电位，试样磨面浸入浸蚀剂如同两个相浸入电解液中，其中一相就逐渐凹洼。具有较高正电位的另一相成为阴极，在“正常电压”作用下不受浸蚀，保持原有光滑状态。这样就可把两相组织区分开来。这种电化学浸蚀速度决定于两种相的电位差大小，一般总快于化学溶解的速度。

由于阳极溶解程度各不相同，一般在二相合金浸蚀中会有两种不同的结果：一种是浸蚀后两个相有不同的色彩，另一种是两个相的色彩基本一致，仅显示了二相的边界。

多相合金试样的浸蚀同样也是一个电化学溶解过程。各组成相的电极电位都不相同，但总有一个正电位最高的一相，其余各相都相对负电位较高，在浸蚀剂——电解液中，这些相对负电位高的相都相对成为阳极，产生溶解作用，而电位最高的一相未被浸蚀。因此为了解决此困难，就要设法使各相得到不同程度的浸蚀，使各相反映出不同的衬度。这就是选择浸蚀法。这种浸蚀首先在负电位较高的某些组成相上进行。由于表面在电解液中的钝化作用改变了这些相的电极电位，使这些“被浸蚀”相不会总处于被溶解地位，依次会产生不同程度的溶解，逐渐显示出各组成相的形貌。这种方法可用一种试剂完成，有时需要几次浸蚀。

还有一种解决方法是薄膜染色法，使浸蚀剂与磨面上各相发生不同程度的化学反应，结果在磨面表层形成不同厚度的氧化膜(或反应沉积物)。由于白色光在薄膜的两个面会引起干涉现象，不同膜厚会产生不同的色彩，因此形成了彩色的金相图像。薄膜染色是彩色金相分析中常用的手段之一。

尽管对化学浸蚀的机理有不少探索，并已达到较完善的程度，但还不能从原理出发设计出符合各种要求的化学浸蚀剂来。多数的化学浸蚀剂是实际试验中总结归纳出来的。

化学浸蚀剂归结起来有：酸类、碱类、盐类、溶剂(酒精、水、甘油)等。

常用的化学浸蚀剂中酸用得最多，如硝酸、苦味酸，可浸蚀普通的碳钢、低合金钢。

主要通过氧化作用，使试样的不同的相受到不同程度的氧化溶解而反映出衬度，达到显示微观组织的目的。这两种酸在溶解铁素体时又有不同的特性：硝酸溶解铁素体的速度受晶体位向的影响，而苦味酸就很少受影响。故用苦味酸浸蚀试样后能较明显地把铁素体与其他各组成相区别开，能区分各组织的细节。要研究铁素体的晶粒时，用硝酸浸蚀效果就好些。完成起酸功能的试剂是盐酸、氢氟酸和硫酸。处于电化学活动系列顺序氢以前的金属在这些酸溶液中会有氢气放出而被溶解。这些酸的作用强烈，主要用于显示高合金钢的显微组。

铜的电化学活动顺序在氢之后，很不活泼，要氧化才能在酸中溶解。故用于铜与铜合金的化学浸蚀剂不仅要有酸，还要有氧化剂，如过氧化氢、过硫酸铵等。

碱和盐的溶液大多作为薄膜染色剂进行相鉴定，很少作为浸蚀剂。如铅合金的相鉴定往往要用一些碱和盐的溶液。

用化学浸蚀剂浸蚀试样还有个“程度”的要求。要适度——正好能把各相的衬度拉开，试样的显微组织才能较充分地显示出来。就像拍照一样，曝光不足得不到应有的信息；曝光过度，底片过黑，影像细节无法分辨，信息量大为降低。这自然是操作问题，但对试剂而言，要使“浸蚀”过程充分“受控”就应有适当的浓度。酒精和水是浸蚀剂中最常用的溶剂、稀释剂。浸蚀剂在水中的分解强烈，故以水为溶剂的浸蚀剂常用于宏观深浸蚀，用于铜及铜合金的浸蚀。而微观浸蚀常用以酒精为溶剂的浸蚀剂，因为要求浸蚀浅些，要能控制浸蚀过程。

化学浸蚀的操作具体有两种：一种是浸入法，把抛光面朝下浸入浸蚀剂内(盛在玻璃器皿中)，不断摆动，不要碰底以免划伤试样表面。另一种是擦拭法，用竹签或不锈钢钳夹一小团沾有浸蚀剂液的脱脂棉花不断擦拭试样抛光面。浸蚀时间受多方面的因素控制，如试样的材质、热处理状态、试剂性质、温度等，主要依效果而定。一般以试样镜面变成银灰色或黑灰色为限，立即停止浸蚀并用水冲洗，再用酒精漂冲，接下来马上吹干。可用专门的试样吹干设备，也可用电热吹风机。

浸蚀前，试样抛光面的清洁工作十分重要，尤其不能沾上油脂，否则会产生不均匀浸蚀，出现花斑。浸蚀过程中要求宏观上均匀浸蚀，即抛光面上各处都受到同样的浸蚀，又要求微观上不均匀浸蚀，即能显示出各相组织的差别。一般要求抛光后立即浸蚀，否则会因形成氧化膜而改变浸蚀条件。浸蚀后也应立即观察和拍照。抛光后的试样不论浸蚀与否，都不宜长时间暴露在空气中，应立即放入干燥缸中。

浸蚀不足时，应轻抛后再浸蚀。浸蚀过度时，就应从细磨开始再按次序操作。扰乱层较厚的试样就应抛光—浸蚀交替数次，才能正确显示其微观组织。

5.5.2 电解浸蚀

电解浸蚀这一操作可单独进行，也常与电解抛光联合进行。

电解浸蚀的工作原理基于电解抛光同一理论，只是电解浸蚀工作范围取电解抛光特性曲线的 *AB* 段，见图 5－21。由于各相之间、晶粒与晶界之间的析出电位不一致，在微弱电流的作用下各相、晶粒与晶界的浸蚀深浅不一，显示出了差别，从而显示出组织形貌。

电解浸蚀时，外加电源电位要比组织差异形成的微电池的电位高很多，因此，化学浸蚀时自发产生的氧化还原作用就大大降低了。导电不良和不导电的组元，如碳化物、硫化物、氧化物、非金属夹杂物等没有明显的溶解，这样会在试样被浸蚀的表面上形成组织浮凸。

电解浸蚀主要用于化学稳定性较高的一些合金，如不锈钢、耐热钢、镍基合金、经强力塑性变形后的金属等。用化学浸蚀剂很难把这些合金的显微组织清晰显示出来，而用电解浸蚀效果较佳，且设备简单。大多数是利用电解抛光设备，在电解抛光后随即降低电压进行电解浸蚀。

5.6 现场金相制样及金相复型技术

在有些场合，不能从工件上截取金相试样块到实验室进行试样观察，只能在工件上观察区直接制样、观察，即现场金相；有时，由于无法直接观察，只能制取复膜，间接观察复膜进行分析，即金相复型技术。在电力行业标准 DL/T 884—2004《火电厂金相检验与评定技术导则》中对现场复型金相检验方法进行了规范性指导。

5.6.1 现场金相制样

5.6.1.1 金相制样工序

(1)确定检测部位

根据检测目的确定，在满足目标要求条件下还应注意操作的方便性。

(2)清洁、去氧化皮

磨抛的前期预备工作，若不是表层组织检测，一般用角砂轮机去除表层氧化皮，但应注意充分冷却。

(3)磨、抛

一般用专用的现场金相磨抛设备(手持旋转机)，按常规次序从粗到细，最后用抛光织物、抛光剂进行抛光，也可用现场电解抛光或电化学抛光方法。在磨抛的过程中应注意充分冷却。

(4)浸蚀

按常规方法对不同材料的试样区进行浸蚀，一般比常规检测的浸蚀时间略长一些。

(5)现场观察

如条件许可，可用现场金相显微镜对上述制样的观察区进行观察分析，有条件还可进行数字摄影。否则，只能用复型技术制取复膜，拿到实验室进行观察分析。

5.6.1.2 金相制样设备

为适应现场金相检测需要，市场上有专用设备，包括便捷式抛磨机、便捷式电解抛光机、便捷式金相显微镜等。

5.6.2 金相复型技术

5.6.2.1 复型材料及复型用溶剂

复型材料推荐使用醋酸纤维素薄膜，即AC纸，厚度为35～50μm，也可使用有机载玻片，厚度应小于1.0mm。

AC纸可购置或自制。在60mL丙酮或醋酸甲酯内溶入3g二醋酸纤维素，搅拌，再加1.5g磷酸三苯脂，放置数天，待充分溶解后倒在干净、无划痕的玻璃片上，并流平；静置24h后成膜揭起即成。醋酸纤维素的浓度不同，成膜的厚度也不同。

复型溶解剂一般使用丙酮，当部件表面温度高于60℃时，应使用乙基醋酸或醋酸甲酯溶液，当使用有机载玻片时，可配三氯甲烷。

复型一般可多次进行，第一次复型去除后，至少还应进行两次复型。首先进行"中度"浸蚀，然后进行第二次复型。再进行"重度"浸蚀，进行第三次复型。每次浸蚀时间相应增加5～10s。例如，对焊缝样品，多次复型可保证整个焊缝截面的显微组织变化能良好显示。

制得的复型片置平后可直接观察、拍摄。为增大衬度，可在真空镀膜机内喷碳、铝、铬、金等材料。

5.6.2.2 操作方法

在制备好的试样表面上滴1～2滴复型用溶剂，然后迅速而平整地覆上复型材料，表面张力的作用将保证膜与复型点表面紧密结合。当复型材料覆盖在试样表面上时，应尽快从一端开始，用手将复型里的气泡挤出。几何形状复杂时，用手指轻压是必要的，以保证复型与表面的紧密接触，注意不能用力过大。

复型膜在完全干燥后，很容易被揭取，周围的环境决定了揭取复型膜的时间，通常时间为5～15min。揭取后应立即标记。复型膜揭取时应从复型点的一角开始剥离，避免撕裂。使用已经标记好的载玻片，适当剪裁后，将复型膜背面直接粘到双面不干胶上，盖上不干胶原有封纸，用手轻轻压平，并用另一片载玻片夹住，用橡皮筋扎紧。

附录 常用金相抛光浸蚀试剂

常用金相抛光浸蚀试剂见表5－3～表5－5。

表5－3 常用化学浸蚀试剂

名称	成分	适用范围
硝酸酒精溶液	硝酸 1～5mL 酒精 100mL 加入一定量水可加速浸蚀，加入一定量甘油可延缓浸蚀作用。 硝酸含量增加，浸蚀加剧，选择性腐蚀减少	碳钢及低合金钢的组织显示

续表

名称	成分	适用范围
盐酸苦味酸酒精溶液	苦味酸 1g 盐酸 5mL 酒精 100mL	显示淬火及淬火回火后钢的晶粒和组织
氯化铁盐酸水溶液	氯化铁 5g 盐酸 50mL 水 100mL	显示马氏体类不锈钢组织
硫酸铜盐酸水溶液	硫酸铜 4g 盐酸 20mL 水 20mL	显示奥氏体类不锈钢组织，氮化钢渗氮层深度测定
氢氟酸水溶液	氢氟酸 0.5mL 水 10mL	显示一般铝合金组织
氯化铁盐酸酒精溶液	氯化铁 5g 盐酸 2mL 酒精 96mL	显示一般铜合金组织
Kroll 试剂	氢氟酸 1L 硝酸 2～6mL 水 100mL	Ti 合金的最佳浸蚀剂。擦蚀 3～10s 或浸蚀 10～30s

表 5-4 常用电解浸蚀试剂及规范

电解液成分	规范				用途说明
	温度/℃	电流密度或电压	时间/s	阴极	
硫酸亚铁 3g 硫酸铁 0.1g 蒸馏水 100mL	<40	0.1～0.2A/cm^2	10～40 30～60 30～60	不锈钢	中碳钢及低合金结构钢，高合金钢，锰铸铁
铁氰化钾 10g 蒸馏水 90mL	<40	0.2～0.3A/cm^2	40～80	不锈钢	高速钢
草酸 10g 蒸馏水 100mL		0.1～0.3A/cm^2	40～60 5～20	铂	耐热钢、不锈钢
三氧化铬 10g 蒸馏水 90mL		0.1～0.2A/cm^2 0.2～0.3A/cm^2 0.1～0.3A/cm^2	30～60 30～70 120～140	不锈钢	高合金钢，高锰钢，高速钢
酒精 700mL 2-J 氧基 100mL 高氯酸 200mL		35～40V	15～20	不锈钢	钢、铸铁、铝、耐热合金
三氧化铬 1g 蒸馏水 99mL		6V	3～6	铝	铍青铜及铝青铜

续表

电解液成分	规范				用途说明
	温度/℃	电流密度或电压	时间/s	阴极	
氟硼酸 1.8mL 蒸馏水 100mL		30～45V	20	铝	铝合金
高氯酸 60mL 蒸馏水 40mL		2V	10	铂	铅，铅锑合金，铅锡合金
磷酸 825mL 蒸馏水 175mL		1.0～1.5V	10～40min	铜	铜(抛光)

表 5－5　常用金相试样化学抛光液

适用材料	成分	工作条件
钢铁	铬酸 500g 硫酸 150mL 水 加至 1000mL	室温，略加搅拌
	双氧水 22mL 草酸 45mL 硫酸 2mL 水 加至 100mL	室温，适用于低中高碳及低合金钢
	双氧水 17mL 草酸 34mL 盐酸 1.0～1.5mL 水 加至 100mL	室温，适用于合金钢
	盐酸 体积分数 30% 硫酸 体积分数 40% 四氯化钛 体积分数 5.5% 水 体积分数 24.5%	工作温度：55～80℃，适用于不锈钢
	双氧水 40ml 草酸 33mL 水 加至 100mL	室温，适用于铸铁
Cu	正磷酸($d=1.75$) 55mL 醋酸 25mL 硝酸($d=1.40$) 20mL	工作温度：55～80℃
	正磷酸($d=1.75$) 15～55mL 醋酸 20mL 硝酸($d=1.40$) 加至 100mL	工作温度：85℃
Pb	醋酸 7 份 过氧化氢(双氧水) 3 份	

续表

适用材料	成分		工作条件
Al	正磷酸(d=1.50) 醋酸 水	70～12mL 15mL 加至100mL	工作温度：100～120℃ 时间：2～6min
	正磷酸(d=1.50) 硫酸(d=1.84)	3份 1份	工作温度：100～120℃ 时间：2min
	正磷酸(d=1.60) 双氧水	100mL 100mL	工作温度：90～100℃ 时间：2～3min
Zn	铬酸 硫酸 醋酸 水	体积分数22% 体积分数2.5% 体积分数1.5% 体积分数74%	化学抛光2min后浸入10%(质量分数)氢氧化钾水溶液中10s

注：表中d表示相对密度。

参考文献

[1]上海市机械制造工艺研究所．金相分析技术[M]．上海：上海科学技术文献出版社，1987.
[2]韩德伟，张建新．金相试样制备与显示技术[M]．长沙：中南大学出版社，2005.
[3]谢希文．今日光学金相技术[J]．热处理，2005(2)：1－11.
[4]姚鸿年．金相研究方法[M]．北京：中国工业出版社，1960.

第6章 压力容器腐蚀机理

6.1 腐蚀概论

腐蚀是三大公害(自然灾害、环境污染、腐蚀)之一，发生在我们生产、生活和建设的各个环节。近年来，我国年均发生承压设备事故200多起，人员伤亡近千人，经济损失巨大，有的重特大事故还造成人员群死群伤、居民大规模转移、交通干线中断、大范围生产生活受到严重影响、大面积环境污染等灾难性后果。

压力容器是一种主要的承压设备，服役环境更加苛刻，大量应用于各个工业、民用和军事领域，截至2010年年底，全国有在役压力容器233.59万台。承压设备腐蚀问题已成为影响承压设备长周期运行的主要因素和失效模式，对安全生产构成很大威胁。20世纪90年代初，美国石油协会(API)开始在石油和石化设备开展基于风险的检测(Risk Based Inspection，RBI)，并提出了关于RBI的推荐技术性标准API RP 580，该技术目前在世界上已经得到了广泛的应用，我国也引进了该技术，已在部分石化企业中实施。RBI中的关键工作内容是由腐蚀工程师分析工艺物流环路和腐蚀环路，找出工厂的高危害风险区域(装置)和装置中的重要设备与管线，确定设备的损伤机理，由此得出设备的失效概率和失效后果。根据分析结果，制订检验计划，执行预防性维修。所以，压力容器的腐蚀控制对保证压力容器设备的质量和安全使用，防止和减少事故，维护生命财产安全和经济运行安全，促进经济社会又好又快发展，具有重大意义。

虽然压力容器腐蚀破坏率比较高，但这并不意味着是不可避免的，而是有一定客观规律可循的。凡是使用材料的地方，都不同程度上存在着腐蚀问题，压力容器的腐蚀是从设计开始，伴随着其制造、使用到报废的全过程。压力容器的使用材料、结构型式和使用环境多种多样，其腐蚀形式也是多种多样，如设计、制造、使用和管理不当，可能因腐蚀造成灾难事故。保证设备的安全性和可靠性，减少由设备腐蚀损伤所造成的损失，已成为世界各国的重要研究方向。世界各国腐蚀与防护专家普遍认为，如能充分应用近代腐蚀科学知识和防腐蚀技术，腐蚀的经济损失可以降低25%～30%。近20年来，美国的国民生产总值(GNP)增长了约4倍，由于从设计到使用的全过程中利用腐蚀与防护的技术进步成果，采用适宜的腐蚀控制方法，使整体损失由占GNP4.9%减少到4.2%。

现代腐蚀与防护科学已发展成为一门融合了多种学科的新兴边缘学科，是一门综合性和适用性很强的学科，涉及化学、电化学、物理、表面科学、材料学、冶金学、力学、化学工程学、机械工程学、生物学、电学、电磁学、微生物学、计算机学、工程管理、安全评价、风险控制和经济学等众多学科。腐蚀科学与防护技术和现代科学技术的发展有着极为密切的关系，对发展国民经济有着极为重要的意义。在近一个世纪的研究中，腐蚀与防护学科基本形成了自己的体系，在腐蚀的理论体系研究、腐蚀监检测、耐蚀材料的研发、材料的耐蚀性能评价、材料的选择与结构设计、腐蚀控制和腐蚀经济学等方面通过大量的工作积累了丰富的经验。目前，腐蚀科学与防护技术研究开发的新前沿已扩展到从纳米技术到宏观材料的腐蚀科学与工程领域。

6.1.1 腐蚀定义

腐蚀一词起源于拉丁文“Corrodere”，意为“损坏”“腐烂”。腐蚀是普遍存在的一种自然规律，是不可避免的自然现象。从热力学的角度来看，绝大多数金属化合物的标准摩尔生成吉布斯函数都是负值，说明金属生成金属化合物的反应都是自发的，这就是自然界中纯金属极少的原因。关于腐蚀的定义，早期的提法是“金属和周围介质发生化学或电化学作用而导致的消耗或破坏，称为金属的腐蚀”。这一定义的缺陷是没有包括非金属材料。事实上，非金属材料如混凝土、塑料、橡胶等，在介质的作用下也会发生消耗或破坏。另外，也有人认为生物作用和某些物理作用引起的材料破坏也属于腐蚀的范畴。

20 世纪 50 年代以前，材料的腐蚀研究只限于金属的腐蚀，压力容器用材也以金属，特别是以碳钢为主。此后，随着材料科学的进步，压力容器逐步朝大型化、高参数、长周期运行方向发展，应用到压力容器的材料越来越多，从普通碳素钢到低合金高强钢、各种特殊不锈钢、有色金属等新材料、大板厚材料也不断地在压力容器上得到应用。近年来，非金属作为耐蚀衬里或承压元件，也不断地在压力容器上得到广泛应用。因此，腐蚀的定义也随之发生了变化。

广义腐蚀定义：材料的腐蚀是指材料体系与环境之间发生作用而导致材料的破坏或变质的现象。除此之外，国外还将腐蚀定义为“除了单纯机械破坏以外的材料的一切破坏”“冶金的逆过程”等。对于人们最关注的金属材料而言，金属腐蚀是金属在周围介质的作用下，由于化学变化、电化学变化或物理溶解而产生的破坏。比较确切而实用的腐蚀定义为：金属材料与环境相互作用，在界面处发生化学、电化学和(或)生化反应而破坏的现象。非金属材料的腐蚀指非金属受到环境的化学或物理作用，导致非金属构件变质或破坏的现象。如陶瓷、水泥和玻璃等制品在酸、碱、盐和大气的化学作用下形成开裂、粉化和风化，高分子材料在有机溶剂的作用下溶解和溶胀、在空气中氧化与老化降解等均属于非金属材料的腐蚀。总而言之，材料的腐蚀是由于材料与周围环境作用而产生的破坏。

我国关于金属腐蚀的定义标准为 GB/T 10123—2001《金属和合金的腐蚀 基本术语和定义》(等同采用 ISO 8044—1999 *Corrosion of Metalsand Alloys - Basic Terms and Defini - tions*)将金属腐蚀定义为：金属与环境间的物理 - 化学相互作用，其结果使金属的性能发生变化，并常可导致金属、环境或由它们作为组成部分的技术体系的功能受到损伤。

腐蚀环境泛指影响材料腐蚀的一切外界因素，包括化学因素、物理因素和生物因素。化学因素指介质的化学成分与性质，包括溶液的主要成分和杂质、pH、pE、溶解气体及物相等，物理因素指介质的物理状态与作用场，如温度、压力、速度、机械作用(冲击、摩擦、振动、应力等)、辐射强度及电磁场强度等，生物因素指生物种类、群落活动特性及代谢产物，如细菌、黏膜、藻类、附着生物及其排泄物和污损等。

从实际情况出发，也可将腐蚀环境分为介质性环境和作用性环境。介质性环境指材料所处的周围介质，如干湿、冷热、浓度、化学或生物作用，以及土壤、大气、液膜、烟气、熔盐、液体金属、产品等。作用性环境指材料所受外界作用，如应力、疲劳、振动、湍流、冲击、摩擦、空泡、电磁场、辐射等。

6.1.2 金属材料的腐蚀分类

为了便于系统地了解腐蚀现象及其内在规律，并提出相应的有效防止或控制腐蚀的措施，需要对腐蚀进行分类。由于金属腐蚀的现象和机理比较复杂，所以金属腐蚀有不同的分类方法。常用的分类方法是按照腐蚀机理、腐蚀特征、材料应力负荷和产生腐蚀的环境4方面来进行分类。

6.1.2.1 按腐蚀机理分类

腐蚀机理
- 化学腐蚀　金属与非电解质氧化和还原的纯化学过程，化学腐蚀反应进行过程中没有电流产生，符合化学动力学规律
- 电化学腐蚀　金属与电解质同时存在，腐蚀速率符合电化学动力学规律
- 物理腐蚀　物理作用引起，冲刷、磨损、碰撞、辐照等

化学腐蚀与电化学腐蚀的相同点是金属失去电子被氧化，不同点在于：

①化学腐蚀。通常所说的干腐蚀，腐蚀介质为气体或非电解质。腐蚀反应无液相水存在，金属与腐蚀介质直接接触发生化学反应，电子传递是在相同地点的金属与氧化剂之间直接进行，无腐蚀电流。如金属在高温下形成的氧化皮等。

②电化学腐蚀。通常所说的湿腐蚀，腐蚀反应一般有液相水存在，电子传递是在金属和溶液之间进行，整个腐蚀反应可分成两个既互相联系又相对独立的半反应同时进行，发生电化学反应，有腐蚀电流。实际腐蚀过程绝大多数为电化学腐蚀。

6.1.2.2 按腐蚀特征分类

破坏特征
- 全面腐蚀　所有暴露在腐蚀环境中的金属表面都发生腐蚀，腐蚀速率均匀或不均匀都有可能
- 局部腐蚀
  - 除全面腐蚀以外的腐蚀，如(不限于)：
  - 应力腐蚀
  - 腐蚀疲劳
  - 磨损/磨耗腐蚀(湍流腐蚀、空泡腐蚀、微振腐蚀、冲刷腐蚀、摩振腐蚀)
  - 阻塞电池腐蚀(点蚀、缝隙腐蚀、垢下腐蚀)
  - 晶间腐蚀
  - 电偶腐蚀(包括选择性腐蚀、浓差极化等腐蚀)
  - 氢致诱导开裂(HIC、SOHIC)、氢鼓包、氢脆

6.1.2.3 按材料应力负荷分类

- 应力负荷
  - 无应力负荷腐蚀
    - 全面腐蚀
    - 阻塞电池腐蚀(点蚀、缝隙腐蚀、垢下腐蚀)
    - 晶间腐蚀
    - 电偶腐蚀(包括选择性腐蚀、浓差极化等腐蚀)
    - 辐射腐蚀
    - 氢致诱导开裂(HIC、SOHIC)、氢鼓包、氢脆
  - 有应力负荷腐蚀
    - 应力腐蚀
    - 腐蚀疲劳
    - 磨损/磨耗腐蚀(湍流腐蚀、空泡腐蚀、微振腐蚀、冲刷腐蚀等)

6.1.2.4 按腐蚀环境分类

- 腐蚀环境
  - 自然环境腐蚀
    - 大气腐蚀——最普通的腐蚀(工业、乡村、海洋等)
    - 土壤腐蚀——最复杂的腐蚀
    - 水环境(淡水和海水)腐蚀——最苛刻的腐蚀
    - 微生物腐蚀——无处不在
    - ……
  - 工业环境腐蚀
    - 在酸性环境中腐蚀
    - 在碱性环境中腐蚀
    - 在盐类环境中腐蚀
    - 烟气腐蚀
    - 在工业水环境中腐蚀
    - 在熔盐中的腐蚀
    - 在液态金属中的腐蚀
    - ……
  - 按腐蚀介质名称分类
    - 氯化物腐蚀
    - 湿硫化氢腐蚀
    - 氢氧化钠腐蚀
    - 酸露点腐蚀
    - ……
  - 按腐蚀介质的化学性质分类
    - 电解质溶液
    - 非电解质溶液
    - 氧化性介质
    - 还原性介质
    - ……

6.2 腐蚀的基本原理

6.2.1 腐蚀相关术语

本书腐蚀相关术语主要参照 GB/T 10123—2001 定义，该标准等效采用 ISO 8044—1999，并在此基础上增加了 42 个词条。GB/T 10123—2001 没有涉及的术语，采用相关文献释义。

ASTM/NACE 联合技术委员 J01“腐蚀”分委员会 J01.02“术语工作组”负责制定了 NACE/ASTM G193，现行有效标准为 ASTM G193 - 12d *Standard Terminology and Acronyms Relating to Corrosion*。腐蚀相关术语及定义见表 6 - 1。

表 6 - 1　腐蚀相关术语及定义

术语	定义
1. 腐蚀(corrosion)	金属与环境间的物理 - 化学相互作用，其结果使金属的性能发生变化，并常可导致金属、环境或由它们作为组成部分的技术体系的功能受到损伤
2. 腐蚀介质(corrosiveagent)	与给定金属接触并引起腐蚀的物质
3. 腐蚀环境(corrosion environment)	含有一种或多种腐蚀介质的环境
4. 腐蚀体系(corrosion system)	由一种或多种金属和影响腐蚀的环境要素所组成的体系
5. 腐蚀效应(corrosion effect)	腐蚀体系的任何部分因腐蚀而引起的变化
6. 腐蚀损伤(corrosion damage)	使金属、环境或由它们作为组成部分的技术体系的功能遭受到损害的腐蚀效应
7. 腐蚀失效(corrosion failure)	导致技术体系的功能完全丧失的腐蚀损伤
8. 腐蚀产物(corrosion product)	由腐蚀形成的物质
9. 氧化皮、垢(scale)	氧化皮：高温下在金属表面生成的固体腐蚀产物。垢：从过饱和水中析出的沉积物。所有在材料表面形成的沉积物，都可以认为是“垢”
10. 腐蚀深度(corrosion depth)	受腐蚀的金属表面某一点与其原始表面间的垂直距离
11. 腐蚀速率(corrosion rate)	单位时间内金属的腐蚀效应。腐蚀速率的表示方法取决于技术体系和腐蚀效应的类型，例如：可采用单位时间内的腐蚀深度的增加或单位时间内单位面积上金属的失重或增重等来表示，腐蚀效应可随时间变化，且在腐蚀表面的各点上不一定相同。因此，腐蚀速率的报告，应同时说明腐蚀效应的类型、时间关系和位置
12. 等腐蚀线(iso - corrosionline)	指腐蚀行为图中表示具有相同腐蚀速率的线
13. 耐蚀性(corrosionresistance)	在给定的腐蚀体系中的金属保持服役能力的能力
14. 腐蚀性(corrosivity)	给定的腐蚀体系内，环境引起金属腐蚀的能力
15. 腐蚀倾向(corrosion likelihood)	在给定的腐蚀体系中，定性和(或)定量表示预期的腐蚀效应

续表

术语	定义
16. 服役能力(关于腐蚀)[serviceability(withrespecttocorrosion)]	腐蚀体系履行其遭受腐蚀而不受损伤的特定功能的能力
17. 服役寿命(关于腐蚀)[servicelife(withrespecttocorrosion)]	腐蚀体系能满足服役能力要求的时间
18. 临界湿度(critical humidity)	导致给定金属腐蚀速率剧增的大气相对湿度值
19. 人造海水(artificial sea water)	用化学试剂模拟海水的化学成分配制的水溶液
20. 点蚀系数(pitting factor)	最深腐蚀点的深度与由重量损失计算而得的“平均腐蚀深度”之比
21. 应力腐蚀临界应力(stress corrosion threshold stress)	在给定的试验条件下，导致应力腐蚀裂纹萌生和扩展的临界应力值
22. 应力腐蚀临界强度因子(stress corrosion threshold intensity factor)	在平面应变条件下导致应力腐蚀裂纹萌生的临界应力场强度因子值
23. 腐蚀疲劳极限(corrosion fatigue limit)	在给定的腐蚀环境中，金属经特定周期或长时间而不发生腐蚀疲劳破坏的最大交变应力值
24. 敏化处理(sensitizing treatment)	使金属(通常是合金)的晶间腐蚀敏感性明显提高的热处理
25. 贫铬(chromium depletion)	不锈钢由于晶界析出铬的碳化物而使晶界区合金中的铬含量降低的现象
26. 电化学腐蚀(electrochemical corrosion)	至少包含一种阳极反应和一种阴极反应的腐蚀
27. 化学腐蚀(chemical corrosion)	不包含电化学腐蚀的腐蚀
28. 全面腐蚀(general corrosion)	暴露于腐蚀环境中的整个金属表面上进行的腐蚀
29. 均匀腐蚀(uniform corrosion)	在整个金属表面几乎以相同速度进行的全面腐蚀
30. 局部腐蚀(localized corrosion)	暴露于腐蚀环境中，金属表面某些区域的优先集中腐蚀
31. 电偶腐蚀(galvanic corrosion)	由于腐蚀电池的作用而产生的腐蚀
32. 热偶腐蚀(thermogalvanic corrosion)	由于两个部位间的温度差异而引起的电偶腐蚀
33. 双金属腐蚀(bimetallic corrosion)	由不同金属构成电极而形成的电偶腐蚀
34. 外加电流腐蚀(impressed current corrosion)	由于外加电流作用而形成的电化学腐蚀
35. 杂散电流腐蚀(stray – current corrosion)	由非指定回路上流动的电流引起的外加电流腐蚀
36. 点蚀(pitting corrosion)	产生于金属表面向内部扩展的点坑，即空穴的局部腐蚀
37. 缝隙腐蚀(crevice corrosion)	由于金属表面与其他金属或非金属表面形成窄缝或间隙，在窄缝内或近旁发生的局部腐蚀
38. 沉积物腐蚀(deposit corrosion)	由于腐蚀产物或其他物质的沉积，在其下面或周围腐蚀的局部腐蚀
39. 选择性腐蚀(selective corrosion)	某些组分不按其在合金中所占的比例优先溶解到介质中去所发生的腐蚀
40. 丝状腐蚀(filiform corrosion)	在非金属涂层下面的金属表面发生的一种细丝状腐蚀
41. 晶间腐蚀(intergranular corrosion)	沿着或紧挨着金属的晶粒边界所发生的腐蚀

续表

术语	定义
42. 刀口腐蚀(knife - line corrosion)	在或紧挨着焊材/母材界面产生的狭缝状腐蚀。刀口腐蚀又称“刀线腐蚀”(knife line attack)。通常是在稳定化不锈钢经焊接并再次加热后，$Cr_{23}C_6$、TiC、NbC 重新沿晶界析出，在腐蚀介质中，在紧靠焊缝两侧几个晶粒宽的狭窄范围内发生晶间腐蚀，而其余部分看不到腐蚀迹象，因其外形像刀刃故称为刀线腐蚀
43. 层间腐蚀(layer corrosion)	锻、轧金属内层的腐蚀，有时导致剥离即引起未腐蚀层的分离。剥离一般沿着轧制、挤压或主变形方向发生
44. 磨损腐蚀(erosion - corrosion)	由腐蚀和磨损联合作用引起的损伤过程
45. 空蚀(cavitation corrosion)	由腐蚀和空泡联合作用引起的损伤过程
46. 摩振腐蚀(frettign corrosion)	由腐蚀和两接触面间振动滑移联合作用引起的损伤过程
47. 摩擦腐蚀(wear corrosion)	由腐蚀和两滑移面间摩擦联合作用引起的损伤过程
48. 腐蚀疲劳(corrosion fatigue)	由腐蚀和金属的交替应变联合作用引起的损伤过程，常导致破裂
49. 应力腐蚀(stress corrosion)	由残余或外加应力和腐蚀联合作用导致的腐蚀损伤
50. 应力腐蚀破裂(stress - corrosion cracking)	由应力腐蚀所引起的破裂
51. 穿晶破裂(transgranular cracking)	腐蚀裂纹穿过晶粒而扩展
52. 晶间破裂(intergranular cracking)	腐蚀裂纹沿晶界而扩展
53. 氢脆(hydrogen embrittlement)	因吸氢，导致金属韧性或延性降低的损伤过程。氢脆常伴随氢的生成，例如通过腐蚀或电解，并可导致破裂
54. 氢致破裂(hydrogen induced cracking)	在应力作用下金属由于吸氢所导致的破裂
55. 氢蚀(hydrogen attack)	钢在高温(约 200℃以上)高压氢中遭受的沿晶腐蚀损伤
56. 鼓泡(blistering)	由于表面下结合力的局部丧失导致物体表面形成可见弯形缺陷的损伤过程。例如鼓泡可发生在有涂层的金属上，这是由于局部腐蚀产物的累积使涂层和基体间结合力丧失；在无涂层的金属上，由于过高的氢内压也可产生鼓泡
57. 脱碳(decarburization)	钢或铸铁表面在高温气体中失碳的现象
58. 热腐蚀(hot corrosion)	金属表面在高温下因沉积熔盐而引起的腐蚀
59. 内氧化(internal oxidation)	某些合金组分和向金属内部扩散的氧、氮、硫等发生择优氧化，导致表面下产生腐蚀产物的损伤过程
60. 剥落(spalling)	表层裂成碎片以及部分脱落
61. 辐照腐蚀(radiation corrosion)	在存在射线的腐蚀环境中发生的腐蚀
62. 腐蚀保护(corrosion protection)	改进腐蚀体系以减轻腐蚀损伤
63. 保护度(degree of protection)	通过腐蚀保护措施实现的腐蚀损伤减小的百分数 注：必须考虑到所有存在的腐蚀类型
64. 临时性保护(temporary protection)	仅在限定的时间内采取的腐蚀保护措施
65. 保护层(protective coating)	在金属表面上能降低腐蚀速率的物质层

续表

术语	定义
66. 保护覆盖层(protective coating)	用于金属表面能提供腐蚀保护的材料层
67. 缓蚀剂(corrosioninhibitor)	以适当浓度存在于腐蚀体系中且不显著改变腐蚀介质浓度却又能降低腐蚀速率的化学物质
68. 保护性气氛(protective atmosphere)	通过排除腐蚀介质或者添加缓蚀剂而降低腐蚀性的人造气氛
69. 腐蚀试验(corrosion test)	为评定金属的耐蚀性、腐蚀产物污染环境的程度、腐蚀保护措施的有效性或环境的腐蚀性所进行的试验
70. 自然环境(野外)腐蚀试验(fieldcorro－siontest)	在自然环境例如空气、水或土壤中进行的腐蚀试验
71. 服役腐蚀试验(service corrosion test)	在服役环境下进行的腐蚀试验
72. 模拟腐蚀试验(simulative corrosion test)	在模拟服役条件下进行的腐蚀试验
73. 加速腐蚀试验(accelerated corrosion test)	在比服役条件苛刻的情况下进行的腐蚀试验，目的是在比实际服役更短的时间内得出相对比较的结果
74. 电解质(electrolyte)	通过离子传输电流的介质
75. 电极(electrode)	与电解质接触的电子导体。在电化学意义上，电极实际上被限制在该体系界面两侧狭小区域
76. 阴极(cathode)	阴极反应占优势的电极
77. 阳极(anode)	阳极反应占优势的电极
78. 电极反应(electrode reaction)	相当于电子导体和电解质间电荷转移的界面反应
79. 阴极反应(cathodic reaction)	相当于负电荷从电子导体向电解质转移的电极反应 注：电流从电解质进入电子导体。阴极反应是一个还原过程，例如：$1/2O_2+H_2O+2e^-\longrightarrow 2OH^-$
80. 阳极反应(anodic reaction)	相当于正电荷从电子导体向电解质转移的电极反应。电流从电子导体进入电解质。阳极反应是氧化过程，腐蚀中的典型例子是：$M\longrightarrow M^{n+}+ne^-$
81. 还原(reduction)	反应物接收一个或多个电子的过程
82. 还原剂(reducing agent)	通过提供电子促使其他物质还原的物质。在还原过程中，还原剂被氧化
83. 氧化(oxidation)	反应物失去一个或多个电子的过程
84. 氧化剂(oxidizing agent)	通过接收电子促使其他物质氧化的物质。在氧化过程中，氧化剂被还原
85. 伽伐尼电池(galvanic cell)	不同电极通过电解质串联起来的组合。伽伐尼电池是一种电化学电源，当与外部导体连接时，可产生电流
86. 腐蚀电池(corrosion cell)	腐蚀体系中形成的短路伽伐尼电池，腐蚀金属是它的一个电极
87. 浓差电池(关于腐蚀)[concentrationcell(withrespecttocorrosion)]	由电极表面附近腐蚀介质之浓度差引起的电位差而形成的腐蚀电池

续表

术语	定义
88. 活化态－钝态电池(active－passivecell)	分别由同一金属活化态和钝态表面构成阳极和阴极的腐蚀电池
89. 电极电位(electrode potential)	与同一电解质接触的电极和参比电极间，在外电路中测得的电压
90. 电位－pH图(potential－pH diagram)、布拜图(Pourbaix diagram)	用以表示水溶液中金属及其化合物热力学稳定性的电位和pH的函数关系图
91. 氧化－还原电位(redox potential)	惰性电极置于氧化剂或还原剂的溶液中，在它的氧化态与还原态之间建立平衡时的电位
92. 腐蚀电位(corrosion potential)	金属在给定腐蚀体系中的电极电位。不管是否有净电流(外部)从研究金属表面流入或流出，本术语均适用
93. 自然腐蚀电位(freecorrosion potential)	没有净电流(外部)从研究金属表面流入或流出的腐蚀电位
94. 电偶序(galvanicseries)	在给定条件下，金属按其自然腐蚀电位高低，依次排列的顺序。也可能包括其他电子导体
95. 点蚀萌生电位(pitting initiation potential)	在给定腐蚀环境中钝态表面上能萌生点蚀的最低腐蚀电位值
96. 标准氢电极(standard hydrogen electrode)	由活度为1的氢离子和逸度为1的氢气与镀铂黑的铂电极构成的电极体系
97. 参比电极(reference electrode)	具有稳定可再现电位的电极，在测量其他电极电位值时可以作为参照
98. 工作电极(working electrode)	电化学测量体系中，指被研究和测量的电极
99. 辅助电极(auxiliary electrode)	为了使工作电极通电所用的另一电极，一般为铂电极
100. 阳极分电流(anodic partial current)	电极上所有相应于阳极反应的电流的总和
101. 阴极分电流(cathodic partial current)	电极上所有相应于阴极反应的电流的总和
102. 交换电流(exchange current)	平衡状态下，电极反应的阴、阳极分电流相等时的电流值
103. 腐蚀电流(corrosion current)	因金属氧化而造成的阳极分电流。腐蚀电流密度相当于法拉第定律的电化学腐蚀速率
104. 自然腐蚀电流(free corrosion current)	在自然腐蚀电位下的腐蚀电流
105. 电极反应电流(electrode reaction current)	一个电极反应的阳极方向和阴极方向的分电流之代数和形成的电流
106. 电流密度(current density)	单位面积电极上的电流
107. 电位－电流密度曲线(potential－current density curve)、极化曲线(polarization curve)	电极电位对电流密度的曲线
108. 伊文思图(Evans－diagram)	表示阳极和阴极的电位－电流或电流密度曲线(电流密度以绝对值表示)的理论图
109. 电极极化(electrode polarization)	电极电位的变化。自然腐蚀电位常用作参考值
110. 阳极极化(anodic polarization)	由于电流流过电极，使电位向正方向变化
111. 阴极极化(cathodic polarization)	由于电流流过电极，使电位向负方向变化
112. 活化极化(activation polarization)	电极反应活化能引起的电极极化

续表

术语	定义
113. 浓差极化(concentration polarization)	电极表面附近溶液浓度变化而引起的电极极化
114. 过电位(overpotential)、过电压(overvoltage)	特定电极反应的电极电位离开其平衡值的改变量
115. 去极化(depolarization)	强化影响电极反应速度的因素，使电极极化减少
116. 塔菲尔斜率(Tafel slope)	在以电位对电流密度的对数值作图时所得到的半对数曲线上的直线段之斜率[通常以电压(V)/电流幂次表示]
117. 极化电阻(polarization resistance)	电极电位增量和相应的电流增量之商
118. 扩散层(电极上)[diffusionlayer(atanelectrode)]	电极表面的电解质层，其某种组分的浓度不同于主体溶液中的浓度。在这一离子层中，扩散是物质在电极表面形成或消耗的主要传输方式
119. 阴极控制(cathodic control)	腐蚀速率受阴极反应速度的限制
120. 阳极控制(anodic control)	腐蚀速率受阳极反应速度的限制
121. 电阻控制(resistance control)	腐蚀速率受腐蚀电池中欧姆电阻的限制
122. 扩散控制(diffusion control)	腐蚀速率受腐蚀介质到达或腐蚀产物离开金属表面的扩散速度所限制
123. 混合控制(mixed control)	腐蚀速率受两种或两种以上控制因素同时作用的限制
124. 钝化(passivation)	因钝化膜而造成的腐蚀速率的降低
125. 钝化剂(passivator)	导致钝化的化学物质
126. 钝态(passivestate)、钝性(passivity)	金属由于钝化所导致的状态
127. 钝化电位(passivation potential)	对应于最大腐蚀电流的腐蚀电位值，超过该值，在一定电位区段内，金属处于钝态
128. 钝化电流(passivation current)	在钝化电位下的腐蚀电流
129. 钝化膜(passivationlayer，passivelayer)	金属和环境之间发生反应而形成于金属表面的薄的、结合紧密的保护层
130. 去钝化(depassivation)	钝态金属由于其钝化膜的全部或局部去除而引起腐蚀速率的增加
131. 再活化(reactivation)	因电极电位的降低而引起的去钝化
132. 活化态(activestate)	电位位于钝化电位以下的腐蚀的金属的表面状态
133. 再活化电位(reactivation potential)	在其之下能发生再活化的腐蚀电位
134. 过钝态(transpasivestate)	金属极化至电位超过钝态范围，出现以腐蚀电流明显增加且不发生点蚀为特征的状态
135. 过钝化电位(transpassivation potential)	在其之上金属处于过钝状态的腐蚀电位
136. 电化学保护(electrochemical protection)	通过腐蚀电位的电化学控制实现的腐蚀保护
137. 阳极保护(anodic protection)	通过提高腐蚀电位到钝态电位区实现的电化学保护
138. 阴极保护(cathodic protection)	通过降低腐蚀电位到使金属腐蚀速率显著减小的电位值而达到电化学保护

续表

术语	定义
139. 伽伐尼保护(galvanic protection)	从连接辅助电极与被保护金属构成的腐蚀电池中获得保护电流所实现的电化学保护。伽伐尼保护可以是阴极或阳极
140. 外加电流保护(强制电流保护)(impressed current protection)	由外部电源提供保护电流所达到的电化学保护。外加电流保护可以是阴极或阳极
141. 排电流保护(electrical drainage protection)	通过从金属上排除杂散电流来防止杂散电流腐蚀的电化学保护。例如，排除杂散电流可通过将被保护金属与杂散电流的负极部分相连而获得
142. 保护电位区(protective potential range)	适应于特殊目的，使金属达到合乎要求的耐蚀性所需的腐蚀电位值区间
143. 保护电位(protective potential)	为进入保护电位区所必须达到的腐蚀电位界限值
144. 保护电流密度(protective current density)	将腐蚀电位维持在保护电位区内所要求的电流密度
145. 不溶性阳极(insoluble anode)	用于外加电流阴极保护中的阳极，此阳极不会被显著消耗
146. 过保护(over protection)	在电化学保护中，使用的保护电流比正常值过大时产生的效应
147. 恒电位试验(potentiostatic test)	电极电位保持恒定情况下的电化学试验
148. 动电位试验(potentiodynamic test)	电极电位以预先设定的速度连续地变化的电化学试验
149. 恒电流试验(galvanostatic test)	电流密度保持恒定的化学试验
150. 电化学阻抗频谱学(Electrochemical Impedance Spectroscopy，EIS)	基于腐蚀电极对不同频率、小幅度变化的电位或电流信号所做出的响应而进行的电化学试验
151. 闭塞(阻塞)腐蚀电池(oclcude corrosion cell)	一种特殊的局部腐蚀形态，其机理是由于受设备几何形状和腐蚀产物、沉积物的影响，使得介质在金属表面的流动和电解质的扩散受到限制，造成被阻塞的空腔内介质化学成分与整体介质有很大差别，空腔内介质被酸化，尖端的电极电位下降，造成电池腐蚀
152. 坑蚀(pointed corrosion)	腐蚀发生在金属表面局部的区域内，坑口直径大于坑的深度，造成洞穴或坑点并向内部扩展，甚至造成穿孔
153. 腐蚀控制(corrosion control)	调节材料与环境之间的相互作用，使设备、结构或零部件保持其强度和功能，使金属设备、结构或零部件的腐蚀速度保持在一个比较合理的、可以接受的水平，不致因发生腐蚀而早期损坏(失效)，以实现长期安全运行
154. 全面腐蚀控制(Total Corrosion Control，TCC)	从设计、制造、储运安装、运行操作、维修5个方面全面进行腐蚀控制，而且和教育、科研、管理、经济评价4个环节紧密结合，从而达到对各种腐蚀的全面控制。全面腐蚀控制的核心是将防腐蚀技术和科学管理密切结合以达到最大限度地控制腐蚀，保证设备或装置的长周期连续安全运转
155. 腐蚀经济学(corrosion economics)	腐蚀与防护科学和经济学或经济计量学的交叉科学，是为了达到腐蚀控制的目的，对多种不同的策略路线、技术方案和技术措施的经济效果进行计算、分析和评价的理论和方法，从而择优选取经济效果最好的方案的科学

6.2.2　化学腐蚀

按 GB/T 10123—2001 的定义，金属的化学腐蚀为不包含电化学腐蚀的腐蚀，按通常的定义，金属化学腐蚀为金属与介质发生化学反应而引起的破坏，引起化学腐蚀的介质可分为气体和非电解质，如空气、氧气、氯气、水蒸气(过热蒸汽)、二氧化碳、硫化氢(干气)等，非电解质主要为有机物。

6.2.3　电化学腐蚀

电化学腐蚀是金属材料与电解质溶液互相接触时，在界面上发生有自由电子参与的广义氧化和还原反应，使接触面的金属变为离子而溶解或生成稳定化合物的过程，是以金属为阳极的腐蚀电池过程。金属在电解质溶液(包括大气腐蚀情况下的薄水膜)和熔盐中的腐蚀过程是电化学腐蚀过程，电解质溶液和熔盐的共同特征是它们都是离子导体，依靠带电荷离子的活动而导电。

6.2.3.1　电化学腐蚀过程的基本原理

本质上，金属电化学腐蚀过程与金属化学腐蚀过程一样，都是氧化还原反应，即金属原子被氧化，化学价升高或失去价电子，而某一氧化剂被还原。但这两类腐蚀过程的氧化还原的进行方式又有重大区别。在化学腐蚀过程中，氧化还原过程只有在反应粒子(氧化剂的分子或原子和金属的原子)相互直接碰撞的过程中才能发生。所以，在氧化还原反应中的氧化过程和还原过程两者不仅必须在同时，而且必须在同一个碰撞点发生。电化学腐蚀过程则不然，虽然氧化过程和还原过程是必须同时进行的，但氧化剂的粒子不必直接同被氧化的那个金属原子碰撞，而可以在金属表面上的其他部分得到电子。也就是说，在电化学腐蚀过程中，整个腐蚀反应是分成两个既互相联系又相对独立的半反应同时进行的。如 Zn 在除氧的硫酸中腐蚀时两个半反应：

氧化反应，也称作阳极反应：$Zn \longrightarrow Zn^{2+} + 2e^-$；

还原反应，也称作阴极反应：$2H^+ + 2e^- \longrightarrow H_2\uparrow$。

在这两个反应方程式所表示的腐蚀反应中，氧化剂是 H^+，作为去极化剂，在腐蚀反应中被还原成氢分子。

由于电化学腐蚀过程的这一基本特点——两个半反应在空间上的可分性，使得两个半反应可以各自在最有利于它们进行的地点进行，从而也使得整个腐蚀反应可以在阻力最小的条件下进行。

6.2.3.2　腐蚀电池

腐蚀原电池的原理与一般原电池的原理一样，它只不过是将外电路短路的电池。

电化学腐蚀的特点是氧化过程和还原过程在空间上的可分，阳极反应和阴极反应的表面区域就构成了腐蚀电池。腐蚀电池实质上是一个短路原电池，电流不对外做功，电子自耗于腐蚀电池内阴极还原反应中。腐蚀电池的构成以及阳极区和阴极区的分布情况对腐蚀破坏的形式有很大影响，腐蚀电池的形成可以使腐蚀过程以最有利于它进行的方式进行，所以它的形成一般总是使腐蚀加速，腐蚀破坏总是主要集中在阳极区，如果腐蚀电池是由大的阴极区和小的阳极区构成的，就会出现危险性较大的局部腐蚀的形式。

一个腐蚀电池必须包括阳极、阴极、电解质溶液和电路 4 个不可分割的部分。构成电池的 3 个必要条件为：

(1)存在电位差，要有阴极、阳极存在，阴极电位总比阳极电位正；

(2)有电解质溶液存在，溶液中有氧化剂(根本原因)；

(3)在腐蚀电池的阴、阳极之间要有连续传递电子的回路。

腐蚀电池和一般锌铜电池(丹尼尔电池)的区别在于：

(1)不是一种可逆电池；

(2)不能将化学能转化为电能，氧化还原反应所释放的化学能全部以热能方式散发；

(3)只能导致金属材料破坏。

腐蚀电池的工作过程：

(1)阳极过程：$Me \longrightarrow Me^{n+} + ne^-$。

(2)阴极过程：$D + ne^- \longrightarrow D^{ne-}$。

(3)电流流动金属中，电子从阳极到阴极；溶液中，阳离子从阳极向阴极移动、阴离子从阴极向阳极移动；金属/电解质界面电迁移，电子由低电位金属或区域传输到电位高的金属或区域，再转移给氧化剂。

腐蚀电池的特点：

(1)阴、阳极区宏观可分或不可分，或交替发生；阴极、阳极反应相对独立，但又必须耦合，形成腐蚀电池；

(2)金属的腐蚀集中出现在阳极区，阴极区只起传递电子的作用，$i_a = i_c$，无净电荷积累；

(3)上述 3 个工作过程相互独立，又彼此联系；

(4)只要介质中存在氧化剂(去极化剂)，能获得电子使金属氧化，腐蚀就可以发生；体系由不稳定到稳定，腐蚀过程是自发反应，并以最大限度的不可逆方式进行；

(5)腐蚀的二次产物对腐蚀影响很大；

(6)腐蚀电池不对外做功，是只导致金属腐蚀破坏的短路原电池。

腐蚀电池可分为宏观腐蚀电池、微观腐蚀电池和亚微观[10～100Å(1Å＝0.1nm)]腐蚀电池。

要想使整个金属的物理和化学性质、金属各部位所接触介质的物理和化学性质完全相同，使金属表面各点的电极电位完全相同是不可能的。种种因素使得金属表面的物理和化学性能存在着差异，使金属表面上各部位的电位不相等，这些情况统称为电化学不均匀性，它是形成腐蚀电池的基本原因。金属表面的腐蚀电池都是微电池，金属表面由微阴极和微阳极组成的众多微电池是用目视难以分辨出电极的极性的，但确实存在着氧化和还原反应过程的原电池。形成腐蚀微电池的主要原因如下。

(1)金属表面电化学不均匀性，使金属材料表面存在微小的电位高低不等的区域。

(2)成分和组织不均匀引起的微电池。如碳钢中的渗碳体 Fe_3C，工业纯锌中的铁杂质 $FeZn_7$，铸铁中的石墨等，晶粒－晶界腐蚀微电池，见图6－1。

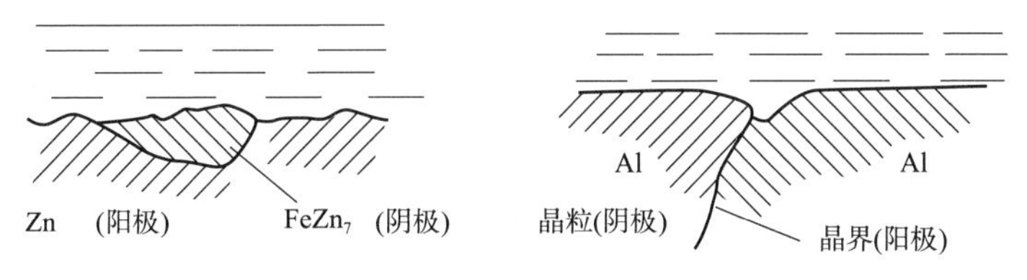

图6－1 成分和组织不均匀构成的金属表面微电池

(3)金属表面物理状态的不均匀性构成微观电池。如应力分布不均匀或形变不均匀，导致腐蚀微电池，见图6－2。

(4)金属表面膜不完整构成微观电池。金属表面形成的钝化膜或镀覆的涂层存在孔隙或发生破损，裸露出金属基体，金属基体电位较负，钝化膜或覆层的电位较正，金属基体与钝化膜或阴极涂层构成微观腐蚀电池，孔隙或破损处作为阳极而受到腐蚀，见图6－3。

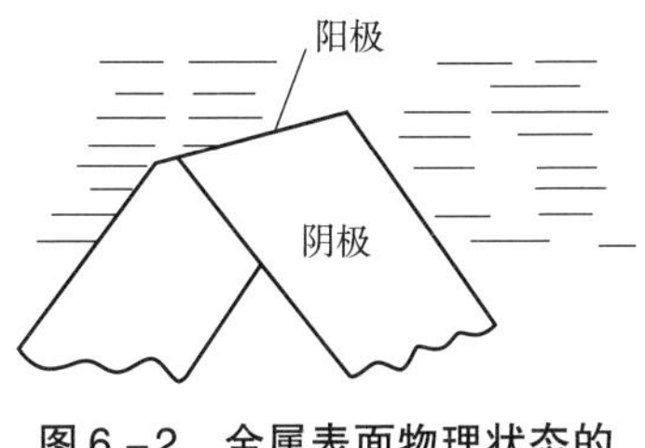

图6－2 金属表面物理状态的不均匀性构成微观电池

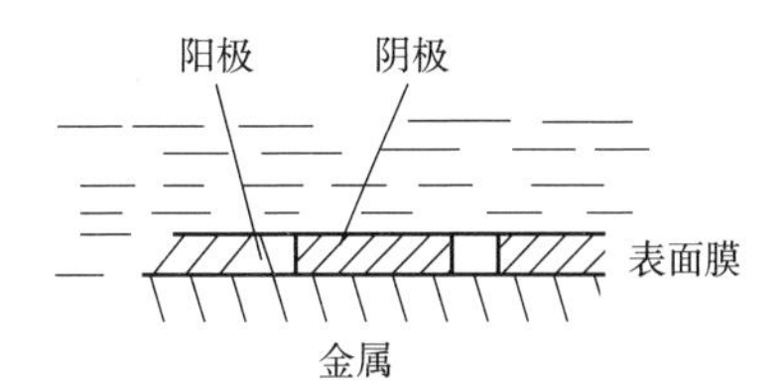

图6－3 金属表面膜不完整构成微观电池

腐蚀体系的宏观差异，还可以构成腐蚀宏电池，如异种金属的接触、介质的浓度差、介质或金属的温度差、沉积物分布、金属构件的应力差等都可以构成腐蚀电池。

化学腐蚀与电化学腐蚀的区别见表6－2。

表6－2 化学腐蚀与电化学腐蚀的区别

项目	化学腐蚀	电化学腐蚀
介质	干燥气体或非电解质溶液	电解质溶液
温度	主要在高温条件下	室温和高温条件下，低温条件下为主
反应区	在碰撞点上瞬时完成	在相对独立的阴、阳区同时独立完成
反应式	$\sum v\mathrm{iMi}=0$ （vi——反应系数；Mi——反应物质）	$\sum v\mathrm{iMi}\pm ne^{-}=0$ （vi——反应系数；Mi——反应物质；n——转移电子数）
过程规律	化学反应动力学	电极过程动力学
推动力	化学位不同，主要依靠外加能量	电位差，通过自身能量也可以完成
能量转换	化学能与机械能和热能	化学能和电能
电子传递	直接传递，不具备方向性，测不出电流	间接传递，有一定的方向性，能测出电流
产物	在碰撞点上直接形成	一次产物在电极上形成，二次产物在一次产物相遇处形成

6.2.4 金属材料的耐蚀性等级

金属的耐蚀性也称化学稳定性，指金属抵抗腐蚀介质作用的能力，对受均匀腐蚀的金属，常用重量指标和深度指标来表示腐蚀速度。没有在任何腐蚀环境中均具有耐蚀性的材料，耐蚀性也是相对的、有条件的(介质、浓度、温度、杂质、压力、流速等)。耐蚀性标准是人为规定的，根据材料抵抗介质腐蚀破坏的能力将材料的耐全面腐蚀性能分成若干个级别，如目前将不锈钢的耐蚀性划分为10级，将钛及钛合金耐蚀等级划分为3级，将碳钢、低合金钢划分为4级，见表6-3。NACE对金属腐蚀程度的分级见表6-4。

表6-3 不锈钢、钛合金和碳钢材耐腐蚀等级划分

<table>
<tr><th colspan="2">不锈钢耐蚀等级</th><th>腐蚀速率/(mm/a)</th><th colspan="2">钛合金耐蚀等级</th><th>腐蚀速率/(mm/a)</th><th colspan="2">碳钢、低合金钢耐蚀等级</th><th>腐蚀速率/(mm/a)</th></tr>
<tr><td>1</td><td>完全耐蚀</td><td>0.001</td><td rowspan="5">1</td><td rowspan="5">优良</td><td rowspan="5"><0.127</td><td rowspan="3">1</td><td rowspan="3">优良</td><td rowspan="3"><0.05</td></tr>
<tr><td>2</td><td rowspan="2">很耐蚀</td><td>0.001~0.005</td></tr>
<tr><td>3</td><td>0.005~0.01</td></tr>
<tr><td>4</td><td rowspan="2">耐蚀</td><td>0.01~0.05</td><td rowspan="3">2</td><td rowspan="3">良好</td><td rowspan="3">0.05~0.5</td></tr>
<tr><td>5</td><td>0.05~0.10</td></tr>
<tr><td>6</td><td rowspan="2">尚耐蚀</td><td>0.10~0.50</td><td rowspan="2">2</td><td rowspan="2">良好</td><td rowspan="2">0.127~1.27</td></tr>
<tr><td>7</td><td>0.50~1.0</td><td rowspan="2">3</td><td rowspan="2">可用</td><td rowspan="2">0.5~1.5</td></tr>
<tr><td>8</td><td rowspan="2">欠耐蚀</td><td>1.0~5.0</td><td rowspan="3">3</td><td rowspan="3">差</td><td rowspan="3">>1.27</td></tr>
<tr><td>9</td><td>5.0~10.0</td><td rowspan="2">4</td><td rowspan="2">不可用</td><td rowspan="2">>1.5</td></tr>
<tr><td>10</td><td>不耐蚀</td><td>>10.0</td></tr>
</table>

表6-4 NACE对金属腐蚀程度的分级

分类	均匀腐蚀速率/(mm/a)(mpy)	点蚀速率/(mm/a)(mpy)
轻度腐蚀	<0.025(1)	<0.127(5)
中度腐蚀	0.025~0.125(1~5)	0.127~0.201(5~8)
严重腐蚀	0.126~0.254(5~10)	0.202~0.381(8~15)
极重腐蚀	>0.254(10)	>0.381(15)

注：mpy为英制单位，每年密尔(mil/a)，1mil = 10^{-3}in = 0.0254mm。

介质的腐蚀性分级，根据腐蚀性介质对材料破坏的程度，即外观变化、质量变化、强度损失和腐蚀速度等因素，综合评定腐蚀性等级，并划分为强腐蚀、中等腐蚀、弱腐蚀、无腐蚀4个等级。

6.2.5 材料的耐蚀性能

6.2.5.1 碳钢和低合金钢

在钢材的总产量中碳钢约占85%，低合金钢约占10%，是结构材料中的重要材料。

碳钢指C含量小于1.7%的铁碳合金。普通碳钢的化学成分主要是C、Si、Mn、P、S。合金元素总量小于3.5%的合金钢叫作低合金钢，低合金钢是相对于碳钢而言的，是在碳钢的基础上，为了改善钢的一种或几种性能，而有意向钢中加入一种或几种合金元素。加入的合金量超过碳钢正常生产方法所具有的一般含量时，称这种钢为合金钢。耐蚀低合金钢的合金元素主要是为改善钢在不同腐蚀环境中的耐蚀性，但在使钢的强度提高的同时韧性和焊接性变坏，这使低合金耐蚀钢的研究、应用和发展受到了阻碍，因此低合金耐蚀钢的研究虽然已有半个多世纪的历史，但尚未形成完整的体系，仍处于发展中。

采用低合金钢，不仅可以减小容器的壁厚，减轻重量，节约钢材，而且能解决大型压力容器在制造、检验、运输、安装中因壁厚太大所带来的各种困难，以16MnR(Q345R)代替碳素钢制造设备可以节省钢材1/3，以低合金高强钢代替碳素钢制造设备可以节省钢材45%。

压力容器用钢有严格的化学成分并且要求保证力学性能指标，是S、P等有害杂质含量较低的优质碳素结构钢。一般说来，碳钢在各种环境中的耐蚀性较差，其腐蚀速度与环境因素关系极大，不属于耐蚀材料。但是，由于其用途较为广泛，了解碳钢在各种环境中的腐蚀行为，对钢材的正确选用和防护，提高使用的经济效益无疑是非常重要的。压力容器用碳钢和低合金钢的用途主要为：

①碳素钢用于介质腐蚀性不强的常压、低压容器，壁厚不大的中压容器，锻件、承压钢管、非受压元件以及其他由刚性或结构因素决定壁厚的场合；

②低合金高强度钢用于介质腐蚀性不强、壁厚较大(不小于8mm)的受压容器。

(1)影响碳钢和低合金钢耐蚀性的主要因素

1)化学成分对腐蚀的影响

①在酸性溶液中含C量增加，腐蚀速率增大；但在氧化性酸中，含C量增加到一定程度，腐蚀速率下降；在大气、淡水、海水等中性溶液中，C的影响不大。

②Si以固溶体形式存在，在碳钢的规格范围内对腐蚀没有什么影响。含硅量只有在很高时才具有耐酸性和抗高温氧化性，但这已经不属于碳钢和低合金钢的范畴。

③Mn以固溶体形式存在，增加Mn的含量使碳钢的耐蚀性下降(稳定珠光体)，但由于Mn能减少S的有害作用，反而可使碳钢的耐蚀性得到改善。

④S形成化合物——共晶体，大大降低材料的耐蚀性，含量越低越好。

⑤P对腐蚀的影响因环境而异。在酸性溶液中与S一样是有害的(磷化物存在)；但可改善材料在大气、海水中的耐蚀性。

注意：P严重降低钢的韧性，因此，一般不会用提高P含量来提高耐蚀性。

2)夹杂物对腐蚀的影响

主要夹杂物有硫化物夹杂、氧化物夹杂、氮化物夹杂、硅酸盐夹杂等。夹杂物破坏了钢的连续性和均匀性，增加钢的腐蚀微电池对，所以，各类夹杂物都将严重恶化钢的耐蚀性。夹杂物几何形状对材料耐蚀性，特别是对耐某些局部腐蚀的性能影响较大。

3)钢的组织对腐蚀的影响

①渗碳体量增加，碳化物作为阴极性夹杂，对非钝化体系的钢而言，阴极增大，腐蚀

速度增加。

②球状珠光体可减少夹杂物局部应力集中，夹杂物比表面积小，因此比片状珠光体耐蚀性好。

(2)耐蚀低合金钢

该钢种尚无统一分类标准，按其耐蚀性特点和使用领域可分为耐大气腐蚀低合金钢、耐海水腐蚀低合金钢、耐盐卤腐蚀低合金钢、耐硫化物应力腐蚀低合金钢、抗氢腐蚀低合金钢和耐硫酸露点腐蚀低合金钢等。

1)耐大气腐蚀低合金钢

耐大气腐蚀低合金钢又称耐候钢，牌号很多，但大多含有Cu和P，如属Cu－P－Cr－Ni系的美国Cor－Ten钢，在该系列钢的基础上去掉P的铬铜镍系钢[如英国的BS968(铬铜镍锰)、苏联的NM(铬镍锰铜钛)和15XCHЛ(铬硅镍铜)]等，在Cor－Ten钢的基础上去掉P和Ni的铬铜系钢，如日本的SMA41A、B、C(铬铜)和美国的Cor－TenB(铬铜钒)等。结合国家资源，我国开发了锰铜系钢和磷系钢。前者有16锰铜、10锰铜硅、09锰铜钛及15锰铜等钢，后者有磷铌、磷钒、磷稀土等钢。

当钢中含有Cu、P、Cr、Mo、Ni等耐蚀效果好的合金元素时，由于这些合金元素能够富集于锈层，促使非晶态锈层的形成，改善锈层结构，提高致密度和对钢表面的黏结性，增强与大气的隔离作用，从而减缓了腐蚀速率，提高了钢的耐蚀性能。在上述合金元素中，铜是改善钢的耐大气腐蚀性能最好的合金元素。合金元素对钢的耐大气腐蚀性能的影响如下。

①钢与表面二次析出的Cu之间的阴极接触，能够使钢发生阳极钝化。Cu在基体与锈层之间形成以CuO为主的阻挡层，这种阻挡层与基体结合牢固，具有较好的保护作用；Cu与P等合金元素改变了锈层的吸湿性，从而提高了临界湿度，有利于提高耐蚀性。

②一般认为P在提高钢的抗大气腐蚀性能方面具有特殊效果，可能是由于P在促使锈层具有非晶态性质方面具备独特的效应。与Cu同时加入，会显示出更好的复合效应。

③Cr对提高钢的钝化能力效果显著，当与Cu同时加入时，效果尤为明显。

④Ni质量分数>3.5%时，提高钢的化学稳定性。

⑤Mo改善了锈层的性质，提高耐蚀性。

⑥Si在低合金钢中自身作用不明显，但在提高综合效果上是有效元素之一。

2)耐硫酸露点腐蚀低合金钢

耐硫酸露点腐蚀低合金钢是指在硫酸露点腐蚀发生的环境中具有耐蚀性的低合金钢。硫酸露点腐蚀可分为3个阶段，第1阶段(指运行初期和停运时)为在较低温度(≤80℃)和低浓度(质量分数≤60% H_2SO_4)硫酸介质中的腐蚀，是处于活化态的电化学腐蚀；第2阶段(指正常运行期)为高温(约160℃)、高浓度(约85%)硫酸腐蚀，也是处于活化态的电化学腐蚀；第3阶段的温度和浓度与第2阶段相同，但是含有大量未燃烧的碳微粒，在碳微粒的催化氧化作用下，使耐蚀钢(含有Cr或B的铜钢)出现第1次钝化，腐蚀速率降低，但非耐蚀钢不钝化，腐蚀速率仍很高。

合金元素作用。合金元素在上述3个阶段中，对材料耐蚀性的影响不同。在第1阶段有效的元素有 S、Sn、As、Sb 和 Si 等。当 S 含量(质量分数)为 0.01% ~0.035% 时效果最佳。有害元素为 P、Y、Zr、W、Ti 和 Cr[>5%(质量分数)]。在第 3 阶段中的有效元素为 Cr 和 B。在 Cu - Cr 系钢中 Si≥0.80%(质量分数),在 Cu - B 系钢中 V≥0.40%(质量分数),在铜钢中的 Sb 和 As >0.10%(质量分数)时,都起着有害作用。

虽然合金元素在上述腐蚀过程各阶段中的作用不同,但是由于第 1 阶段的时间短、对整个腐蚀过程影响不大,因此钢材的硫酸露点腐蚀速率主要取决于第 2 阶段和第 3 阶段,尤其是第 3 阶段。所以对第 2 阶段,尤其是第 3 阶段起着耐蚀作用的合金元素更为重要。降低硫酸露点腐蚀的最重要的合金元素是 Cu、Cr 和 B。Cr 含量(质量分数)在 1.0% ~1.5%,含铜钢中加入 Sb、Se、As 等元素能提高钢的耐 H_2SO_4 腐蚀性能,其中 As 的效果显著。

各国采用的耐硫酸露点腐蚀钢主要是含铜钢。主要牌号有:中国 09Cu、09CuWSn、Q315NS、Q345NS(GB/T 28907—2012《耐硫酸露点腐蚀钢板和钢带 标准内容》);日本 10CrCu(CRIA)、12CrCuAl(TAlCC)、12CuSb(S - Ter - 1)、12CrCuNiSbSn(NAC - 1)、12CrCuNiNb(RIV - ER - TEN41s)、S - TEN1、S - TEN2;美国的 C 含量在 0.05%(mass)以下的 CuMo 钢(A83 -61T)等。

3)耐海水腐蚀低合金钢

耐海水腐蚀低合金钢牌号很多,按化学成分可分为 Cu - P、Cr - Cu 和 Cr - Al 3 大系列,我国经过近 30 年的研究筛选,目前已评定筛选出 16 个钢种。

加入适量的 Ti、Nb、Zr、As、Sn 和 Y 等元素均可进一步改善钢的耐蚀性。各合金元素在不同海洋环境条件(海洋大气、飞溅带、潮差带、全浸带和泥浆带)下的耐蚀效果不同,各牌号在不同海洋环境条件下的耐蚀性能有很大的差异。这些耐海水腐蚀低合金钢,虽然具有较好的耐蚀性和较高的屈服强度,但尚不能在各种高温海水和受很高压力的深海容器等设备上安全使用。

耐盐卤腐蚀低合金钢是在耐海水腐蚀低合金钢的基础上发展起来的,是正处于发展中的新钢类,尚未形成完整的钢类系列。当前已推广使用的主要牌号有法国的 APS 钢系列(如 Cr2AlMo、Cr4AlMo、Cr4AlMoNi 等)以及中国的 Cr - Al - Mo 系列钢(如 Cr - MoAl、Cr2MoAlRE、Cr3Al、MoNiCu 和 Cr4AlMoNiCu 等)。该类钢主要特点是在制盐生产工艺介质——卤水介质中的耐蚀性能明显优于碳素钢和普通低合金钢,适合于用作真空制盐装置、海盐和湖盐盐田设施,生产设备以及采卤、输卤管道等各种制盐工业设施上。

4)抗中温高压氢、氮和氨用低合金钢

在含有 H_2、N_2 和 NH_3 的高温、高压气氛中运行的石油和化工设备上,往往出现由氢引起的氢脆开裂现象,其主要是因为原子氢扩散到钢材里面与渗碳体中的 C 作用生成甲烷($Fe_3C + 2H_2 \rightleftharpoons 3Fe + CH_4$)。由于 H 和 C 的作用不仅使钢脱碳引起钢的组织发生变化,而且因所产生的 CH_4 在钢中的溶解度小、扩散能力差、不易从钢中排出,而以高压状态聚集在晶粒的边缘,使钢产生沿晶界的显微裂纹,并降低了钢的强度、韧性和塑性,直至发生开裂。

防止开裂的主要措施是降低 C 含量,减少钢中与 H 作用产生 CH_4 的 C 含量,但过低的 C 含量使材料的强度过低,其使用范围受到限制;另一个措施是添加 Cr、W、V、Nb 和

Ti 等强碳化物形成元素，与钢中 C 形成碳化物，减少与 H 作用的 C 含量，提高抗氢侵蚀性能，保证材料强度。Si、C、Ti、Nb 能降低 H 在钢中的扩散速度，C、Si、M、W、Cr 能减少 H 在钢中的溶解度。

Ti、Nb、V 等元素除生成稳定的碳化物及氮化物外，表面生成的氮化物可延缓进一步氮化，提高钢抗氮化脆化的性能。

Cr－Mo 钢中，含 Cr 较高，Cr5Mo 和 Cr9Mo 抗氮化脆化性能较好。

抗氢腐蚀低合金钢的研究工作早在 1922 年由德国首先研制出 N 钢系列(N1～N10)低合金钢，其主要成分以 Cr 为主，配入 Mo、W、V 或 Ti 等元素，含 C 量一般控制在 0.2% 以下，为提高耐热性能还加 1.0%～1.5% Si，这些钢至今仍广泛使用。

现用抗氢腐蚀低合金钢牌号主要是 10CrMoNb、10CrMoTi、10CrMoV、12Cr3MoA、20Cr3MoWV 等铬－钼系钢和 10MoWVNb、10MoVNbTi、08SiWMoTiNb 等不含 Cr 的钼系钢种。用于制造壁温不超过 560℃的压力容器。

5)抗湿 H_2S 腐蚀低合金钢

其特点是钢中的 S、P 含量低，或加入稀土元素，使钢中偏析的硫化物呈球状，控制钢中的碳当量(C_{eq})，钢板或管材经抗 HIC 腐蚀试验评定。

消除 SSCC 敏感性、改善抗硫化物应力腐蚀性能的主要措施有：采用高温回火或长时间低温回火，降低 C 含量、添加合金元素、提高钢的纯净度和组织均匀性等。从材料本身的组织特性分析，粗大的马氏体组织对 SSCC 的敏感性最大。但是经高温处理后，可使硫化物球状化，分布均匀，抗 SSCC 性能显著提高。

关于合金元素的作用，多数人认为，钢中的 Mo、Nb、V 和稀土类等元素均能明显地提高抗 SSCC 性能。Ni 与 S、P 一样有强烈促进 SSCC 的倾向。其他元素的作用不大明显。

牌号主要有 Q345R－HIC、SA516Gr70(HIC)、SA516Gr70(HIC－A)等的系列产品。

6.2.5.2 耐蚀合金

压力容器中采用的高合金钢大多是耐腐蚀、耐高温钢。金属耐蚀材料主要有铁基合金(耐腐蚀不锈钢)，镍基合金(Ni－Cr 合金、Ni－Cr－Mo 合金、Ni－Cu 合金等)。

(1)不锈钢

不锈钢(Stainless Steel)是指 Cr 含量(质量分数)不小于 10.5% 的耐空气、水蒸气、酸、碱、盐等介质腐蚀的钢。工程上，常将耐弱腐蚀介质腐蚀的钢称为不锈钢，而将耐强腐蚀介质腐蚀的钢称为耐酸钢。按成分可分为 Cr 系(400 系列)、Cr－Ni 系(300 系列)、Cr－Mn－Ni(200 系列)、耐热铬合金钢(500 系列)及析出硬化系(600 系列)。包括 GB/T 20878—2007《不锈钢和耐热钢 牌号及化学成分》中的各种 Cr 含量(质量分数)不小于 10.5%、C 含量(质量分数)不大于 1.2% 的奥氏体型不锈钢、奥氏体－铁素体(双相)不锈钢、铁素体型不锈钢、马氏体型不锈钢、沉淀硬化型不锈钢和耐热钢。不锈钢的 Cr 含量(质量分数)最高为 26%，更高的 Cr 含量已无必要。

1)铁素体不锈钢(铬钢，如 400 系等)

在使用状态下以铁素体组织为主的不锈钢，Cr 质量分数为 11%～30%，具有体心立方晶体结构。与奥氏体不锈钢相比，这类钢一般不含 Ni，有时还含有少量的 Mo、Ti、Nb 等元素，炉外精炼技术(Argon Oxygen Decarburization，AOD)、真空吹氧脱碳技术(Vacuum Oxygen De－carburization，VOD)的应用可使 C、N 等间隙元素大大降低，具有节 Ni、价格低、抗应力腐蚀性能好等优点，并且具有很好的抗氧化性能，多用于抗大气、水蒸气及氧化性酸腐蚀的环境，在室温的稀硝酸以及弱有机酸中有一定的耐蚀性，因此使这类钢获得广泛应用。但不耐还原性酸等介质的腐蚀，一般的铁素体不锈钢具有冲击韧性差、焊后的塑性和耐蚀性差、对晶间腐蚀敏感、耐点蚀性能差等缺点，限制了它的使用。

2)奥氏体不锈钢(铬镍钢，如 300 系、200 系不锈钢)

奥氏体不锈钢因具有无磁性，在很宽的温度范围内都有很高的强韧性、延展性，容易进行轧制和压制等冷加工，能耐氧化型介质的腐蚀，广泛地应用于压力容器的各种承压元件。奥氏体不锈钢具有面心立方结构，不发生相变，易于焊接，一般没有冷脆转变温度，因此常作低温用钢。

18－8 系列固溶态不锈钢在氧化性酸和大气、水、蒸汽等介质中耐腐蚀性较好，低碳或含稳定化元素 Ti 或 Nb 的抗晶间腐蚀性能较好，含 Mo 的抗点蚀性能较好。含 Mo、Cu 等元素还能耐稀硫酸、磷酸等还原性酸和甲酸、醋酸等有机酸的腐蚀。但抗点蚀、晶间腐蚀性能较差，并且在卤化物溶液中易发生应力腐蚀开裂。在 500～600℃以上温度长期使用会发生蠕变和敏化。

3)铬镍钼钢[奥氏体－铁素体(双相)不锈钢]

双相不锈钢是在其固淬组织中铁素体相与奥氏体相各占一半，一般最少相的含量也需要达到 30%。已成为既减小质量又节省投资的优良的耐蚀工程材料。目前应用压力容器承压元件的主要牌号有 S22053(022Cr23Ni5Mo3N)、S25073(022Cr25Ni7Mo4N)等。

双相不锈钢具有奥氏体不锈钢和铁素体不锈钢的特点，与奥氏体不锈钢相比，强度高且抗晶间腐蚀和耐氯化物应力腐蚀性能明显提高；与铁素体不锈钢比，塑性和韧性更高，无室温脆性，耐晶间腐蚀性能和焊接性能均显著提高，具有优良的耐点蚀等局部腐蚀性能，耐海水、有机酸等介质的腐蚀性能优良。

与奥氏体不锈钢相比，双相不锈钢的特点如下：

①屈服强度比普通奥氏体不锈钢高 1 倍多，且具有成型需要的足够的塑韧性；

②具有优异的抗 Cl^- 应力腐蚀破裂的能力，适用于制造介质中含 Cl^- 的压力容器；

③与合金含量相当的奥氏体不锈钢相比，它的耐磨损腐蚀和疲劳腐蚀性能都优于奥氏体不锈钢；

④比奥氏体不锈钢的线膨胀系数低，和碳钢接近，适合做复合板或衬里等；

⑤使用温度必须控制在 270℃以下(不同材料或标准不完全一致)；

⑥塑韧性较奥氏体不锈钢低，冷、热加工工艺和成型性能不如奥氏体不锈钢；

⑦ 存在中温(475℃)脆性区，需要严格控制热处理和焊接的工艺制度，以避免有害相的出现，损害性能。

与铁素体不锈钢相比，双相不锈钢的特点如下：

①塑韧性好，不像铁素体不锈钢那样对脆性敏感。冷加工工艺性能和冷成型性能远优

于铁素体不锈钢。

②除耐应力腐蚀性能外，其他耐局部腐蚀性能都优于铁素体不锈钢，应用范围较铁素体不锈钢宽。

③焊接性能也远优于铁素体不锈钢，一般焊前不需预热，焊后不需热处理。

④合金元素含量高，价格相对高。

4)马氏体不锈钢

马氏体不锈钢是一类可通过热处理强化的不锈钢，与铁素体不锈钢和奥氏体不锈钢比，有更高的含C量，强度、硬度高和耐磨性好。但耐蚀性和塑性、韧性降低，焊接性能差，一般不用作焊接件。由于这些缺点，马氏体不锈钢的使用受到限制，通常只用作制造对强度、硬度和耐磨性要求高而对耐蚀性要求不太高的零部件等。

5)超级不锈钢

超级不锈钢是不锈钢中的一类，即Cr含量(质量分数)为12%～30%的铁基合金中的一类。超级不锈钢不属于铁镍基耐蚀合金，因铁镍基耐蚀合金的含Ni>30%(质量分数)，Ni+Fe≥50%(质量分数)，所以对含Ni的超级不锈钢而言，含Ni≤30%(质量分数)。不同文献对超级不锈钢的定义不一，包括高性能、高合金、有特殊要求的一些合金含量较低的不锈钢。超级不锈钢以耐点蚀当量PREN=%Cr+3.3(%Mo)+16(%N)来表征，通常超级不锈钢指耐点蚀当量PREN≥35(铁素体不锈钢)或≥40(奥氏体不锈钢和双相不锈钢)的高合金化高性能不锈钢。

超级不锈钢是一类针对原有不锈钢的不足，以为克服这些不足而发展的不锈钢新品种、新牌号来适应不锈钢应用的进一步需要，并不是代替原有的不锈钢，只在原有不锈钢不能满足应用需要时才采用超级不锈钢。超级不锈钢按不锈钢的基础类型分类，可分为超级奥氏体不锈钢、超级铁素体不锈钢、超级双相不锈钢和超级马氏体不锈钢4个大类。

①超级奥氏体不锈钢

超级奥氏体不锈钢是以耐点蚀当量PREN≥40表征的高合金、高性能超级奥氏体不锈钢，通常指质量分数为20%～26%Cr、18%～30%Ni、3%～7%Mo，并用Cu(≤4%)、N(≤0.5%)进一步合金化的超低碳、超高洁净度、超高均匀性的高合金、高性能奥氏体不锈钢。主要牌号及耐点蚀当量有：00Cr20Ni18Mo6CuN(254SMO)，PREN=43；00Cr21Ni25Mo6CuN，PREN=48.8；00Cr25Ni25Mo6CuN，PREN=52.8；00Cr24Ni22Mo7CuN(654SMO)，PREN=56.1；等等。

这类超级奥氏体不锈钢具有优良的综合性能，强度高，在氧化和还原介质中有优异的耐蚀性，耐海水腐蚀、耐各种氯化物介质全面腐蚀、点蚀和应力腐蚀，在硫酸和磷酸中有良好的耐蚀性。

超临界发电机组用超级奥氏体不锈钢具有优良的高温持久强度，解决了不锈钢在520～580℃以上温度长期使用会发生蠕变的问题，抗烟气腐蚀、蒸气氧化性能好，可满足参数为605～650℃、压力为27～35MPa的超临界机组的使用要求，常用作超临界机组直流锅炉过热器和再热器的管道。

Incoloy 25-6Mo合金(UNS N08926/W. Nr. 1.4529)是一种超级奥氏体不锈钢，ASME

2120－1 Nickel－Iron－Chromium－Molybdenum－Copper Low Carbon Alloy(UNS N08926) for Code Construction Section Ⅷ, Division 1 定义了它的化学成分、最大许用应力以及力学性能。它含有6%(质量分数)的Mo并通过添加N提高性能。该合金对非氧化性酸如H_2SO_4、H_3PO_4有着很好的抗腐蚀性。高的Mo含量以及N使得它能够抗点蚀和缝隙腐蚀，含有的Cu能够提高它对H_2SO_4的抗腐蚀性。当普通奥氏体不锈钢(AISI316和317)耐蚀性达到极限时，它能够代替这些不锈钢。因此，该合金被归到超级奥氏体不锈钢。此外，在一些海洋和化工环境中该合金还可作为高镍合金的一种经济的替代品。

Incoloy 25－6Mo合金最出色的性能之一是该合金对含氯化物以及卤化物的环境有着很好的抗腐蚀性，特别适用于一些处理高氯化物的环境中，如盐水、海水、腐蚀性氯化物以及纸浆厂的漂白系统。应用领域包括化工和食物工程、纸浆和纸的漂白设备、海洋和近海石油平台设备、盐厂的蒸发器、大气污染控制系统以及电厂的冷凝管道系统、循环水管道系统和供水加热器等。

Incoloy 25－6Mo合金是一种对点蚀和缝隙腐蚀有着出色抵抗能力的全奥氏体合金，合金的PREN(PREN＝%Cr＋3.3×%Mo＋30×%N)为47，临界点蚀温度(CPT)在65～70℃，是一种经济实惠的抗强氯化物腐蚀的合金。抗晶间腐蚀、应力腐蚀开裂性能大大优于317不锈钢。在高流速的海水中，在环境温度下过滤的海水以15.2m/s流速冲击其表面时没有任何的腐蚀迹象。

在必须对海水进行氯化处理的情况下，实验结果表明合金在氯含量为1.0mg/L、35℃时是耐腐蚀的。在高氯含量或相对较高的温度情况，特别在法兰区域或缝隙处，有时会出现腐蚀。

在饱和氯化钠环境pH为6～8时，Incoloy 25－6Mo的腐蚀速率小于1mpy(0.025mm/a)。即使在腐蚀性更强的氧化条件下的氯化钠环境也保持低于1mpy(0.025mm/a)腐蚀速率，并在沸腾条件下也无点蚀发生。随着这些盐液的酸度增加，Incoloy 25－6Mo在结晶器和蒸发器应用中也是优异的选材。Incoloy 25－6Mo合金已经在主要化工设备中的盐蒸发器本体和管壳换热器得到应用。在纸浆和造纸工业中已经被广泛使用在漂白环境，尤其在使用腐蚀性的ClO_2的情况下。在烟囱贴衬和出口烟道是一种经济实惠的材料，因为这些部位会形成酸性介质结露而导致点蚀和缝隙腐蚀。

细菌被公认为微生物腐蚀(MIC)的载体，它在小坑点、晶界、焊接咬边以及管道内壁、换热管和其他金属结构中与流体相接触的地方生存、生长和繁殖。由于Incoloy 25－6Mo对MIC的良好抗力，该合金大量使用在电厂的废水管道系统。

②超级铁素体不锈钢

为了克服铁素体不锈钢的缺点，通过加入各种元素特别是运用AOD、VOD等炉外精炼技术发展了高纯铁素体不锈钢和超级铁素体不锈钢。

超级铁素体不锈钢通常指含质量分数18%～30%Cr、2%～4%Mo、$C+N \leq 250\times10^{-6}$及适量稳定化元素、超高洁净度、超高均匀性、耐点蚀当量PREN≥35的高Cr、高Mo、超低C＋N的高性能特殊铁素体不锈钢。具有低的韧－脆性转变温度、良好的焊接和力学性能。其主要牌号及耐蚀当量有：00Cr30Mo2(447J1)，PREN＝36.6；00Cr25Ni4Mo4Ti，

PREN＝38.2；00Cr29Mo3Ti，PREN＝38.9；00Cr27Ni2Mo3.5Ti（Sea－Cure），PREN＝39；00Cr29Mo4Ti（AI29－4C），PREN＝42.2；00Cr29Mo4Ni2，PREN＝42.2。

这类钢在热的 Cl^- 溶液中具有极高的抗全面腐蚀和局部腐蚀性能，如00Cr30Mo2（447J1）在含氯化物溶液中耐点腐蚀、应力腐蚀、全面腐蚀均优于300系列不锈钢和2205双相钢，在NaOH和HAc中耐蚀性与纯Ni相当，在含 $NaClO_3$ 氧化剂的高温NaOH中优于高纯Cr26Mo1和纯Ni，主要用于NaOH浓缩设备、烟气脱硫设备、火电厂冷凝器。00Cr25Ni4Mo4Ti在海水和含氯化物介质中有极好的耐点蚀、耐缝隙腐蚀性能，主要用于使用海水或其他含氯化物溶液的工厂，制造洗涤器、热交换器和冷凝器等设备。

③超级双相不锈钢

为了进一步提高双相不锈钢的性能，发展了抗局部腐蚀和焊接性能更好的超级双相不锈钢。超级双相不锈钢通常是指含质量分数为25%～27%Cr、6.5%～7.5%Ni、3%～4%Mo、≤0.3%N，含适量Cu、W、Si等元素，超高洁净度、相比例精细控制、耐点蚀当量PREN≥40的高Cr、高Mo、高N的超低碳双相不锈钢。其主要牌号与耐点蚀当量有：00Cr25Ni7.5Mo3W2N，PREN＝40；00Cr25Ni6.5Mo3.5CuN，PREN＝40.55；00Cr25Ni7Mo3.5CuN（Zeron 100），PREN＝40.55；00Cr25Ni7Mo3.5Cu1.5N，PREN＝41.35；00Cr25Ni7Mo4N，PREN＝43；00Cr27Ni7Mo3.5CuWN，PREN＝43.35；00Cr27Ni6.5Mo5N（2707HD），PREN＝49等。

00Cr25Ni6.5Mo3.5CuN、00Cr25Ni7Mo3.5CuN、00Cr25Ni7Mo3.5WCuN、00Cr27Ni7Mo3.5CuWN用于制造氯乙烯生产用塔、换热器、容器及氯氧反应器、HCl冷却器、合成橡胶用聚合反应器、泵、管线等，化肥工业中硝酸生产冷却器、冷凝器等。

00Cr25Ni7Mo4N、00Cr25Ni7.5Mo4CuWN用于含胺的碱溶液管线、海水热交换器等；00Cr27Ni6.5Mo5N(2707HD)是特超级双相不锈钢，特别适用于苛刻的、酸性、含氯环境（推荐用于热海水），它可使在苛刻环境下使用的热交换器承受更高的运行温度和更长的运行时间，保证设备运行可靠、安全和性能良好。

④超级马氏体不锈钢

为了克服马氏体不锈钢的不足，引入了软马氏体的概念，开发出一系列抗拉强度高，延展性好，焊接性能得到改善的新合金，开拓了超级马氏体不锈钢的研制。超级马氏体不锈钢通常指含12%～17%Cr、2%～6.5%Ni、≤2.5%Mo、≤0.3%Cu元素的超低C、超高洁净度、强韧性好、耐蚀性优于传统马氏体不锈钢，特别是焊接性能远远优于传统马氏体不锈钢的回火马氏体组织的“软”马氏体不锈钢。不仅保持了传统马氏体不锈钢强度硬度高、耐磨性好的优点，还克服了传统马氏体不锈钢塑韧性差、耐蚀性差，特别是一般不能用作焊接件的缺点。其主要牌号、C质量分数和耐点蚀当量为：00Cr12Ni4.5Mo1.5Cu（X80 12Cr－4.5Ni－1.5Mo），C≤0.02%，PREN＝17；00Cr13Ni4Mo1（HP13Cr），C≤0.03%，PREN＝17；00Cr12Ni4.5Mo1.5Cu1.5（CRS：95ksi），C≤0.02%，PREN＝18.2；00Cr16Ni5Mo1（248SV），C≤0.03%，PREN＝19.3；00Cr13Ni6Mo2Cu1.5（CRS：110ksi），C≤0.02%，PREN＝19.6；00Cr13Ni5Mo2N（D13－5－2－N），C≤0.02%，PREN＝20；00Cr13Ni6Mo2.5Ti，C≤0.015%，PREN＝21.2。

超马氏体不锈钢由于含C量低，相当于提高了基体金属中含铬量的比例，所以耐腐蚀性好。如248SV马氏体不锈钢抗全面腐蚀和点腐蚀的性能优于13% Cr和17% Cr马氏体不锈钢，而与304型奥氏体不锈钢相当。对于弱酸性腐蚀环境，超马氏体不锈钢有取代其他耐蚀合金的趋势。但是，在高温和有CO_2存在的腐蚀条件下，会产生全面腐蚀和局部腐蚀；在CO_2和H_2S同时存在的条件下，必须考虑在室温下产生的SCC与在高温下产生的全面和局部腐蚀。

由于超级马氏体不锈钢比传统马氏体不锈钢在塑韧性、耐蚀性和焊接性能方面有明显改善，它的强度比双相不锈钢高得多，因此在很多工业领域极具应用潜力。

(2)耐蚀合金

包括GB/T 15007—2017《耐蚀合金牌号》中的铁基耐蚀合金[Ni含量(质量分数)为30% ~50%]和镍基合金(Ni含量不小于50%)，按合金的主要强化特征，这些合金还可分为固溶强化型合金和时效硬化型合金。按材料的化学成分可分为镍-铬系(NS×1××)、镍-钼系(NS×2××)、镍-铬-钼系(NS×3××)、镍-铬-钼-铜系(NS×4××)、镍-铬-钼-氮系(NS×5××)和镍-铬-钼-铜-氮系(NS×6××)。耐蚀合金国内牌号包括：NS111，NS112，NS113，NS131，NS141，NS142，NS143，NS311，NS314，NS315，NS321，NS322，NS331，NS332，NS333，NS334，NS335，NS336，NS341，NS411等。

铁基耐热合金工作温度在700℃以下，含有相当高的Cr、Ni成分和其他强化元素。

镍基耐蚀合金主要是哈氏合金以及Ni-Cu合金等，由于金属Ni本身是面心立方结构，晶体学上的稳定性使得它能够比Fe容纳更多的合金元素，如Cr、Mo等，从而具备抵抗各种环境的能力；同时Ni本身就具有一定的抗腐蚀能力，尤其是抗氯离子引起的应力腐蚀能力。Ni-Cr型耐蚀合金，Ni-Mo(W)及Ni-Cr-Mo型合金是高耐蚀的镍基合金，在HCl等还原介质中有极好的耐蚀性，但当酸中有氧化剂时，耐蚀性显著下降。Ni-Cr-Mo-Cu型耐蚀合金是为满足耐HNO_3、H_2SO_4及混合酸的腐蚀发展起来的钢种，典型合金是0Cr21Ni68Mo5Cu3，后来又相继发展了核燃料溶解器用的0Cr25Ni50Mo6Cu1Ti1Fe等系列合金。

镍基耐热合金是目前在700~900℃范围内使用最广泛的一种高温合金，这类合金的Ni含量通常在50%以上。

钴基耐热合金的高温强度主要靠固溶强化获得。Co价格昂贵，应用受到很大的限制，一般在1000℃以上才用。

1)Monel合金

Monel合金是美国SpecialMetals公司的注册商标。又称镍合金，是一种以金属镍(≥63%)为基体添加Cu、Fe、Mn等其他元素而成的合金，呈银白色，它兼有Ni的钝化性和Cu的贵金属性。有两种类型：加工强化型，有Monel 400、404、R405等牌号；沉淀硬化型，有Monel K-500、502等牌号，常用Monel 400和K-500。

Monel合金在F_2、HCl、H_2SO_4、HF以及它们的派生物中有优异的耐蚀性，一个重要特征是一般不发生应力腐蚀，在热浓碱液中有优良的耐蚀性。耐质量分数小于85%的H_2SO_4、海水、有机化合物等的腐蚀。Monel 400合金的组织为高强度的单相固溶体，Monel 400(UNSNO4400)最高使用温度一般在600℃左右，在高温蒸气中，腐蚀速度小于0.026mm/a。耐585℃以下无水氨和氨化条件下的腐蚀。在许多工业领域都能应用，如海水交换器和蒸发器、核工业用于制造铀提炼和同位素分离的设备。

2)哈氏(Hastelloy)合金

哈氏合金目前主要分为B、C、G 3个系列，它主要用于铁基Cr-Ni或Cr-Ni-Mo不锈钢、非金属材料等无法使用的强腐蚀性介质场合。在强还原性腐蚀环境、复杂的混合酸环境、含有卤素离子的溶液中，以哈氏合金为代表的镍基耐蚀合金相对铁基的不锈钢具有绝对的优势。

哈氏合金具有高强度、高韧性的特点，而且其应变硬化倾向大，当变形率达到15%时，约为18-8不锈钢的2倍。哈氏合金还存在中温敏化区，其敏化倾向随变形率的增加而增大。当温度较高时，哈氏合金易吸收有害元素使它的力学性能和耐腐蚀性能下降。

①哈氏B-2合金

哈氏B-2合金是一种有极低含C量和含Si量的Ni-Mo合金，它减少了在焊缝及热影响区碳化物和其他相的析出，从而确保即使在焊接状态下也有良好的耐蚀性能。

哈氏B-2合金在各种还原性介质中具有优良的耐腐蚀性能，能耐常压下任何温度任何浓度HCl的腐蚀。在不充气的中等浓度的非氧化性H_2SO_4、各种浓度H_3PO_4、高温HAc、HCOOH等有机酸、溴酸和HCl气体中均有优良的耐蚀性能，同时，它也耐卤族催化剂的腐蚀。因此，哈氏B-2合金通常应用于多种苛刻的石油、化工过程，如盐酸的蒸馏、乙苯的烷基化和低压羰基合成醋酸等生产工艺过程中。

但哈氏B-2合金存在对抗晶间腐蚀性能有相当大影响的两个敏化区：1200~1300℃的高温区和550~900℃的中温区。当合金在650~750℃温度范围内停留时间稍长，β相瞬间生成，降低了合金的韧性，使其对应力腐蚀变得敏感，甚至会造成合金在原材料生产(如热轧过程中)或设备制造过程中(设备焊后整体热处理)、服役环境中开裂。

哈氏B-2合金的耐蚀性能不仅取决于其化学成分，还取决于其热加工的控制过程。当热加工工艺控制不当时，合金不仅晶粒长大，而且晶间会析出现高Mo的σ相，使合金的抗晶间腐蚀的性能明显下降。

②哈氏C-276合金

哈氏C-276合金属于镍-钼-铬-铁-钨系镍基合金，哈氏C-276合金中没有足够的Cr来耐强氧化性环境的腐蚀，如热的浓硝酸。主要耐湿氯、各种氧化性氯化物、氯化物溶液、硫酸和氧化性盐，在低温与中温盐酸中均有很好的耐蚀性能。因此，在苛刻的腐蚀环境中，如化工、石油化工、烟气脱硫、纸浆和造纸、环保等工业领域有着相当广泛的应用。在燃煤系统的烟气脱硫环境下哈氏C-276合金是最耐蚀的材料。

哈氏C-276合金中Cr、Mo、W的加入将其耐点蚀和缝隙腐蚀的能力大大提高。哈氏C-276合金在海水环境中被认为是惰性的，按ASTM G48试验的临界缝隙腐蚀温度达60℃。哈氏C-276合金中高含量的Ni和Mo使其对Cl^-应力腐蚀断裂也有很强的抵抗能力，所以哈氏C-276合金被广泛地应用在海洋、盐水和高氯环境中，甚至在强酸低pH值情况下。

在绝大多数腐蚀环境下，哈氏 C－276 合金都能以焊接件的形式应用。但在十分苛刻的环境中，哈氏 C－276 合金材料及焊接件要进行固溶热处理以获得最好的抗腐蚀性能。

哈氏 C－276 合金表面在焊接或热处理时会产生氧化物，使合金中的 Cr 含量降低，影响耐蚀性能，所以要对其进行表面清理。可以使用不锈钢丝刷或砂轮，然后浸入适当比例硝酸和氢氟酸的混合液中酸洗。

哈氏合金的适用介质见表 6－5。哈氏合金的各种腐蚀数据是有其典型性的，但是不能用作规范，尤其是在不明环境中，必须要经过试验才可以选用。

表 6－5　哈氏合金的适用介质

合金牌号	N10001(B) N10665(B－2) N10675(B－3) N10629(B－4)	N10276(C－276) N06022(C－22) N06455(C－4) N06059(C－59)	N06007(G) N06985(G－3) N06030(G－30)
主要合金元素	Ni－Mo	Ni－Cr－Mo	Ni－Cr－Fe－Mo
适用介质	盐酸等还原性介质	氧化、还原性混合介质	磷酸、硫酸、硫酸盐等

3) Inconel 镍铬铁耐热耐蚀合金

Inconel 是 International Nickel Co. 公司的注册商标，合金是一种以 Ni 为主要成分的奥氏体超耐热合金。源于镍铬合金中所含的 Mo、Nb 固溶体强化效应，在 700℃时具有高的拉伸强度、疲劳强度、抗蠕变强度和断裂强度，在 1000℃时具有高抗氧化性，在低温下具有稳定的化学性能、良好的焊接性能、易加工性能。

虽然该合金是为适应高温环境的强度而设计，但该合金有高含量的 Cr、Mo，使其从高度氧化环境到一般腐蚀环境表现出优异的耐腐蚀特性，对高含氯化物介质也有很好的抗腐蚀作用。同时，该合金具有良好的焊接性能，焊缝具有抗晶间腐蚀的能力。可用作化工设备、波纹管补偿器膨胀节等接触海水并承受高机械应力的场合。

典型的 N5－Cr 合金是 0Cr15Ni75Fe(Inconel 1600)，多作为高强度耐热材料。其特点是既耐还原性介质腐蚀，又在氧化性介质中具有高的稳定性。它是能抗热 $MgCl_2$ 腐蚀的少数几种材料之一，无应力腐蚀倾向，故常用于制作核动力工程的蒸发器管束。但在高温高压纯水中对晶间型应力腐蚀敏感。

4) Incoloy 镍铬铁合金

Incoloy 镍铬铁合金是 International Nickel Co. 公司的注册商标。合金是一种固溶态高强度奥氏体镍－铁－铬合金，是为抗高温氧化和碳化而设计的。Incoloy 合金有很多种类，常见的如 Incoloy 800、Incoloy 800H、Incoloy 800HT、Incoloy 825、Incoloy 840、Incoloy 901、Incoloy 925、Incoloy 20、Incoloy 330、Incoloy 25－6Mo 等。

Incoloy 800(800H、800HT)和 Incoloy 825 都具有很好的耐还原、氧化、氮化介质腐蚀以及耐氧化还原交替变化介质腐蚀的性能，且在高温长期应用中具有高的冶金稳定性。但由于三者的(Al＋Ti)含量不同，致使 3 种材料运用的环境有所不同，具体表现在：Incoloy

800 适用于600℃以下；Incoloy 800H 由于(Al + Ti)的质量分数不高于0.7%，在700℃以下长时间工作时仍然具有较好的韧性；Incoloy 800HT 在700℃以上时具有较好的屈服强度。Incoloy 800 系列的板材、带材、棒材、管材(焊管和无缝管)、丝材、锻件、光棒、法兰、焊材品种齐全，常用于热交换器、波纹管膨胀节补偿器等承压设备。

(3)有色金属

压力容器常用有色金属有：铜及铜合金、铝及铝合金、铅及铅合金、镍及镍合金、钛及钛合金、锆及锆合金等。

1)铜及铜合金

①纯铜。在无氧条件下，Cu 在许多非氧化性酸中都是比较耐腐蚀的。耐稀 H_2SO_4、H_2SO_3、稀的和中等浓度的 HCl、HAc、HF 及其他非氧化性酸等介质的腐蚀，对淡水、大气、碱类溶液的耐蚀能力很好。不耐各种浓度的 HNO_3、NH_3 和铵盐溶液。但 Cu 最有价值的性能是在低温下保持较高的塑性及冲击韧性，是制造深冷设备的良好材料。

②黄铜。Cu 与 Zn 的合金称为黄铜，最简单的黄铜是铜 - 锌二元合金，称为简单黄铜或普通黄铜。黄铜中 Zn 含量对力学性能影响较大，Zn 含量增加，其强度升高，塑性降低。工业应用的黄铜中 Zn 含量(质量分数)小于45%，锌含量再高合金变脆。

黄铜的耐蚀性能与纯铜相似，在大气中耐腐蚀性优于纯铜，常用的黄铜牌号有 H80、H68、H62 等。H80 在大气、淡水及海水中有较高耐腐蚀性。

为了改善黄铜的某种性能，在二元黄铜的基础上加入其他合金元素的黄铜称为特殊黄铜。常用的合金元素有 Si、Al、Sn、Pb、Mn、Fe 和 Ni 等。

锡黄铜 HSn70 - 1 又称海军黄铜，含有1%(质量分数)的 Sn，能提高在海水中的耐蚀性。

③白铜。Cu 与 Ni 的合金，呈银白色，镍含量(质量分数)低于50%的铜镍合金称为简单(普通)白铜，加入 Mn、Fe、Zn 或 Al 等元素的白铜称为复杂(特殊)白铜。纯铜加 Ni 能显著提高强度、耐蚀性、电阻和热电性。工业用白铜根据性能特点和用途不同分为结构用白铜和电工用白铜两种，分别满足各种耐蚀和特殊的电、热性能。白铜多经压力加工成白铜材，是铜合金中抗冲刷腐蚀、应力腐蚀性最好的，多用于循环水、海水换热器管束和管板覆盖层。

④青铜。青铜是历史上应用最早的一种合金，原指铜锡合金，因颜色呈青灰色，故称青铜。为了改善合金的工艺性能和力学性能，大部分青铜内还加入其他合金元素，如 Pb、Zn、P 等。无锡青铜主要有铝青铜、铍青铜、锰青铜、硅青铜等。此外还有成分较为复杂的三元或四元青铜，现在除黄铜和白铜(铜镍合金)以外的铜合金均称为青铜。

锡青铜有较高的力学性能、耐蚀性、减摩性和铸造性能，对过热和气体的敏感性小，焊接性能好，无铁磁性，收缩系数小。锡青铜在大气、海水、淡水和蒸汽中的抗蚀性都比黄铜高。锡青铜用来铸造耐腐蚀和耐磨零件，如泵壳、阀门、轴承、蜗轮、齿轮、旋塞等。典型牌号 ZQSn10 - 1，有高强度和硬度，能承受冲击载荷，耐磨性很好，具有优良的铸造性，比纯铜耐腐蚀。

2)铝及铝合金

Al 是一种轻金属，密度小，Al 的标准电极电位为 -1.67V，化学活性很高，应该易于遭受腐蚀，但在许多介质中由于它的表面易于生成一层致密的、自愈性好、有保护性的氧化膜，因此有很好的耐蚀性，在大气中优于黄铜及碳钢。

铝合金具有较好的强度，比强度远高于钢。具有良好的抗腐蚀性能和较好的塑性，适合于各种压力加工，因此得到广泛的应用。由于熔焊的铝材在低温（-196℃）下冲击韧性不下降，适合做低温设备。

铝合金按加工方法可分为变形铝合金和铸造铝合金。变形铝合金又分为不可热处理强化型铝合金和可热处理强化型铝合金。不可热处理强化型铝合金不能通过热处理来提高力学性能，只能通过冷加工变形来实现强化，它主要包括高纯铝、工业高纯铝、工业纯铝以及防锈铝等。可热处理强化型铝合金可以通过淬火和时效等热处理工艺提高力学性能，它可分为硬铝、锻铝、超硬铝和特殊铝合金等。

有些铝及铝合金可以采用热处理获得良好的力学性能、物理性能和抗腐蚀性能。设备或构件应避免与其他金属直接接触，并不能在含有重金属离子的介质中使用，一般的铝合金也不抗氯化物腐蚀，抗垢下腐蚀性能差。Hg 对铝镁合金有严重的腐蚀作用。因为 Al 是两性金属，故一般只能在近中性（pH 4.5～8.5）的介质中使用，但在氨水中因为络离子的产生而耐蚀。在氧化性酸中极易钝化，所以可耐各种浓度的 HNO_3，在弱有机酸（如 HAc）、弱无机酸（如 H_2CO_3）、尿素等介质中耐蚀性优良。

压力加工产品曾分为防锈（LF）、硬质（LY）、锻造（LD）、超硬（LC）、包覆（LB）、特殊（LT）及钎焊（LQ）7 类。常用铝合金材料的状态为退火（M）、硬化（Y）、热轧（R）3 种。高强度铝合金指其抗拉强度大于 480MPa 的铝合金，主要是压力加工铝合金中硬铝合金类、超硬铝合金类和铸造合金类。牌号有硬铝，Al-Cu-Mg 的合金，如 LY1L-1L-2；防锈铝，Al-Mg 的合金，如 LF21；铸铝，Al-Si 的合金，如 ZL107。

耐蚀铝合金主要有 Al-Mg、Al-Mn、Al-Mn-Mg 和 Al-Mg-Si 4 个系列。铝中加入 Mg、Zn、Mn、Al、Cu 等元素后，铝合金的电极电位也随之变化。对每一种元素，当它完全溶于固溶体中时，元素含量的变化对铝的电极电位影响明显，进一步添加形成第二相的同种元素，仅使电极电位稍有变化。铝合金的耐蚀性与合金中相的电极电位关系很大，当基体为阴极，第二相为阳极时，合金具有较高的耐蚀性；如基体为阳极，第二相为阴极，则第二相的电极电位越高，数量越多，合金的耐蚀性越差。Si 与 Al 的电位虽然相差较大，但在复相合金中耐蚀性仍然很好，这是因为在氧化性介质中合金表面有保护性氧化膜（$Al_2O_3+SiO_2$）生成。

①铝及铝合金的主要腐蚀类型

a. 点蚀。点蚀是铝合金最常见的腐蚀形态，在近中性的大气、水等介质中都会发生。引起铝合金点蚀需要 3 个条件：一是水中含有能导致钝化膜破坏的离子，如 Cl^-；二是含有能抑制全面腐蚀的离子，如 SO_4^{2-}；三是含有能促进阴极反应的氧化剂，因为铝合金在中性环境中的点蚀是阴极控制的过程。

b. 晶间腐蚀。Al-Zn-Mg 和 Mg 质量分数大于 3% 的 Al-Mg 合金，常因热处理不当引起晶间腐蚀。Al-Cu 和 Al-Cu-Mg 合金热处理时在晶界上连续析出富 Cu 的 $CuAl_2$ 相时，则临近 $CuAl_2$ 相的晶界固溶体中贫 Cu，晶界贫 Cu 区成为阳极而发生腐蚀。

c. 应力腐蚀。对于纯铝和低强度铝合金，一般不产生应力腐蚀。铝合金常在海洋环境、不含 Cl^- 的高温水中产生应力腐蚀开裂，其破裂的特征是晶间型开裂，说明铝合金的应力腐蚀与晶间腐蚀有关。当晶界为阳极时，因选择性腐蚀导致晶界优先溶解。铝合金中含有足够量的可溶性合金元素(主要为 Cu、Mg、Si 和 Zn)时，对应力腐蚀敏感性显著提高。容易产生应力腐蚀的主要是高强度铝合金，如 Al - Cu、Al - Cu - Mg、Mg 质量分数大于 5% 的 Al - Mg 合金、Al - Zn - Mg - Cu 等合金。

d. 电偶腐蚀。铝及铝合金自然腐蚀电位低，当与其他金属接触时，在腐蚀环境中成为阳极而被腐蚀。当其与电位更正的金属接触时，本身会发生孔蚀。因此，铝及铝合金在使用上须避免与其他金属接触，如无法避免时，在设计上应尽可能增加铝合金的暴露面积，减少铝合金的腐蚀电流密度。

e. 剥落腐蚀。剥落腐蚀(剥蚀、鳞状腐蚀)是变形铝合金的一种特殊腐蚀形态，与合金的显微组织有关，表现为铝合金从表层一层一层地剥离下来。腐蚀过程是有选择地沿着与表面平行的次表面开始，未腐蚀金属薄层在腐蚀层之间剥裂分层。剥蚀通常仅发生在有明显的定向伸长组织的产品中，最多的是 Al - Cu - Mg 系合金，在 Al - Mg 系、Al - Mg - Si 系和 Al - Zn - Mg 系中也有发生，但在 Al - Si 系中尚未发现。在挤压材表层之下发生，而挤压材已经再结晶的表层不发生。

提高铝合金耐蚀性的主要措施是增厚表面氧化膜，方法有化学氧化法和电化学阳极氧化法。

②铝及铝合金牌号。按 GB/T 16474—2011《变形铝及铝合金牌号表示方法》，铝及铝合金分为 9 个系列，GB/T 3190《变形铝及铝合金化学成分》给出了新旧牌号对照表和化学成分。

a. 工业纯铝：按 GB/T 1196—2017《重熔用铝锭》(MOD ISO 115—2003)，重熔用铝锭按化学成分分为 8 个牌号，分别为 Al99.90、Al99.85、Al99.70、Al99.60、Al99.50、Al99.00、Al99.7E 和 Al99.6E(注：Al 之后的数字为铝含量)。

工业高纯铝的代号为 LG ×(铝、工业用，Al 含量大于 99.85%)和 L ×(Al 含量 98.3% ~99.7%)。

工业高纯铝用于抗氧化性酸腐蚀和大气腐蚀，用于制作反应器、热交换器、深冷设备、塔器等。

b. 防锈铝：由铝锰系或铝镁系组成的铝合金，强度比纯铝高，用于中等强度的零件、管道、换热管、低压容器等。

c. 铸造铝合金(ZL)：按化学成分可分为铝硅合金、铝铜合金、铝镁合金和铝锌合金，代号编码分别为 100、200、300、400。铝的铸造性、流动性好，铸造时收缩率和裂纹敏感性小，广泛用来铸造形状复杂的耐蚀零件，如管件、泵、阀门、气缸、活塞等。

Al - Si 系，俗称“硅铝明”，典型牌号 ZAlSi7Mg，合金号为 ZL101。

Al - Cu 系，应用最早，热强性高，300℃，耐腐蚀性较差，典型牌号 ZAlCu5Mn，合金号为 ZL201。

Al - Mg 系，室温力学性能高，耐腐蚀性能好，但热强性低，铸造性能差，典型牌号

ZAlMg10，合金号为 ZL301。

Al - Zn 系，Zn 在 Al 中溶解度大，再加入 Si 及少量 Mn、Cr 等元素，具有良好的综合性能，典型牌号 ZAlZn11Si17，合金号为 ZL401。

3）铅及铅合金

铅合金是以 Pb 为基加入其他元素组成的合金。按照性能和用途，铅合金可分为耐蚀合金、电池合金、焊料合金、印刷合金、轴承合金和模具合金等。铅合金硬度低、强度小，不宜单独作为设备材料，只适于做设备的衬里。在硫酸（80% 的热硫酸及 92% 的冷硫酸）中 Pb 具有很高的耐蚀性。

铅合金表面在腐蚀过程中产生氧化物、硫化物或其他复盐化合物覆膜，有阻止氧化、硫化、溶解或挥发等作用，所以在空气、硫酸、淡水和海水中都有很好的耐蚀性。铅合金如含有不固溶于 Pb 或形成第二相的 Bi、Mg、Zn 等杂质，则耐蚀性会降低，加入 Te、Se 可消除杂质 Bi 对耐蚀性的有害影响。在含 Bi 的铅合金中加入 Sb 和 Te，可细化晶粒组织，增加强度，抑制 Bi 的有害作用，改善耐蚀性。

Pb 与 Sb 合金称为硬铅，硬度、强度都比纯铅高，铅锑合金加入少量的 Cu、As、Ag、Ca、Te 等，可增加强度，在硫酸中的稳定性也比纯铅好。从综合性能考虑，铅合金用于制作化工设备、管道等耐蚀构件时，以含 Sb 6%（质量分数）左右为宜；用于制作连接构件时，以含 Sb 8% ~10%（质量分数）为宜。

硬铅的主要牌号为 PbSb4、PbSb6、PbSb8 和 PbSb10。

铅和硬铅在与硫酸接触的介质中可用来做设备衬里、加料管等。

4）镍及镍合金

纯镍或低合金镍对各种还原性化学物质有一定抗力，特别是耐苛性碱腐蚀性能优异。与镍基合金相比，纯镍有更高的导电和导热性能。退火镍具有低的硬度以及良好的延展性和韧性。Ni 的加工硬化相对较低，但它可以通过冷作达到中等强度水平并保持其延展性。这些特性加上其良好的焊接性能使得该金属容易加工成型。

按 GB/T 25951.1—2010《镍及镍合金 术语和定义 第 1 部分：材料》，镍合金为除 Ni + Co 外，至少一种合金元素质量分数大于 0.3%，合金元素总质量分数超过 1%。按 GB/T 5235—2021《加工镍及镍合金牌号和化学成分》，纯镍牌号分为 N2 ~ N9 和 DN9。

镍及镍合金对稀非氧化性无机酸，如 HCl、H_2SO_4、H_3PO_4，在低温至中温环境中有良好的耐腐蚀性。因为 Ni 的析氢过电位高，对一般的非氧化性酸来说，析氢反应困难，需要供给 O_2 才能使腐蚀较快发生。因此，Ni 在含氧化性组分如 Fe^{3+}、Cu^{2+}、HNO_3、O_2 和其他氧化剂等物质的酸性介质中，能被快速腐蚀。Ni 对氯化物晶间型应力腐蚀有较好的抵抗力，但在强应力情况下，在有氧溶液中对碱性开裂很敏感。Ni 对大部分天然淡水和快速流动海水都有较高的抗腐蚀能力。但在滞流状态或有裂缝的情况下，可能会发生严重腐蚀。Ni 不会被无水氨水或很稀的氨水腐蚀，但高浓度氨水中因为有可溶性的络合物（$Ni-NH_4$）产生，会导致快速腐蚀。

Nickle 200、Nickle 201 和 Incoloy 25 - 6Mo 是被 ASME 锅炉和压力容器代码 Section Ⅷ，Division1 批准的结构材料。Nickle 200 批准的使用温度可达到 600℉（315℃），Nickle 21 批

准的服役温度可达到1250℉(677℃)。

①Nickle 200

Nickle 200(UNS N02200/W. Nr. 2. 4060 和2. 4066)是商业纯镍(99. 6%),特别适用于食品、人造纤维以及苛性碱等需要保证产品纯净的设备。如果含气量不是很高的情况下,Nickle 200 对有机酸的抗力是非常优异的。Nickle 200 通常被限制在低于315℃下使用,高温下 Nickle 200 产品会发生石墨化,这会使材料的力学性能严重下降。

Nickle 200 虽然大多数使用在还原环境中,但它也在可以形成钝化膜的氧化条件下使用,Nickle 200 对 NaOH 的优异抗腐蚀能力就是基于这一种保护。

通常 Nickle 200 在室内气氛中保持光亮状态,在海洋和乡村环境中的腐蚀速率均非常低。在室外,由于形成了很薄的保护膜(通常是硫酸盐),其腐蚀速率也很低。腐蚀速率随气氛中 SO_2 含量(如在工业大气中)的增加而增加。

Nickle 200 对蒸馏水和天然水的耐蚀能力非常优异。在蒸馏水中腐蚀速率小于0. 01mpy(0. 3μm/a),在民用热水温度200℉(95℃)下通常小于0. 02mpy(0. 5μm/a)。

Nickle 200 能有效地耐含 H_2S 或 CO_2 的水溶液腐蚀,被用于油井中抵抗 H_2S 和盐水腐蚀。Nickle 200 在淡水和盐水中的腐蚀疲劳极限却非常接近。在流动的海水(即使流速非常高)中非常耐蚀,但在停滞或流速非常低的海水中在有机物的污垢或其他沉积下可能出现非常严重的局部腐蚀。

在水蒸气含有一定比例的 CO_2 和空气的系统中,腐蚀速率开始时非常高,但在环境有利于形成保护膜时,随时间推移腐蚀速率会降低。但 Fe 的腐蚀产物等杂质会干扰这种保护膜的形成。为防止腐蚀,在这类系统中应该带有供水消气泡装置或除去不凝气的设备。

在室温的非充气溶液 H_2SO_4 环境中,Nickle 200 有一定的耐蚀性,充气和提高温度均能增加腐蚀速率,氧化性盐的存在也会加速腐蚀。

在 HC 中,Nickle 200 可以在充气或不充气的室温浓度不超过30%的盐酸中使用。在质量分数低于0. 5%的情况下,材料可以满足温度直到300 ~400℉(150 ~205℃)的使用。同样提高温度和充气将加速腐蚀。

在 HF 中,Nickle 200 对无水 HF 即使在较高温度下也有优异的耐蚀性。但在水溶液中,其应用通常限制在温度低于180℉(80℃)以下。即使在室温下,质量分数为60% ~65%的商用等级酸也可以对 Nickle 200 造成严重的腐蚀。

在 H_3PO_4 中,Nickle 200 在环境温度下的各种浓度的纯的不通气 H_3PO_4 中的腐蚀速率均比较低。但由于商用磷酸通常含有能加速腐蚀的氟化物和 Fe^{3+} 杂质,不能达到合理的服役寿命,Nickle 200 的使用通常很有限。

在 HNO_3 中,Nickle 200 仅在室温质量分数不高于0. 5%的 HNO_3 中使用。

Nickle 200 突出的耐蚀性能是它耐 NaOH 和其他碱类(除氨水外,Nickle 200 不会被质量分数小于1%的氨水腐蚀,更高的浓度会引起快速侵蚀)的腐蚀。在 NaOH 中 Nickle 200 对所有浓度和温度包括熔融状态都有出色的耐蚀性。质量分数低于50%时,即使在沸腾状态,腐蚀速率也可以忽略。随浓度和温度升高,腐蚀速率升高非常缓慢,其突出的耐蚀性能的主要贡献来自溶液中暴露时形成的黑色氧化镍膜。但腐蚀性氯酸盐的存在能明显提高腐蚀速率；硫化物也有增加 NaOH 对 Nickle 200 腐蚀性的倾向，可以增加足量的过氧化钠来使硫化物氧化成硫酸盐来抵消这种腐蚀。在氧化性的碱性氯化物中长期使用 Nickle 200 的最大的安全极限为氯含量为 500mg/L。对连续使用并在中间有漂洗清洁操作的情况含量可达到 3g/L，在漂白工艺中，用 0.5mL/L 硅酸钠(相对密度为 1.4)作为缓蚀剂是有效的。

该金属在所有非氧化性卤化物盐中均不会遭受应力腐蚀开裂。

氧化性的酸性氯化物如 Fe^{3+}、Cu^{2+} 和 Hg 对 Nickle 200 有强烈的腐蚀作用，对硫黄、Pb、Sn、Zn 和 Bi 等低熔点金属的晶间侵蚀非常敏感。

虽然氟和氯强氧化剂会与金属反应，但在特定条件下 Nickle 200 可以成功地在这种条件下应用，也抵抗 Br_2 蒸气的腐蚀。在室温下 Nickle 200 形成保护性氟化物膜可以满足在低温下处理氟的要求。在较高温度下，Nickle 201 比 Nickle 200 更好。

Nickle 200 在实际使用时在加热前应该特别小心除去所有的润滑剂、标记、车间灰尘等。由于存在危险的晶间氧化，应避免在高温氧化性气氛中加热。

②Nickle 201

Nickle 201(UNS N02201/W. Nr. 2.4061 和 2.4068)是 Nickle 200 的低碳版本。典型应用为碱蒸发器、电镀棒和电子部件。由于 Nickle 201 的硬度较低，而且加工硬化速率也较低，因此特别适合做旋压和冷成型。相较 Nickle 200 而言，Nickle 201 更适合在温度高于 600℉(315℃)的场合使用。

Nickle 201 具有 Nickle 200 的优异的抗腐蚀性能。由于它是一种低碳材料(C 质量分数最高 0.02%)，Nickle 201 在长期处于 600～1400℉(315～760℃)，而且没有与含碳材料接触的情况下不会出现由于晶间碳或石墨的析出而发生的脆化。

在温度高于 600℉(315℃)的情况下，该材料会发生硫化物引起的晶间脆化。Nickle 201 被大量用来处理 NaOH，仅在 NaOH 质量分数高于 75% 并接近沸点的情况下腐蚀速率才开始超过 1mpy(0.025mm/a)。

在某些存在硫酸盐的高温碱的应用领域，合金 Inconel 600 由于更高的抗硫脆能力而取代 Nickle 201。

5)钛及钛合金

钛金属已成为化工装备中主要的耐蚀材料之一，经过多年的推广，钛及其合金已作为一种优异的耐腐蚀结构材料在化工生产中得到了广泛应用，特别是用钛代替不锈钢、镍基合金和其他稀有金属作为耐腐蚀材料，在延长设备使用寿命、降低能耗、降低成本、防止产品或环境污染、提高装置的运行周期等方面都有十分重要的意义。许多氯碱厂使用的钛制湿氯气冷却器使用寿命超过 20 年，目前钛设备的应用已从最初的“纯碱与烧碱工业”扩展到氯酸盐、氯化铵、有机合成、染料、无机盐、农药、合成纤维、化肥、采油和天然气、石油炼化和精细化工、煤化工等行业，设备种类已从小型、单一化发展到大型、多样化。目前，国产化工钛设备中，钛换热器占 57%，钛阳极占 20%，钛容器占 16%，其他占 7%。

按 GB/T 3620.1—2016《钛及钛合金牌号和化学成分》，根据纯度的不同，工业纯钛共分9个牌号，TA1类型的有3个，TA2～TA4每个类型的各有2个。从TA1～TA4每个牌号都有一个后缀带ELI的牌号，ELI为英文低间隙元素的缩写，即高纯度的意思。钛合金中Fe元素是作为杂质存在的，而不是作为合金元素特意加入的。由于Fe、C、N、H、O在α－Ti中是以间隙元素存在，它们的含量对工业纯钛的耐腐蚀性能以及力学性能产生很大影响，C、N、O固溶于Ti中可以使Ti的晶格产生很大的畸变，使Ti被强烈地强化和脆化。带ELI的牌号这5个元素含量的最高值均低于不带ELI的牌号。这个标准主要是参照ISO外科植入物和ASTM B265、B338、B348、B381、B861、B862和B863这7个标准，并与ISO和ASTM标准相对应，例如TA1、TA2、TA3和TA4分别对应Gr1、Gr2、Gr3和Gr4。随着牌号的数字增加，这5个杂质元素的含量也在增加，表明强度增加，塑性逐步下降。

工业纯钛主要应用于化工行业的反应釜、压力容器、换热元件等，应用最广泛的是TA1，其次是TA2。

钛合金的分类法有多种，按钛合金在室温下3种基体组织分为以下3类：α合金、α＋β合金和β合金，我国分别以TA、TC、TB表示。比较常见的还有以退火后的金相组织形态进行分类：

①退火后基本组织是α相的，称为α型钛合金。不能进行热处理强化，室温强度不高。TA7是比较典型的α合金组织。

②退火后基本组织是α＋β，但是以α相为主的，称为近α型合金。TA15完全退火后的组织，α含量能占到70%左右。

③退火后基本相α＋β，两个相相近，称为α＋β型合金。TC4完全退火后的典型两相组织为α＋β各相都接近50%的形态。

④退火后基本上是β相，但还有一定的α相的，称为近β型合金。TB3的金相组织，α相的含量较少。

⑤退火后基本全是β相的，称为β型合金。未热处理即具有较高的强度，淬火、时效后合金得到进一步强化，室温强度可达到1372～1666MPa，但热稳定性较差，不宜在高温下使用。如Ti－40(Ti－25V－15Cr)阻燃钛合金。

TA合金(α－Ti合金)，含有Al、Sn和(或)Pb的钛合金为α－Ti合金。其中纯钛的牌号有TA1、TA2、TA3，1、2、3为工业纯钛的编号顺序，编号越大则添加元素含量越多，其强度也就相应提高。工业纯钛主要应用于化工、造船等工业部门在350℃以下使用。

TA4(Ti3Al)、TA5(Ti4Al0.005B)、TA6(Ti5Al)和TA7(Ti5Al2.5Sn)，这类钛合金组织稳定、耐热性高、焊接性优良，适宜于在高温和低温下使用，是压力容器常用的钛合金材料。其缺点是可锻性差，不能通过热处理强化。

TB合金(β－Ti合金)。TB1(Ti3Al8Mo11Cr)、Ti13V11Cr3Al、Ti8Mo8V2Fe3Al、Ti3Al8V6Cr4Mo4Zr以及Ti11.5Mo6Zr4.5Sn等，这类钛合金强度较高、冲压性能较好、抗脆断性能好、易于焊接，还可以通过热处理进一步强化。其缺点是热稳定性较差，不宜在高温下工作。主要用于宇航工业。

TC合金(α＋β－Ti合金)，牌号TC1～TC10，这类钛合金塑性好，容易锻造和冲压成型，可时效强化，退火后有良好的低温性能、热稳定性能及焊接性能。主要用于制造火箭发动机外壳、舰艇耐压壳体等。

钛的化学活性大，标准电极电位 -1.63V，在介质中的热力学腐蚀倾向大，可与大气中 O_2、N_2、H_2、CO、CO_2、H_2O(气)、NH_3 等产生强烈的化学反应。但因钛的致钝电位低，故 Ti 极易钝化。常温下 Ti 表面极易形成由氧化物和氮化物组成的钝化膜，它在大气及许多腐蚀性介质中非常稳定，具有很好的抗蚀性。含 C 量(质量分数)大于 0.2% 时，会在钛合金中形成硬质 TiC；温度较高时，与 N 作用也会形成 TiN 硬质表层；在 600℃以上时，Ti 吸收 O 形成硬度很高的硬化层；H 含量上升，也会形成脆化层。吸收气体而产生的硬脆表层深度可达到 0.10 ~0.15mm，硬化程度为 20% ~30%。Ti 的化学亲和性也大，易与摩擦表面产生黏附现象。

Ti 是具有强烈钝化倾向的金属，在空气或含氧的介质中，介质温度在 315℃以下，Ti 表面能生成一层致密的、附着力强、极稳定和自愈能力强的氧化膜，保护了钛基体不被腐蚀。这也使钛及其合金在氧化性、中性和弱还原性等介质中是耐腐蚀的，而在强还原性介质中不耐蚀。

钛合金在潮湿的大气和海水介质中抗蚀性远优于不锈钢，对点蚀、全面腐蚀、应力腐蚀的抵抗力特别强，对碱、氯化物、氯的有机物、HNO_3、稀 H_2SO_4 等有优良的抗腐蚀能力，是海洋工程理想的材料。但 Ti 在还原性酸(较浓 H_2SO_4、HCl、H_3PO_4)、HF、Cl_2、热强碱、某些热浓有机酸、沸腾浓 $AlCl_3$ 溶液等中不稳定，会发生强烈腐蚀。另外，钛合金有热盐应力腐蚀倾向。钛在 550℃以下能与氧形成致密的氧化膜，具有良好的保护作用。在 538℃以下，Ti 的氧化符合抛物线规律。但在 800℃以上，氧化膜会分解，氧原子以氧化膜为转换层进入金属晶格，此时氧化膜已失去保护作用，使 Ti 很快氧化。

为增强 Ti 的氧化膜保护作用，可以通过表面氧化、电镀、等离子喷涂、离子氮化、离子注入和激光处理等表面处理技术，获得所希望的耐腐蚀效果。针对在 H_2SO_4、HCl、甲胺溶液、高温湿 Cl_2 和高温氯化物等生产中对金属材料的需要，开发出钛 - 钼、钛 - 钯、钛 - 钼 - 镍等一系列耐蚀钛合金。钛铸件使用了 Ti - 32Mo 合金，对常发生缝隙腐蚀或点蚀的环境使用了钛 -0.3 钼 -0.8 镍合金或钛设备的局部使用了 Ti -0.2Pd 合金，均获得了很好的使用效果。

钝态下，钛及钛合金的自然腐蚀电位比碳钢正，在电偶腐蚀中 Ti 常为阴极，易产生阴极析氢导致 Ti 的氢脆。但 Ti 与不锈钢的自然腐蚀电位相差不大(低于 50mV)，一般不考虑钛与不锈钢的电偶腐蚀问题。钛容器中可用不锈钢内件，不锈钢容器中也可用钛内件。

钛及钛合金不考虑晶间腐蚀问题。只在很少几种介质中可能产生应力腐蚀，如发烟硝酸及含有盐酸的甲醇、乙醇。其他介质条件一般不考虑应力腐蚀问题。当用于制作可能产生缝隙腐蚀的构件时，可采用抗缝隙腐蚀性能更好的 TA9 和 TA10 耐蚀低合金钛。当盐水温度超过 74℃时，TA10 比工业纯钛具有更好的耐蚀性。

钛的液相线和固相线间的温度区域窄，焊接熔池凝固时，溶解在钛液中的气体析出不畅，易形成气孔和局部疏松，成为钛焊缝在强腐蚀介质中易遭坑蚀的原因。

钛容器制造过程中钛表面易遭铁污染，与腐蚀介质接触时会造成电偶腐蚀，易导致钛阴极析氢与钛氢脆。因此钛容器最好在制造后进行化学钝化或阳极化处理，以消除铁污染。钛表面的铁污染可用蓝点试验检验。经验表明，一般情况下钛表面的铁污染量不会很大，即使未清除，在与腐蚀介质接触的初期，Fe 会很快被腐蚀消失，析氢量有限，所造成的氢脆现象不会很严重。因此不能说，未消除铁污染的钛容器就一定不能用。

在碳钢件上不能堆焊钛，只能采用钛钢复合板。因此，钛容器常用钛衬里和钛钢复合板，钛的对接焊容易将钢溶入钛焊缝中使焊缝脆化，因此常用钛盖板搭接焊的接头形式。

钛容器允许介质有较高的流速。在海水中，Ti 允许海水最高流速 20m/s。

钛容器主要采用工业纯钛，其耐蚀性比一般的钛合金好(除耐蚀钛合金外)。工业纯钛杂质含量低的牌号耐蚀性稍好，但差别不大，耐蚀性不作为选用工业纯钛牌号的主要依据(主要依据力学性能与成形性能)。可用来制造各种化工设备如热交换器、泵、反应器、加热器、储存容器等。例如在化肥工业中，目前国外已使用钛材来制造尿素生产中的合成塔、反应器、搅拌器、换热器、分离器和压缩机等设备。因在 HCl、NH_4Cl、NH_4HS 中的耐蚀性好，多年来钛及钛合金已成功地用于炼油常减压蒸馏装置冷凝器管组，其寿命远高于碳钢或其他耐蚀合金。

随着科技的发展，冶炼技术的不断改进，Ti 的年产量逐渐提高，金属钛的许多优良性能将会得到越来越广泛的应用，Ti 大有可能成为继 Cu、Fe、Al 之后的第四代金属，成为未来的钢铁。因此，有人把钛誉为 21 世纪的金属。

6)锆及锆合金

锆及锆合金在酸、碱等介质中具有良好的耐蚀性，同时具有突出的核性能和优良的力学性能，是工业上常用的金属之一。金属锆制品分为两大类：一种为核级锆，利用锆的热中子俘获截面小，有突出的核性能，所以，作为核动力反应堆的燃料包覆材料和其他结构材料，最初是用于核动力舰船，后来则大量用于原子能发电站；另一种利用锆及其合金具有优异耐蚀性，对很多腐蚀介质有很强的抗力，同时又具有良好的力学和传热性能，以及显著的成本优势，作为工业级锆(或化工锆、火器锆)，主要用于制作军工、航空航天、石油化工、电子等领域优异的耐蚀结构材料，主要应用包括压力容器、热交换器、管道、槽、轴、搅拌器及其他机械设备以及阀、泵、喷雾器、托盘、除雾器和塔衬料等。美国在非核领域用锆方面已相当广泛，例如已制成直径达 6m 的锆制反应塔、100 马力大型锆制离子泵、直径达 3m 的管式换热器等，近年来非核用锆更有扩大的趋势。目前，从锆材的生产到设备的设计、制造和检验技术也已日渐成熟，为锆容器的广泛应用提供了基础。随着国内化工行业的发展，许多强腐蚀的设备越来越多地采用锆材，大大提高设备寿命及可靠性，取得很好的经济效益。

我国已能生产核用和非核用的锆材，锆及锆合金国家标准为 GB/T 26314《锆及锆合金牌号和化学成分》、GB/T 8767《锆及锆合金铸锭》、GB/T 8769《锆及锆合金棒材和丝材》、GB/T 21183《锆及锆合金板、带、箔材》。标准参考了美国 ASTM B551《锆和锆合金带材、薄板和中厚板》、ASTM B352《核工业用锆和锆合金薄板、带材和中厚板材》的内容，结合国内实际生产情况制定。标准规定了一般工业和核工业用锆及锆合金铸锭及其加工产品的牌号、化学成分及化学成分分析和分析报告等，适用于一般工业和核工业用锆及锆合金铸锭及其加工产品。非核用锆牌号主要有 R60702、R60703、R60704、R60705、R60706 等。

Zr 与 Ti 同属第Ⅳ族副族，和 Ti 一样，室温时为六方密排的晶格结构，造成 Zr 和 Ti 显示出强烈的各向异性。在稀有金属中都为活性、高熔点稀有金属，具有许多相同的物理和化学性能。但 Zr 的化学活性更高，更易钝化，因此，Zr 在多数介质中的耐蚀性比 Ti 更好，接近 Nb 和 Ta。

Zr 的标准电极电位为 -1.53V，易于氧化，在表面生产致密钝化膜，使 Zr 在大多数有机或无机酸、强碱、酸碱循环、熔盐、高温水、液态金属等中具有良好的耐蚀性。如在沸点以下温度的浓 HCl 中耐蚀性优异，但在 149℃以上有氢脆的危险；可用于质量分数小于 70%、250℃以下的 HNO_3。用于 H_2O_2 中既不会被腐蚀，也不会产生能分解过氧化氢的催化剂。在 HF、H_2SO_4(浓)、H_3PO_4(浓)、王水、Br_2(水)、HBr、H_2SiF_6、次氯酸盐、HBF 中不耐蚀；在氧化性氯化物中不耐蚀，可能产生点蚀，但在还原性氯化物中耐蚀。

Zr 主要靠本身的钝化性能耐蚀，并不靠加入合金元素来提高耐蚀性。纯锆耐蚀性比锆合金稍好。Zr 在空气中，425℃会严重起皮，540℃生产白色氧化锆，700℃以上吸氧变脆，在空气中进行预氧化处理可以提高耐蚀性，如纯锆在 700℃保温 2h，锆合金在 550℃保温 4h 或 600℃保温 2h。

在 400℃以上与 N_2 反应，800℃左右反应剧烈。300℃以上吸氢，产生氢脆，可通过 1000℃真空退火消氢。

温度和 pH 值对 Zr 在相容媒介里的防腐能力只有微弱的影响，Zr 在水中长期使用的温度局限为 350℃。

Zr 应用于尿素合成塔，200℃下，腐蚀速率比 Ti 低一个数量级。用于 230℃的尿素合成塔，尿素合成的转化率可达到 80%~90%。

Zr 在氟化物除外的卤化物里，对缝隙腐蚀有免疫能力。

Zr 的电偶腐蚀，和大多数金属耦合时，Zr 通常作为阴极；不应和惰性材料耦合，如石墨或铂，会增加 Zr 的腐蚀速率。

Zr 在纯水和蒸汽、非氧化性氯溶液、NaOH、H_2S 中有抗应力腐蚀的能力，在氧化性氯化物溶液、浓甲醇、含酸甲醇、I_2 蒸气、含盐酸乙醇、HNO_3(浓)、质量分数 64%~69% H_2SO_4 等中可能产生应力腐蚀开裂。

Zr、Ti 和 Nb 对微生物腐蚀有免疫力，这是由于它们对硫化物的亲和力低，又有氧化膜的防护。

锆焊接接头在冷却中由 β 锆转变为 α 锆的过程中，Zr 中含有的 Fe 会富集在 β 晶界和 α 片间，含量可达到平均值的 20，从而降低焊接接头的耐蚀性。经 700~800℃的均匀化处理，可有效地改善焊接接头的耐蚀性。

应力大于 240MPa 时，锆合金会出现延迟氢化物裂纹，在锆 705 材料焊接后 14d 内要做应力释放处理，降低发生延迟氢化物裂纹的可能性。锆及锆合金的热处理规范为：消除应力退火，500~600℃，0.5h/25.4mm；减少应力加厚氧化膜，500~600℃，4~6h；完全退火，625~788℃，0.5~4h，恢复力学和耐蚀性能。

7）钽及钽合金

Ta有很高的化学稳定性，优于钛、镍基合金及不锈钢，近似于铂和玻璃。Ta在150℃以下抗化学腐蚀及大气腐蚀的能力很强，可耐沸腾温度下任何浓度的HCl和HNO_3、200℃以下的酸性和碱性介质，耐室温至150℃的发烟硝酸和发烟硫酸所组成的混合酸。除浓碱、KI、F^-、发烟和高温浓H_2SO_4和浓H_3PO_4外，Ta对其他的酸都是稳定的。

Ta在质量分数75%以下H_2SO_4中耐蚀性能优良，可使用于任何温度，对不充气的浓H_2SO_4可用于170℃，充气的浓H_2SO_4可用于260℃，超过此温度腐蚀增大。钽材对H_3PO_4的耐蚀性能良好，但酸中如含有微量的F^-（质量分数$>4\times10^{-6}$）时，则腐蚀速率加大。

钽材在碱中通常不耐蚀，会变脆，在高温、高浓度下腐蚀更快。

Ta能与高温气体（惰性气体除外）反应，O_2、N_2、H_2等可渗入内部使之变脆，如与初生态H接触，也会吸氢变脆。因此，钽材设备不可与较活性金属（如Fe、Al、Zn）等接触，因为易构成钽－铁（Al、Zn）原电池，腐蚀反应产生的H将破坏钽阴极，使设备失效。如用氢超电压极小的一小块Pt（面积约为Ta的万分之一）与Ta连接，那么所有的H将在Pt上放出，可以避免H对Ta的破坏。

Ta的腐蚀是均匀的全面腐蚀，对切口不敏感，不发生腐蚀疲劳和腐蚀破裂等局部类型的腐蚀。利用Ta的这一特性，可以做包覆和衬里材料。

我国钽及钽合金标准有GB/T 3629《钽及钽合金板材、带材和箔材》、GB/T 14841《钽及钽合金棒材》。钽材耐蚀性能优异，但价格昂贵，为了降低成本，钽层的厚度希望尽可能得薄。因为钽材和钢材的熔点相差悬殊（钽材的熔点为2996℃，钢材的熔点为1400℃），且Fe与Ta在高温下会形成Fe_2Ta脆性金属间化合物，如果措施不当，容易导致焊缝开裂，所以薄层钽钢复合板或衬里的焊接非常困难。

8）铌及铌合金

Nb是优质耐酸碱和液态金属腐蚀的材料，在许多腐蚀环境中都有极佳的抗腐蚀能力，可应用于盛HCl的容器中。Nb对一些含氟化物溶液也有抗腐蚀作用，在活性金属中这是独一无二的。在化学工业中可用于制作反应容器、换热器、蒸煮器、加热器、冷却器、各种器皿器件、热电偶、安全膜和管线等。

在室温H_2SO_4溶液中，Nb一般对低浓度H_2SO_4有较好的防腐能力，但在高浓度下会引起脆化。当H_2SO_4质量分数高于40%时，随着温度升高，Nb将迅速被侵蚀。在硫酸中含有Fe^{3+}、Cu^{2+}可以明显改善Nb的耐蚀性能。

在HNO_3环境中具有很强的抗腐蚀能力，对任何浓度的HNO_3都具有抗蚀能力，并不产生应力腐蚀开裂。

在H_3PO_4溶液中表现出极佳的抗蚀能力，加入大量Ta的铌－钽合金显著地改善了Nb在热H_3PO_4溶液中的抗蚀性。

对许多有机酸有很强的抗蚀性，对醋酸、柠檬酸、甲醛、甲酸、乳酸、酒石酸、三氯甲酸等有机酸，Nb有较好的抗腐蚀性。

除了那些水解形成碱性溶液的盐以外，Nb在盐溶液中具有极佳的耐蚀性。即使有氧化剂存在，Nb对铬盐的溶液也具有抗蚀性。

6.3　全面腐蚀

6.3.1　全面腐蚀定义

金属暴露于腐蚀环境中，在整个金属表面上进行的腐蚀称为全面腐蚀，是最常见的腐蚀形态。当腐蚀介质能够基本均匀地抵达金属表面的各部位，而且金属的成分和组织比较均匀，金属表面温度分布基本均匀时，腐蚀过程中，腐蚀化学或电化学反应在全部暴露的表面或大部分面积上几乎均匀地进行，金属表面无明显的腐蚀形态差别，金属的表面比较均匀地减薄，同时允许具有一定程度的不均匀性。

全面腐蚀如在整个金属表面几乎以相同速度进行，也称为均匀腐蚀。可以检测和预测均匀腐蚀速率，以单位面积、单位时间的失重或厚度减少评价全面腐蚀速率。它是工程设计时考虑腐蚀裕量的依据。

6.3.2　全面腐蚀对压力容器的危害

压力容器全面腐蚀实际是指压力容器均匀腐蚀，这是与局部腐蚀相对应的一个概念。石油化工装置中许多的压力容器在与介质相互接触的过程中，都会出现程度不同的腐蚀问题，其中就包含均匀腐蚀问题。均匀腐蚀与局部腐蚀最主要的差别在于我们可以测出它的腐蚀速率或者设备减薄的速度，从金属的质量损失上看，全面腐蚀(均匀腐蚀)代表金属的最大破坏，但实际上均匀腐蚀是腐蚀中最安全的一种腐蚀形态，因为只要做一些简单的试验或对在用容器进行定点、定期测厚，就可以预测出腐蚀介质对压力容器所用金属的壁厚减薄速率。可以比较容易地判断它对设备损伤的程度，从而提前做好更换和修复的准备，不至于造成突然的和重大的事故。但是真正要做到胸中有数也绝非易事。

压力容器均匀腐蚀问题在带金属衬里的容器方面更显得突出一些。最典型的就是尿素高压设备的衬里腐蚀减薄和高压换热器列管的腐蚀减薄。每一个检修期都须认真地检测测量，核对腐蚀减薄的速率，总结腐蚀的规律，以免在开车期间发生泄漏，带来重大的损失。

除了压力容器的均匀腐蚀，大型石油储罐的均匀腐蚀问题也已提到容器管理的议事日程上来。随着石油化工行业的快速发展，到处可见大型石油储罐的容积在迅速扩大几十万立方米。罐底、罐顶和罐壁板可因均匀腐蚀问题发生泄漏，严重的可能因腐蚀泄漏造成火灾或爆炸，给人民的生命财产安全和环境带来极大的损失。

全面腐蚀(均匀腐蚀)的主要危害有以下几点：

①导致压力容器承压元件承压截面积减少，造成穿孔泄漏，或因强度不足破裂或报废；

②因全面腐蚀，增加设备的壁厚，增加了设备的成本；

③为控制全面腐蚀使用耐蚀合金或覆盖层，或增加工艺控制费用；

④电化学全面腐蚀往往伴有 H^+ 的还原反应，可能造成材料充氢，使材料发生氢脆等，这也是设备焊接维修时，需要进行消氢处理的原因；

⑤在金属加工过程中为了消除锈皮，在生产中要增加许多工艺设备，延长了生产周期，降低了生产效率。

6.3.3 全面腐蚀形貌

气体引起的金属化学氧化腐蚀，腐蚀产物通常覆盖于金属表面形成氧化皮，氧化皮厚度大体均匀，如图6－4所示，因腐蚀产物影响腐蚀介质向金属表面的扩散，或影响金属原子向腐蚀产物膜外表面的迁移，所以，随着腐蚀的进行，使金属表面的腐蚀程度表现出一定的不均匀性。因此，当去除金属表面的氧化皮后，可见金属表面大致平整，局部出现凹凸不平，如图6－5所示。在高温熔盐腐蚀中，腐蚀产物通常能溶于介质中，相同材质的金属表面各部位腐蚀能基本保持一致，而不同材料(如焊缝金属)的腐蚀会有明显不同，图6－6所示为尿素合成塔S31603不锈钢料衬里腐蚀的宏观形貌，可见衬里母材的腐蚀均匀一致，但塔盘挂钩处的焊缝因焊材失控，腐蚀速率明显较大，如图6－7所示。

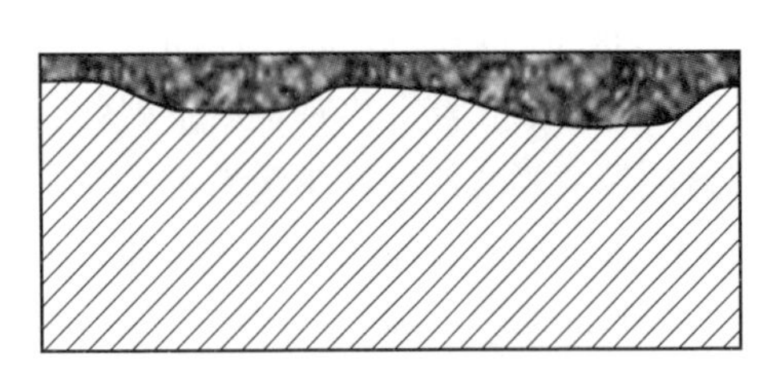

图6－4　气体氧化全面腐蚀示意

图6－5　Q345R烟气腐蚀表面宏观形貌

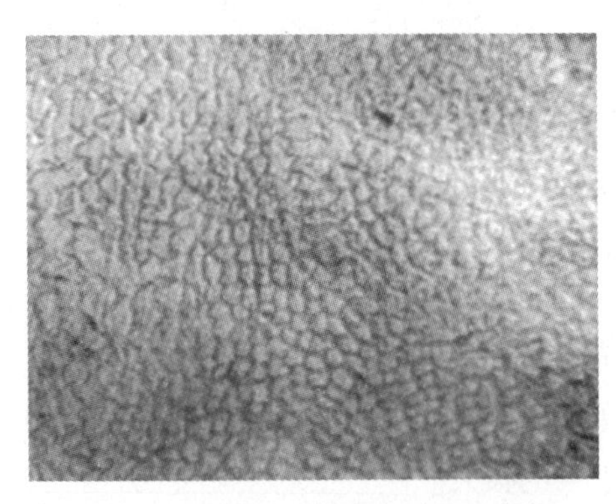

图6－6　尿素合成塔S31603不锈钢衬里表面宏观腐蚀形貌

图6－7　尿素合成塔S31603不锈钢衬里和焊缝腐蚀宏观形貌

大气腐蚀条件下，因电解质少，腐蚀产物一般不会流失，通常覆盖在金属表面，金属表面的腐蚀程度主要与几何形状、表面朝向和外表面覆盖层有关，宏观上，有利于积液的表面腐蚀相对严重，微观形貌上腐蚀没有差别，图6－8、图6－9所示为某容器的20钢接管外表面腐蚀宏观和微观形貌。

图6－8　20钢接管表面腐蚀宏观形貌

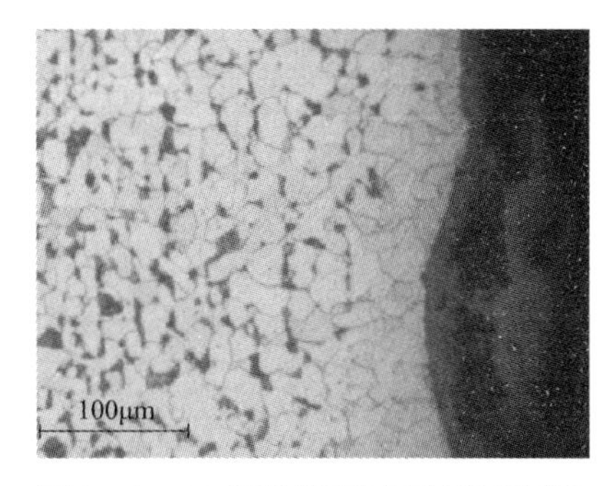

图6－9　20钢接管表面腐蚀微观形貌

在电解质溶液中，当介质均匀抵达材料表面、材料组织基本均匀一致、材料表面温度一致、腐蚀产物易溶于电解质中时，在所有金属表面的电化学腐蚀反应速率基本一致，腐蚀的微观形貌与材料的微观组织和夹杂物分布有关。如碳钢在硫酸中的腐蚀，可见金属表面有均匀的气泡析出，腐蚀后金属表面均一致，图6－10(a)所示为ND钢(09CrCuSb)在70℃±1℃的50%(质量分数)H_2SO_4介质中的腐蚀试验情形，图6－10(b)所示为试验24h后的金属表面状况，宏观上看腐蚀在所有表面均匀进行。图6－11所示为20G材料在MEDA再生塔中的腐蚀微观形貌，微观上可见，材料在铁素体和珠光体间，由于腐蚀微电池作用发生了选择性腐蚀，相界优先溶解。图6－12(a)所示为2205双相不锈钢在约100℃下的H_2S－HCl－H_2O环境中腐蚀形貌，宏观上，金属表面腐蚀基本一致，微观上，可见沿晶腐蚀特征。由图6－12(b)可见，2205双相不锈钢的晶界耐蚀性较差，与晶体形成了腐蚀微电池。

(a) 试验进行中

(b) 试验24h后金属表面状况

图6－10　ND钢在70℃±1℃的50%(质量分数)H_2SO_4介质中的腐蚀试验

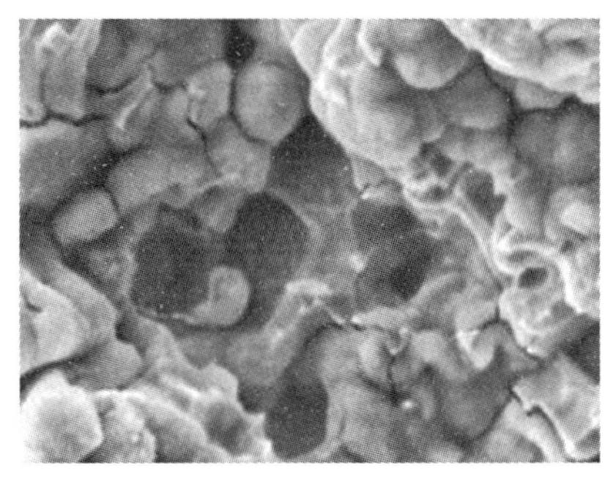

图6－11　20G材料在MEDA再生塔中的腐蚀微观形貌

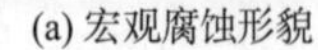

(a) 宏观腐蚀形貌

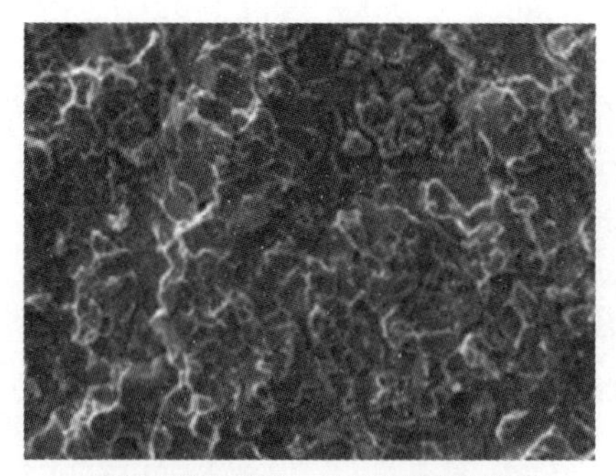

(b) 微观腐蚀形貌，呈现沿晶腐蚀特征

图 6－12　2205 双相不锈钢在约 100℃的 $H_2S-HCl-H_2O$ 环境下腐蚀形貌

在腐蚀介质中，如腐蚀产物不能形成致密保护膜，并且不能溶于介质中时，随着腐蚀的进行，腐蚀产物逐渐增厚，并发生剥离，图 6－13 所示为 20 钢换热器管束在循环水的腐蚀作用下的腐蚀形貌。同时腐蚀产物和介质中的机械杂质、盐分等沉积在金属表面，可能引发垢下腐蚀。

图 6－13　20 钢换热器管束在循环水中的腐蚀形貌

6.4　局部腐蚀

局部腐蚀是相对全面腐蚀而言的，是指金属暴露于腐蚀环境中，金属表面某些区域的优先集中腐蚀。腐蚀发生在金属的某一特定部位，而其他部分几乎未被破坏，阳极区和阴极区明显分开，可以用目视或微观观察加以区分，次生腐蚀产物又可在阴、阳极交界的第三地点形成。

局部腐蚀的种类多种多样，根据局部腐蚀的形态、位置、机理可分为：孔蚀、缝隙腐蚀、电偶腐蚀、晶间腐蚀、SCC、氢脆、腐蚀疲劳、磨损腐蚀、冲蚀、空泡腐蚀、选择性腐蚀等多种类型。电化学腐蚀从微观上来看，也是局部腐蚀，如果微电池的阴、阳极位置不断变化，则腐蚀的宏观形态是全面腐蚀；如果阴、阳极位置固定不变，则腐蚀宏观形态也呈局部腐蚀；而宏观电池腐蚀形态总是局部腐蚀，腐蚀破坏主要集中在阳极区。

局部腐蚀特点是导致的金属损失总量小，但局部腐蚀难以检测其腐蚀速率和预防。所以，往往由于局部区的严重腐蚀而导致突发事故。统计数据显示，腐蚀事故中80%以上是由局部腐蚀造成的。局部腐蚀与全面腐蚀的区别见表6－6。

表6－6　局部腐蚀与全面腐蚀比较

比较项目	全面腐蚀	局部腐蚀
腐蚀形貌	腐蚀分布在整个金属表面上	腐蚀主要集中在一定的区域，其他部分不腐蚀
腐蚀电池	阴阳极在表面上变幻不定，并不可辨别	阴阳极在微观，甚至宏观上可分辨
电极面积	阳极面积≈阴极面积	阳极面积≪阴极面积
电位	阳极电位＝阴极电位＝腐蚀（混合）电位	阳极电位＜阴极电位
极化图	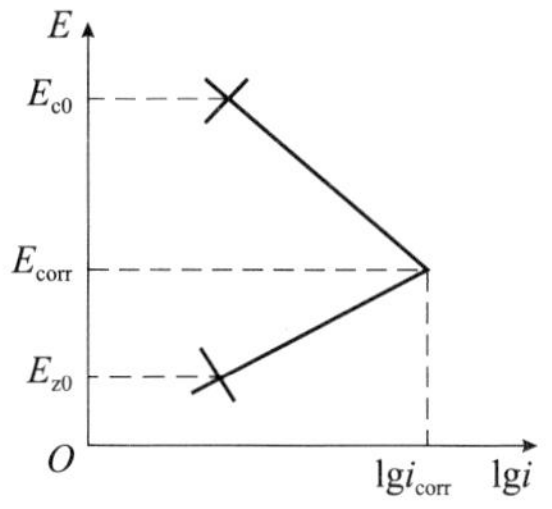 E, E_{c0}, E_{corr}, E_{z0}, O, $\lg i_{corr}$, $\lg i$ $E_c=E_a=E_{corr}$	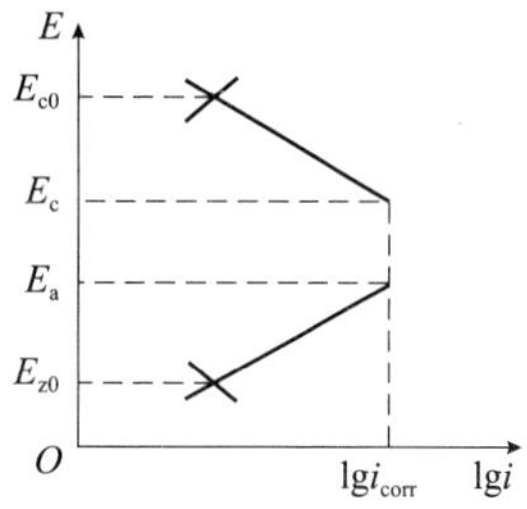 E, E_{c0}, E_c, E_a, E_{z0}, O, $\lg i_{corr}$, $\lg i$ $E_c \neq E_z$
腐蚀产物	可能对金属具有保护作用	无保护作用

第 7 章　压力容器现场金相图谱

7.1　15CrMoR

7.1.1　15CrMoR 材质介绍

15CrMoR 是压力容器用钢，其自身不仅有非常高的强度而且还具备一定的韧性耐磨性、抗疲劳性、抗冲击性、抗腐蚀性、抗低温冲击和焊接易加工性能，常应用于压力容器及锅炉制造。例如，压力容器制造、石化机械制造、石油设备制造、环保设备制造、液化气罐制造、气瓶、核电制造船舶压力容器制造、封头制造等应用相当广泛。表 7－1 为 15CrMoR 国内外标准近似牌号对照。

表 7－1　15CrMoR 国内外标准近似牌号对照

GB/T 713—2023	ISO 9328：2018	EN 10028：2017	ASME Ⅱ－A—2021
15CrMoR	13CrMo4－5	13CrMo4－5	SA387 Gr. 12

7.1.2　化学成分

15CrMoR 的化学成分参考标准 GB/T 713. 2—2023《承压设备用钢板和钢带　第 2 部分：规定温度性能的非合金钢和合金钢》，见表 7－2。

表 7－2　15CrMoR 的化学成分　%

C	Si	Mn	P	S	Cr	Mo	Cu	Ni
0. 08 ~ 0. 18	0. 15 ~ 0. 40	0. 40 ~ 0. 70	≤0. 025	≤0. 010	0. 80 ~ 1. 20	0. 45 ~ 0. 60	≤0. 30	≤0. 30

7.1.3　力学性能

15CrMoR 的力学性能参考标准 GB 713. 2—2023《承压设备用钢板和钢带　第 2 部分：规定温度性能的非合金钢和合金钢》，见表 7－3。

表 7－3　15CrMoR 的力学性能

钢板状态	板厚/mm	抗拉强度 R_m/MPa	屈服强度 R_{eL}/MPa	伸长率 A/%	冲击温度/℃	冲击功 KV_2/J	180°弯曲试验 $b=2a$
正火加回火	6～60	450～590	≥295	≥19	20	≥47	$D=3a$
	>60～100		≥275				
	>100～200	440～580	≥255				

注：a 为试样厚度；b 为试样宽度；D 为弯曲压头直径。

7.1.4　15CrMoR 的金相组织

7.1.4.1　金相组织

15CrMoR 由珠光体和铁素体组成，在制造过程中，通过控制热处理工艺，可以得到细小且分布均匀的晶粒，从而提高材料的强度和韧性。容器和管道上 15CrMoR 的金相组织如图 7－1 所示。

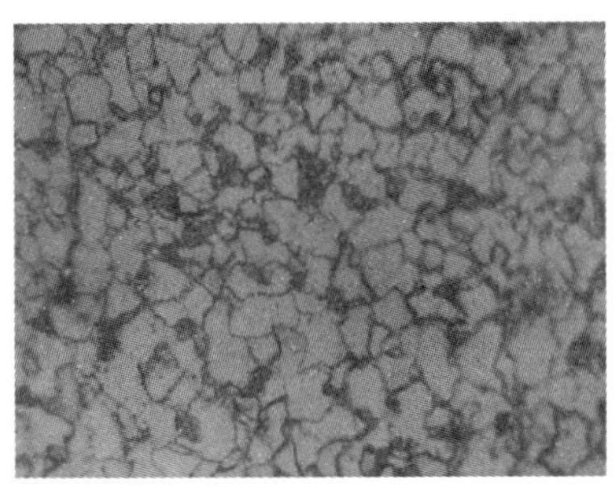

(a)容器金相组织

(b)管道金相组织

图 7－1　容器和管道上 15CrMoR 的金相组织

7.1.4.2　现场发现问题的金相组织

现场发现问题的金相组织见表 7－4。

表 7－4　现场发现问题的金相组织（15CrMoR）

序号	1	2
设备名称	脱氯反应器	分馏进料加热炉
介质	氢气、石油气	蜡油、H_2S、H_2
工作压力/MPa	2.6	0.2～0.6
工作温度/℃	375	325～385
投用时间	2014 年 8 月 10 日	2009 年 3 月
检测时间	2017 年 4 月 25 日	2015 年 10 月 13 日

续表

序号	1	2
金相组织	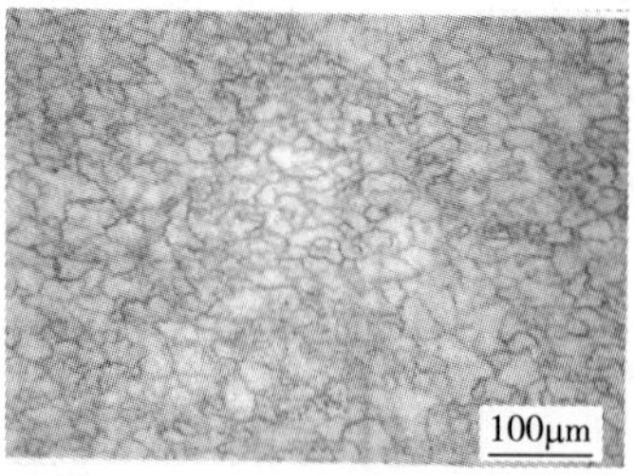	
金相检测发现问题	筒体母材金相检测位置发现有轻微的珠光体球化现象，珠光体球化级别为 3 级	弯头母材金相检测位置发现有珠光体球化现象，珠光体球化级别为 3 级

序号	3	4
设备名称	氢气管道	甲醇管线
介质	氢气	甲醇
工作压力/MPa	0. 32	0. 25
工作温度/℃	515	450
投用时间	2008 年 7 月 11 日	2015 年 12 月 15 日
检测时间	2017 年	2018 年
硬度检测值/HB	弯头母材：121、122、119、121、120	—
硬度检测结果	弯头母材，直管母材位置硬度值均偏低，可接受	—
金相组织	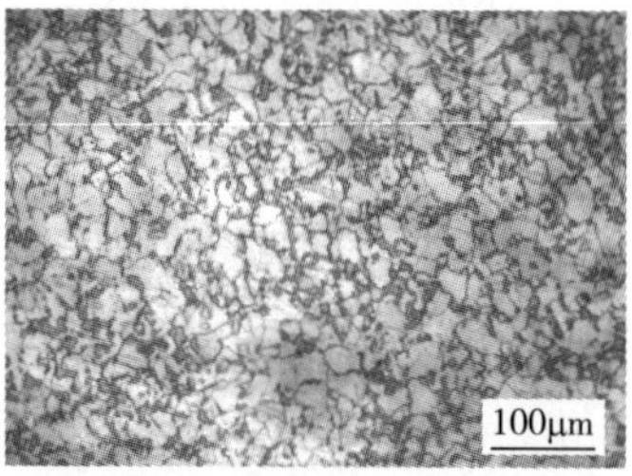 弯头母材 直管母材	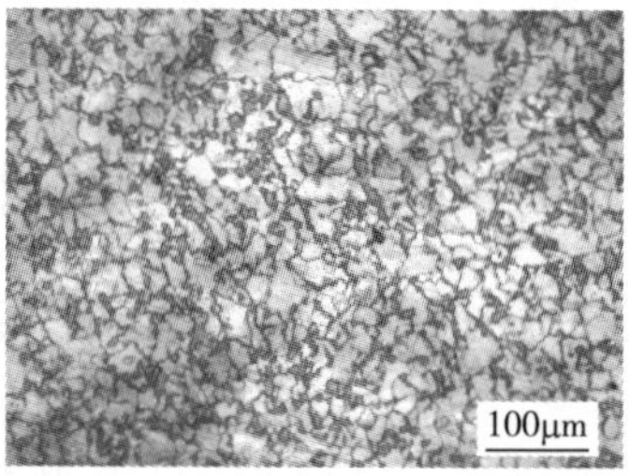 弯头母材
金相检测发现问题	弯头母材及直管母材金相检测位置均发现有珠光体球化现象，珠光体球化级别均为 3 级	弯头母材金相检测位置发现有珠光体球化现象，珠光体球化级别为 3 级

续表

序号	5
设备名称	中压蒸汽线
介质	中压蒸汽
工作压力/MPa	3.5
工作温度/℃	400
投用时间	2018 年 11 月 13 日
检测时间	2022 年 7 月 4 日
硬度检测值/HB	弯头母材：118、112、120、115、117
硬度检测结果	检测位置硬度值在正常范围
金相组织	
金相检测发现问题	金相检测位置弯头组织结存在 3 级球化

7.2 Q345R

7.2.1 Q345R 材质介绍

Q345R 是一种屈服强度在 345MPa 左右的低合金高强度结构钢，具有良好的综合性能和加工性能。它的强度和韧性可以满足各种工程应用的需求，同时具有良好的低温冲击韧性。此外，Q345R 还具有优良的耐腐蚀性能，可以在各种腐蚀环境中使用。表 7－5 为 Q345R 国内外标准近似牌号对照。

表 7－5 Q345R 国内外标准近似牌号对照

GB/T 713—2023	ISO 9328：2018	EN 10028：2017	ASME Ⅱ－A—2021
Q345R	P355GH、P355NH	P355GH、P355NH	SA516 Gr. 70

7.2.2 化学成分

Q345R 的化学成分参考标准 GB/T 713.2—2023《承压设备用钢板和钢带 第 2 部分：规定温度性能的非合金钢和合金钢》，见表 7－6。

表 7－6　Q345R 的化学成分　%

C	Si	Mn	P	S	Cr	Mo	Cu	Ni	Nb	V	Ti
≤0.20	≤0.55	1.20～1.70	≤0.025	≤0.010	≤0.30	≤0.08	≤0.30	≤0.30	≤0.050	≤0.050	≤0.030

7.2.3　力学性能

Q345R 的力学性能参考标准 GB/T 713.2—2023《承压设备用钢板和钢带　第 2 部分：规定温度性能的非合金钢和合金钢》，见表 7－7。

表 7－7　Q345R 的力学性能

<table>
<tr><th>钢板状态</th><th>板厚/
mm</th><th>抗拉强度 R_m/
MPa</th><th>屈服强度 R_{eL}/
MPa</th><th>伸长率 A/
%</th><th>冲击温度/
℃</th><th>冲击功 KV_2/
J</th><th>180°弯曲试验
$b=2a$</th></tr>
<tr><td rowspan="6">热轧、正火轧制、正火或正火加回火</td><td>3～16</td><td>510～640</td><td>≥345</td><td rowspan="3">≥21</td><td rowspan="6">0</td><td rowspan="6">≥41</td><td>$D=2a$</td></tr>
<tr><td>>16～36</td><td>500～630</td><td>≥325</td><td rowspan="5">$D=3a$</td></tr>
<tr><td>>36～60</td><td>490～620</td><td>≥315</td></tr>
<tr><td>>60～100</td><td>490～620</td><td>≥305</td><td rowspan="3">≥20</td></tr>
<tr><td>>100～150</td><td>480～610</td><td>≥285</td></tr>
<tr><td>>150～200</td><td>470～600</td><td>≥265</td></tr>
</table>

注：a 为试样厚度；b 为试样宽度；D 为弯曲压头直径。

7.2.4　Q345R 的金相组织

7.2.4.1　热轧状态下的金相组织

Q345R 主要以铁素体为主。铁素体是一种由 α－Fe 晶体构成的组织，具有良好的塑性和韧性。在热轧过程中，钢材经过高温加热，晶界得到消除，晶粒得到粗化，形成了较为均匀的铁素体组织。Q345R 正常金相组织如图 7－2 所示。

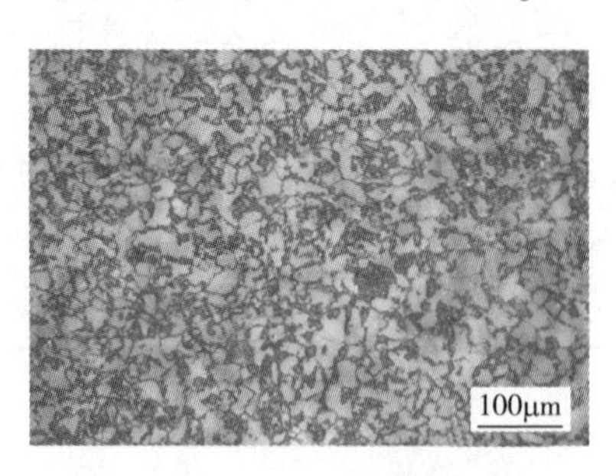

图 7－2　Q345R 正常金相组织

7.2.4.2　现场发现问题的金相组织

现场发现问题的金相组织见表 7－8。

表7-8　现场发现问题的金相组织(Q345R)

序号	1	2
设备名称	反应器气体冷却器汽包	分馏进料加热炉
介质	—	蜡油、H_2S、H_2
工作压力/MPa	—	0.2～0.6
工作温度/℃	—	325～385
投用时间	—	2009年3月
检测时间	2018年12月17日	2015年10月13日
硬度检测值/HB	封头母材：185、184、186、183、185 筒体母材：159、162、161、159、162	—
硬度检测结果	检测位置硬度值在正常范围，未见异常	—
金相组织	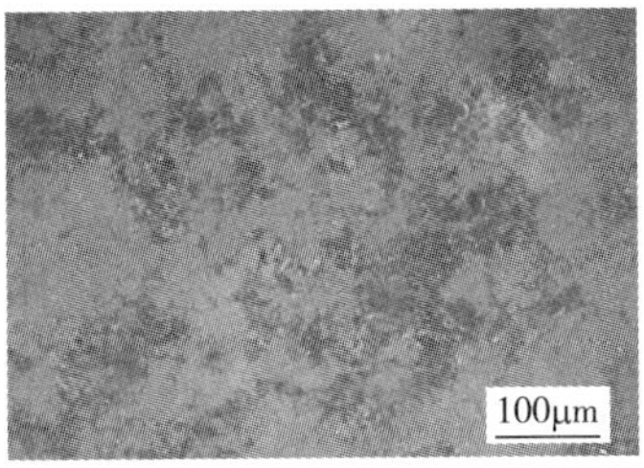 100μm 封头母材 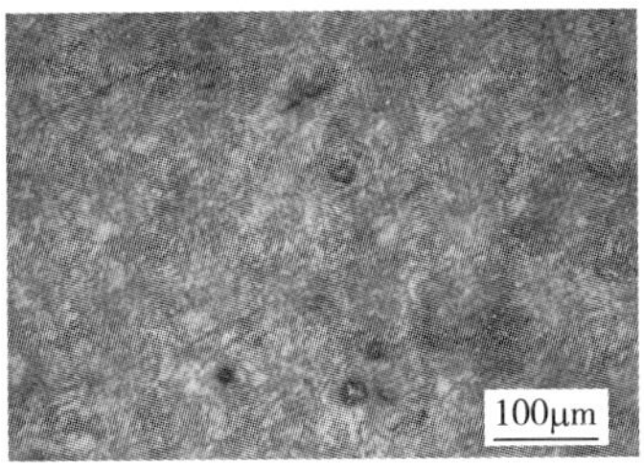 100μm 筒体母材	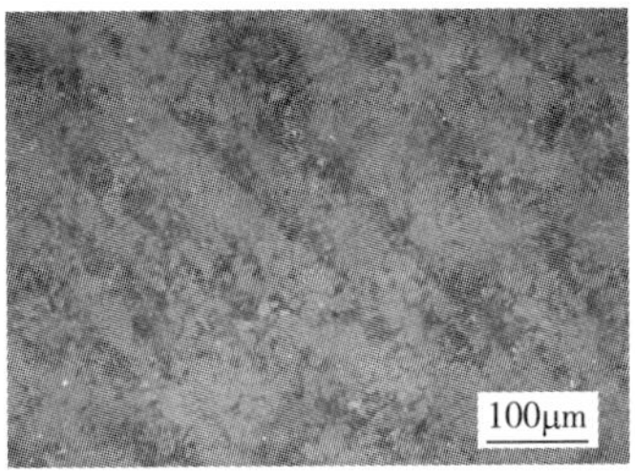 100μm 封头母材 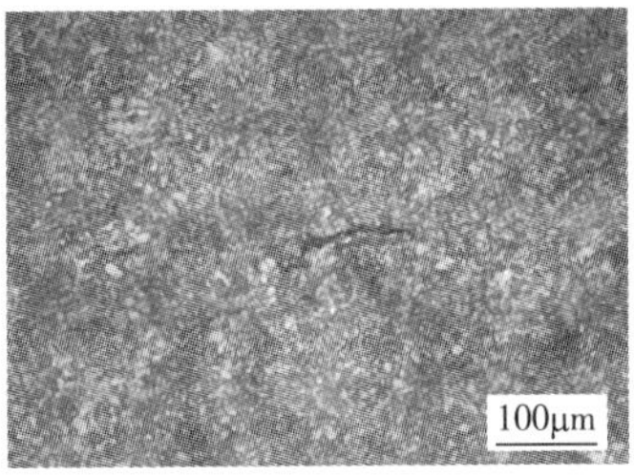 100μm 筒体母材
金相检测发现问题	封头母材及筒体母材金相检测位置均发现组织结构分布不均，珠光体有聚集现象	1. 封头母材金相检测位置发现组织结构不均，局部组织结构呈带状分布，并发现有蠕变损伤孔洞及微观裂纹。蠕变损伤孔洞级别为2a级。2. 筒体母材金相检测位置发现组织结构不均，局部发现有微观裂纹

7.3　12Cr5Mo

7.3.1　12Cr5Mo材质介绍

12Cr5Mo具有优异的高温强度和耐热性能，因此广泛应用于石油、化工、电力、航空航天等领域的高温设备及零部件制造，表7－9为12Cr5Mo国内外标准近似牌号对照。

表7－9　12Cr5Mo国内外标准近似牌号对照

统一数字代号	GB/T 20878—2007	ISO 4955：2005	EN 10095：1999	ASTM A959－04
S45110	12Cr5Mo(新牌号) 1Cr5Mo(旧牌号)	(TS37)	—	(S50200.502)

7.3.2　化学成分

12Cr5Mo的化学成分参考标准GB/T 1221—2007《耐热钢棒》，见表7－10。

表7－10　12Cr5Mo的化学成分

C	Si	Mn	P	S	Ni	Cr	Mo
0.15	0.50	0.60	0.040	0.030	0.60	4.00～6.00	0.40～0.60

7.3.3　力学性能

12Cr5Mo的力学性能参考标准GB/T 1221—2007《耐热钢棒》，见表7－11。

表7－11　12Cr5Mo的力学性能

钢板状态	规定非比例延伸强度 $R_{p0.2}$/MPa	抗拉强度 R_m/MPa	伸长率 A/%	冲击功 KV_2/J	退火后的硬度/HB
淬火加回火	≥390	≥590	≥18	—	≤200

7.3.4　12Cr5Mo的金相组织

7.3.4.1　金相组织

12Cr5Mo由铁素体和珠光体组成。通过合理的热处理工艺，可以使12Cr5Mo获得理想的组织结构和性能。12Cr5Mo的金相组织如图7－3所示。

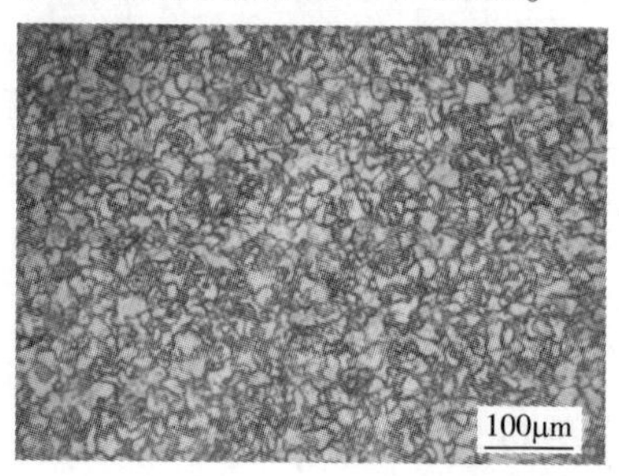

图7－3　12Cr5Mo的金相组织

7.3.4.2　现场发现问题的金相组织

现场发现问题的金相组织见表 7 - 12。

表 7 - 12　现场发现问题的金相组织(12Cr5Mo)

序号	1	2
设备名称	焦化油至 P - 011605 线	焦化油至 1106 - C - 101C 线
介质	焦化渣油	焦化油
工作压力/MPa	0.5	0.5
工作温度/℃	500	500
投用时间	2008 年 5 月	2008 年 5 月
检测时间	2015 年 7 月 28 日	2015 年 7 月 28 日
金相组织	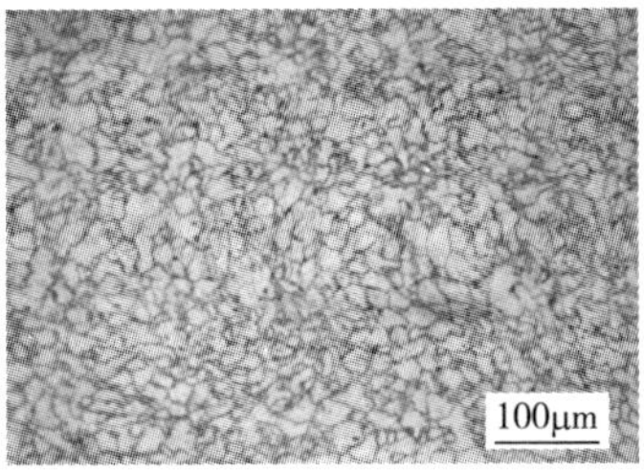 100μm	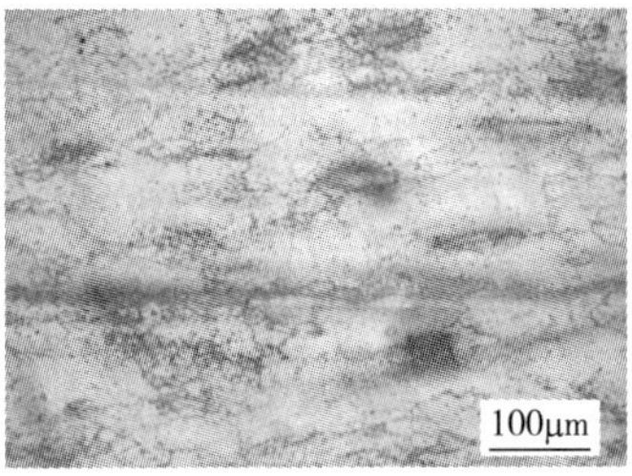 100μm
金相检测发现问题	弯头母材发现有珠光体球化现象，珠光体球化级别为 2 级	弯管母材金相检测位置发现有珠光体球化现象，珠光体球化级别为 4 级
序号	3	4
设备名称	焦化油至 P - 012504 线	转油线
介质	焦化油	焦化油
工作压力/MPa	2.35	0.5
工作温度/℃	450	495
投用时间	2008 年 5 月	—
检测时间	2015 年 7 月 28 日	2020 年 6 月 30 日
金相组织	 100μm	 100μm
金相检测发现问题	有脱碳现象	弯头母材表面金相检测位置均发现有珠光体球化现象，珠光体球化级别均为 5 级

续表

序号	5	6
设备名称	辐射进料线	辐射进料线
介质	辐射进料	辐射进料
工作压力/MPa	0.5	0.5
工作温度/℃	500	500
投用时间	—	—
检测时间	2020年8月20日	2020年8月30日
硬度检测值/HB	弯头母材(表面)：114、113、112、114、113 弯头母材(表面打磨2.0mm)：115、116、114、115、116	弯头母材：116、114、115、114、115
硬度检测结果	弯头母材表面以及打磨至2.0mm后硬度值测定位置硬度值均偏低	弯头母材表面硬度值测定位置硬度值偏低
金相组织	100μm 弯头母材 100μm 弯头母材打磨至2.0mm后	100μm 弯头母材
金相检测发现问题	弯头母材表面以及打磨至2.0mm后均发现有珠光体球化现象，珠光体球化级别均为3级	弯头母材表面发现有珠光体球化现象，珠光体球化级别为3级

7.4 18MnMoNbR

7.4.1 18MnMoNbR材质介绍

18MnMoNbR是锅炉和压力容器专用的低合金结构钢。具有较高的强度和屈强比，热加工性能和中温性能较好，生产工艺较简单，焊接性能良好，耐热性较高。18MnMoNbR

在机械制造、化工、石油、航空航天等众多领域中得到广泛应用，表7-13为18MnMoNbR国内外标准近似牌号对照。

表7-13　18MnMoNbR国内外标准近似牌号对照

GB/T 713—2023	ISO 9328：2018	EN 10028：2017	ASME Ⅱ -A—2021
18MnMoNbR	—	—	—

7.4.2　化学成分

18MnMoNbR的化学成分参考标准GB/T 713.2—2023《承压设备用钢板和钢带　第2部分：规定温度性能的非合金钢和合金钢》，见表7-14。

表7-14　18MnMoNbR的化学成分　%

C	Si	Mn	P	S	Cr	Mo	Nb	Ni	Cu
≤0.21	0.15~0.50	1.20~1.60	≤0.020	≤0.010	≤0.30	0.45~0.65	0.025~0.050	≤0.30	≤0.30

7.4.3　力学性能

18MnMoNbR的力学性能参考标准GB/T 713.2—2023《承压设备用钢板和钢带　第2部分：规定温度性能的非合金钢和合金钢》，见表7-15。

表7-15　18MnMoNbR的力学性能

钢板状态	板厚/mm	抗拉强度 R_m/MPa	屈服强度 R_{eL}/MPa	伸长率 A/%	冲击温度/℃	冲击功 KV_2/J	180°弯曲试验 $b=2a$
正火加回火	30~60	570~720	≥400	≥18	0	≥47	$D=3a$
	>60~100		≥390				

注：a为试样厚度；b为试样宽度；D为弯曲压头直径。

7.4.4　18MnMoNbR的金相组织

7.4.4.1　金相组织

18MnMoNbR由珠光体和铁素体组成，18MnMoNbR采用正火或淬火处理。正火处理可以提高其力学性能和抗热膨胀性能，淬火处理则能够进一步提高其硬度和耐磨性。18MnMoNbR的金相组织如图7-4所示。

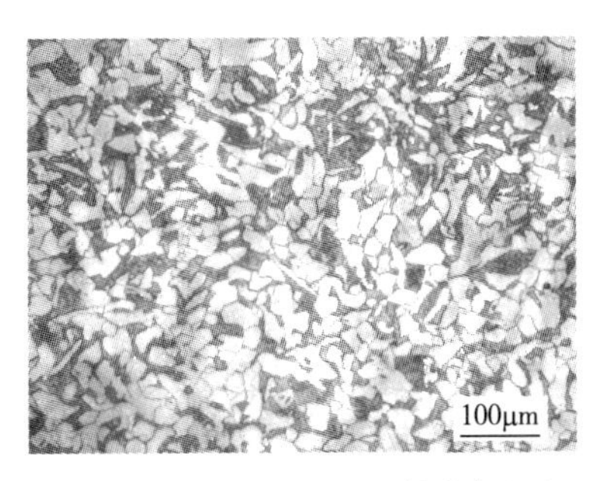

图7-4　18MnMoNbR的金相组织

7.4.4.2　现场发现问题的金相组织

现场发现问题的金相组织见表7-16。

表 7－16　现场发现问题的金相组织（18MnMoNbR）

序号	1
设备名称	乙炔加氢反应器
介质	C_2 烃、H_2
工作压力/MPa	2.059/0.039（加氢/再生）
工作温度/℃	140/455（加氢/再生）
投用时间	1976 年 5 月 1 日
检测时间	2016 年 6 月 9 日
硬度检测值/HB	封头热影响区：489、493、499、496、495
硬度检测结果	检测位置硬度值正常，可接受
金相组织	100μm
金相检测发现问题	封头热影响区及筒体热影响区金相检测位置有过热现象，并发现有魏氏组织

7.5　20 钢

7.5.1　20 钢材质介绍

20 钢是低碳钢中的一种，其含碳量为 0.2%。钢材的碳含量会严重影响到钢的类型，一般情况下，碳含量小于 0.25% 的钢材被称为低碳钢，0.25% ~ 0.6% 之间的钢材被称为中碳钢，大于 0.6% 的钢材被称为高碳钢。除了碳元素之外，20 钢中还含有一定量的 Si、Mn 等合金元素，用于脱氧和除残余元素。20 钢的强度相对较低，但是韧性、塑性和焊接性都非常好。其本身就具有较好的塑性和韧性，可以通过淬火、回火等工艺手段，提高钢的硬度和强度。20 钢不仅适用于一些常规的结构件，还可以用来制造一些不需要高强度的零件。另外，20 钢还适用于制造焊接结构件，具有良好的焊接性。表 7－17 为 20 钢国内外标准近似牌号对照。

表 7－17　20 钢国内外标准近似牌号对照

GB/T 9948—2013	ISO	EN	ASTM/ASME
20	PH26	P235GH	A－1、B

7.5.2　化学成分

20 钢的化学成分参考标准 GB/T 9948—2013《石油裂化用无缝钢管》，见表 7－18。

表 7－18　20 钢的化学成分　%

C	Si	Mn	Cr	Mo	Ni	V	Cu	P	S
0. 17～0. 23	0. 17～0. 37	0. 35～0. 65	≤0. 25	≤0. 15	≤0. 25	≤0. 08	≤0. 20	≤0. 025	≤0. 015

7.5.3　力学性能

20 钢的力学性能参考标准 GB/T 9948—2013《石油裂化用无缝钢管》，见表 7－19。

表 7－19　20 钢的力学性能

<table>
<tr><td rowspan="3">抗拉强度 R_m/MPa</td><td rowspan="2">下屈服强度 R_{eL}/MPa 或规定塑性延伸强度 $R_{p0.2}$/MPa</td><td colspan="2">断后伸长率 A/%</td><td colspan="2">冲击吸收能量 KV_2/J</td><td rowspan="2">布氏硬度值*</td></tr>
<tr><td>纵向</td><td>横向</td><td>纵向</td><td>横向</td></tr>
<tr><td colspan="5">不小于</td><td>不大于</td></tr>
<tr><td>410～550</td><td>245</td><td>24</td><td>22</td><td>40</td><td>27</td><td>—</td></tr>
</table>

* 表示对于壁厚小于 5mm 的钢管，可不做硬度试验。

7.5.4　20 钢的金相组织

7.5.4.1　金相组织

20 钢通常采用铁素体和珠光体混合的组织，其中铁素体为主要组织，珠光体为辅助组织。在热处理过程中，先进行均匀化处理，然后进行快速冷却，使钢中的碳元素溶解在铁晶格中，形成奥氏体组织。接着进行回火处理，使奥氏体逐渐转变为铁素体和珠光体混合的组织。这种 20 钢组织具有较高的强度和硬度，同时也具有一定的韧性。20 钢的金相组织如图 7－5 所示。

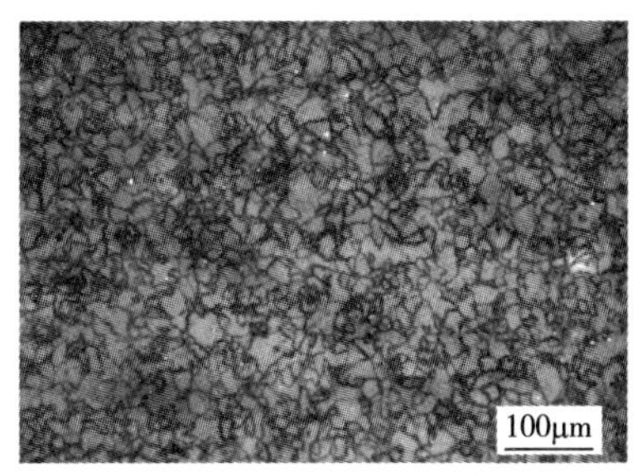

图 7－5　20 钢的金相组织

7.5.4.2 现场发现问题的金相组织

现场发现问题的金相组织见表7－20。

表7－20 现场发现问题的金相组织（20钢）

序号	1	2
设备名称	净化压缩空气管道	再生混合气管道
介质	净化压缩空气	再生混合气
工作压力/MPa	0.45	0.25
工作温度/℃	516	518
投用时间	2008年7月11日	2008年7月11日
检测时间	2017年6月15日	2017年6月15日
硬度检测值/HB	弯头母材：117、119、120、118、121 直管母材：120、118、122、120、121	—
硬度检测结果	弯头母材、直管母材硬度值均偏低	—
金相组织	100μm 弯头母材 100μm 直管母材	100μm 直管母材
金相检测发现问题	弯头母材、直管母材金相检测位置均发现有一般性珠光体球化现象，珠光体球化级别均为3级	直管母材金相检测位置发现有蠕变损伤孔洞，蠕变损伤孔洞级别为2a级

序号	3
设备名称	烃类管道
介质	烃类＋含氢气体
工作压力/MPa	0.94
工作温度/℃	386
投用时间	2000年10月1日

续表

序号	3
检测时间	2016 年
硬度检测值/HB	弯头母材：123、124、125、128、126
硬度检测结果	弯头母材硬度值正常，可接受
金相组织	100μm
金相检测发现问题	弯头母材晶粒度不均。最大晶粒度 4 级，最小晶粒度 8 级

7.6　S30408

7.6.1　S30408 材质介绍

S30408 是一种奥氏体不锈钢，其化学成分中含有 18% 的 Cr 和 8% 的 Ni。这种材料具有良好的耐腐蚀性能，能够抵抗大部分酸性介质和某些碱性介质的侵蚀。除了耐腐蚀性，S30408 还具有良好的机械性能和热处理性能，具有加工性能好、韧性高的特点，广泛应用于工业和家具装饰行业和食品医疗行业。表 7－21 为 S30408 国内外标准近似牌号对照。

表 7－21　S30408 国内外标准近似牌号对照

GB/T 20878	ASTM A240/240M	EN10028－7 EN10088－1	JIS G4304 JIS G4305
06Cr19Ni10	S30400，304	1.430 1 X5CrNi18－10	SUS304

7.6.2　化学成分

S30408 的化学成分参考标准 GB/T 713.7—2023《承压设备用钢板和钢带　第 7 部分：不锈钢和耐热钢》，见表 7－22。

表 7－22　S30408 的化学成分

C	Si	Mn	P	S	Ni	Cr	N
0.08	0.75	2.00	0.035	0.015	8.00～10.50	18.00～20.00	0.10

7.6.3 力学性能

S30408 的力学性能参考标准 GB/T 713.7—2023《承压设备用钢板和钢带 第 7 部分：不锈钢和耐热钢》，见表 7－23。

表 7－23 S30408 的力学性能

	冲击吸收能量/J			规定塑性延伸强度 $R_{p0.2}$/MPa	规定塑性延伸强度 $R_{p1.0}$/MPa	抗拉强度 R_m/MPa	断后伸长率 A/%	硬度值		
								HBW	HRB	HV
	不小于			不小于				不大于		
	20℃		-196℃							
	纵向	横向	横向							
固溶处理、常温下	100	60	60	230	260	520～720	45	201	92	210

7.6.4 S30408 的金相组织

7.6.4.1 金相组织

S30408 主要包括奥氏体、铁素体和少量的渗碳体。奥氏体是一种具有良好塑性和韧性的组织，能够提高不锈钢的强度和耐腐蚀性。铁素体是一种较为稳定的组织，具有较高的硬度和强度。渗碳体是一种碳在铁素体中的固溶体，能够提高不锈钢的硬度和耐磨性。S30408 的金相组织如图 7－6 所示。

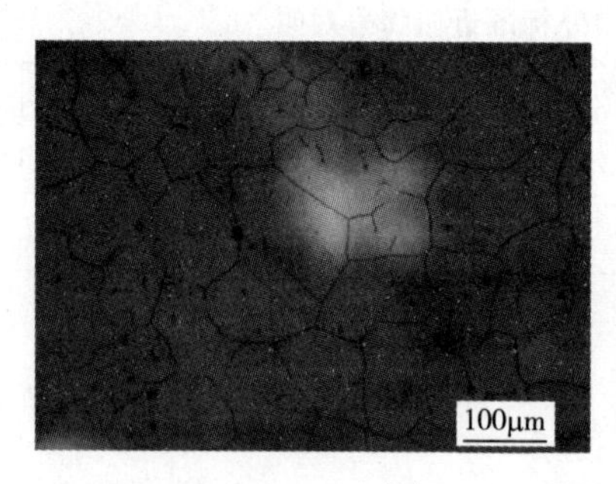

图 7－6 S30408 的金相组织

7.6.4.2 现场发现问题的金相组织

现场发现问题的金相组织见表 7－24。

表7－24　现场发现问题的金相组织(S30408)

序号	1	2
设备名称	氢气管道	烟气管线
介质	氢气	烟气
工作压力/MPa	0.68	0.12
工作温度/℃	391	640
投用时间	2008年7月11日	2015年12月15日
检测时间	2017年	2018年
金相组织	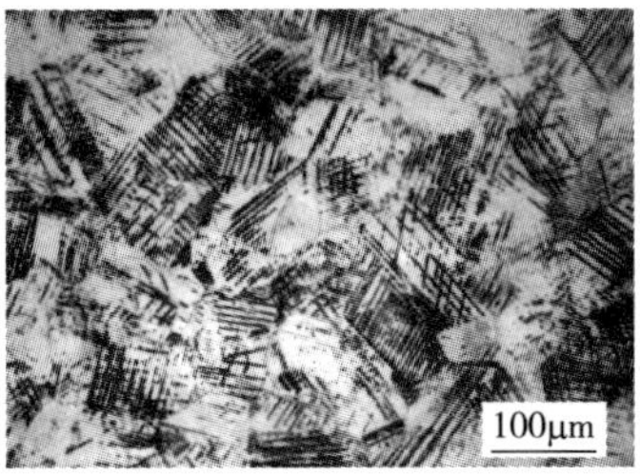 100μm 弯头上部母材  100μm 弯头上部热影响区 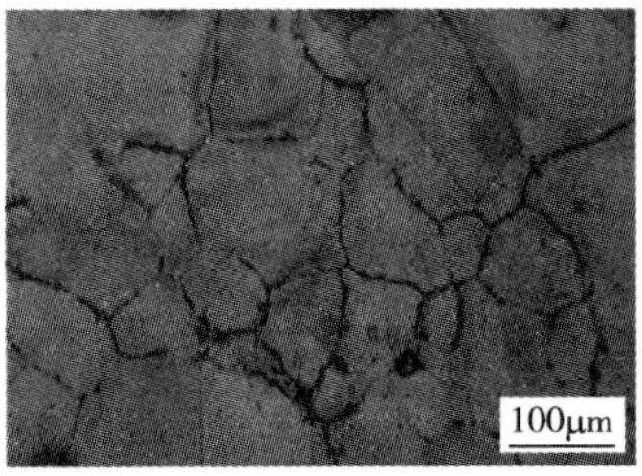 100μm 弯头下部母材 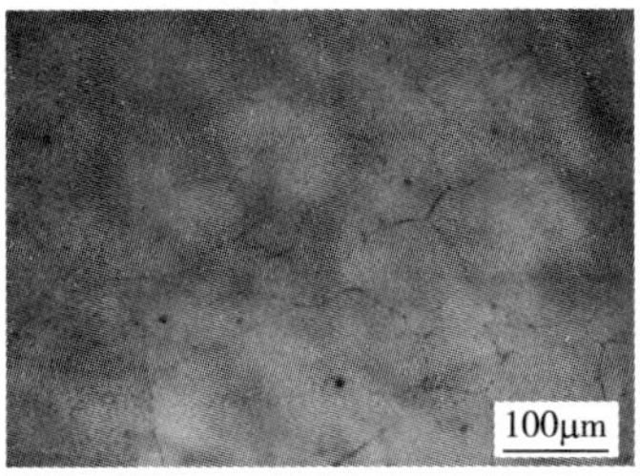 100μm 弯头下部热影响区	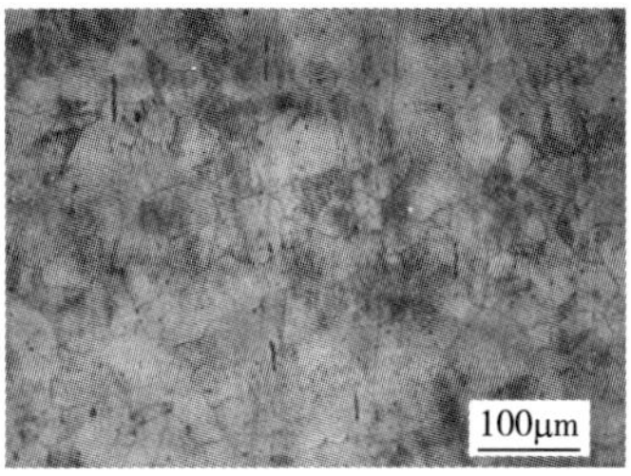 100μm 弯头母材 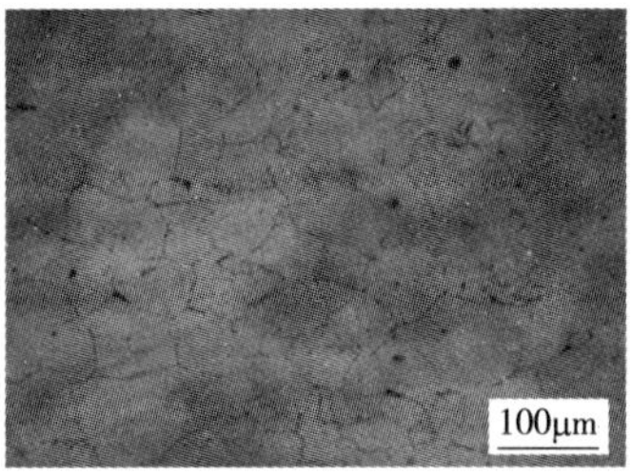 100μm 弯头热影响区 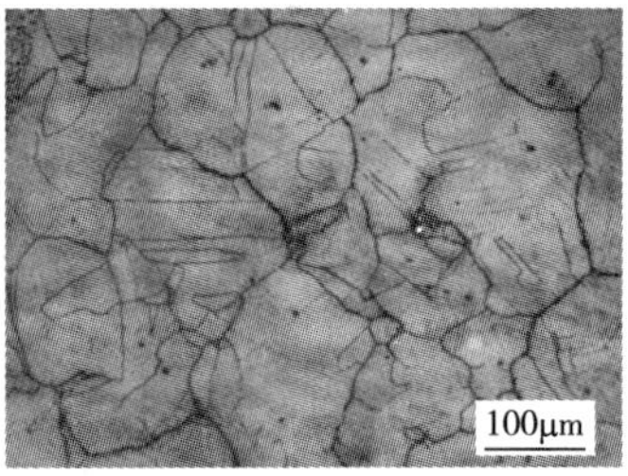 100μm 直管母材 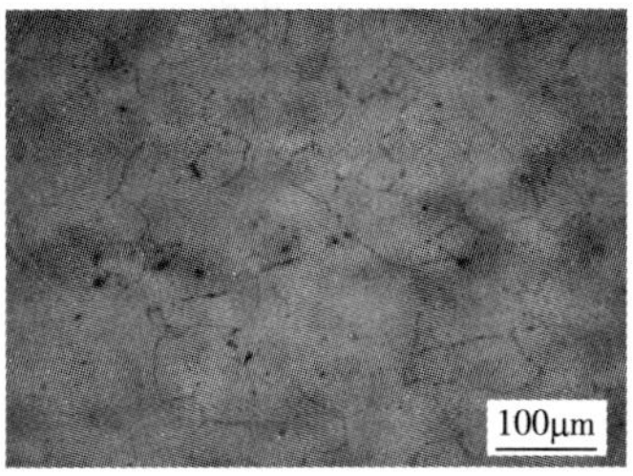 100μm 直管热影响区
金相检测发现问题	1. 弯头上/下部母材、弯头上/下部热影响区、直管上/下部母材以及直管上/下部热影响区均发现有马氏体组织。2. 弯头上/下部热影响区金相检测位置发现有晶间开裂及沿晶裂纹	弯头母材、弯头热影响区、直管母材及直管热影响区金相检测位置均发现奥氏体晶界有碳化物析出，个别奥氏体晶界有氧化变宽现象

续表

序号	3	4
设备名称	烟气管线	蒸汽管线
介质	烟气	蒸汽
工作压力/MPa	0.12	0.4
工作温度/℃	640	493
投用时间	2015 年 12 月 15 日	2015 年 12 月 15 日
检测时间	2018 年	2018 年
金相组织	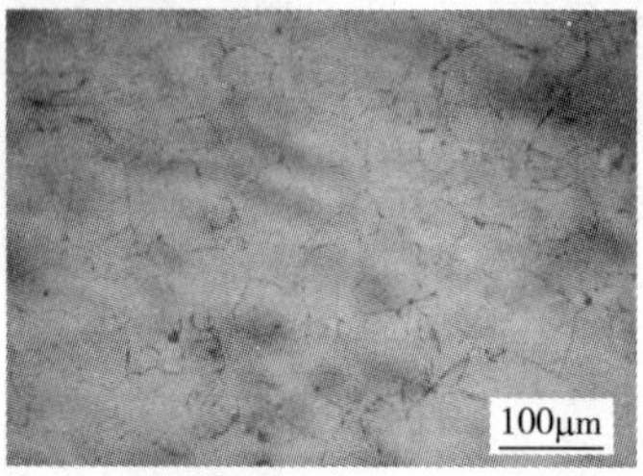 100μm 弯头母材 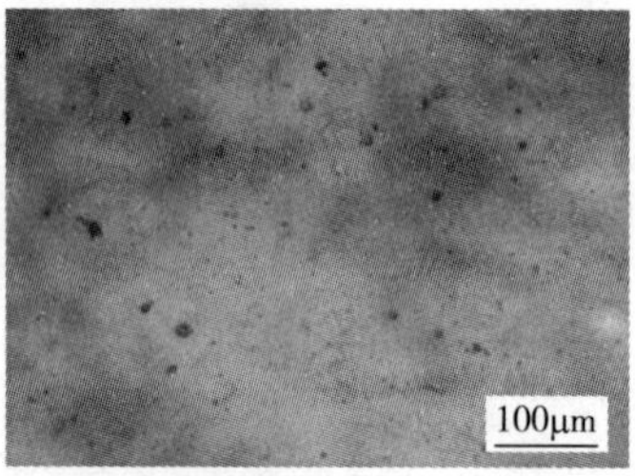 100μm 弯头热影响区 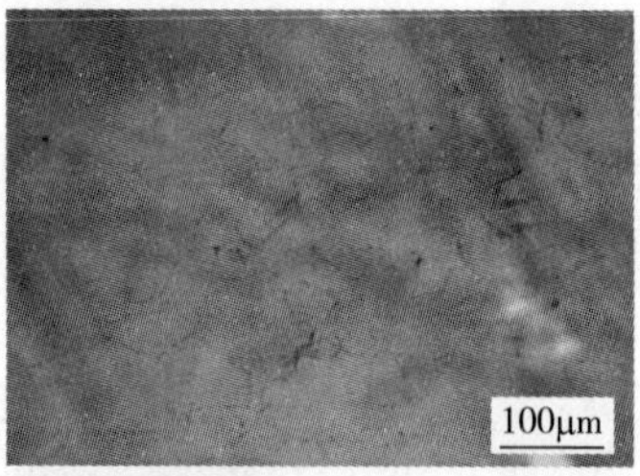 100μm 直管母材 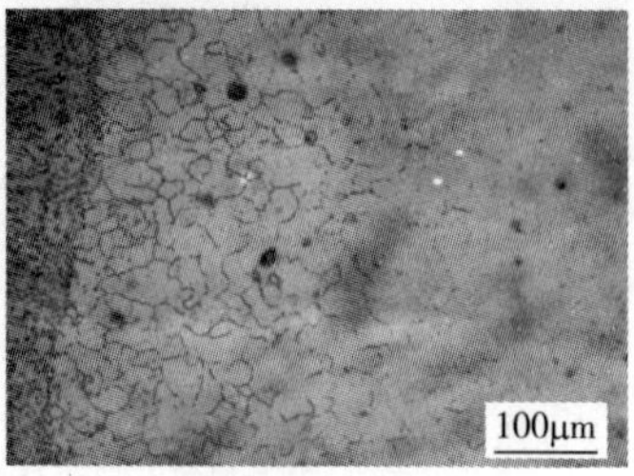 100μm 直管热影响区	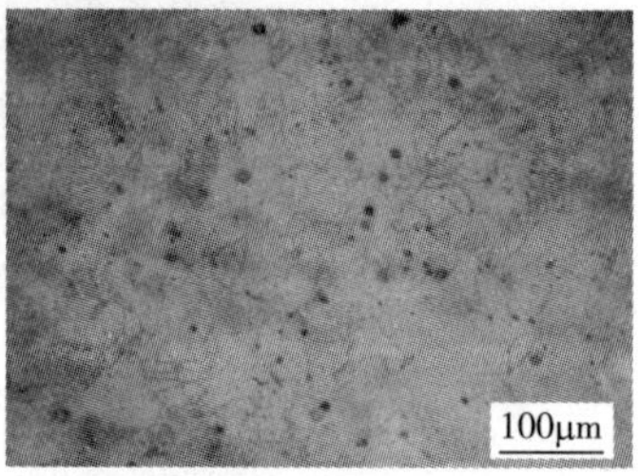 100μm 弯头母材  100μm 弯头热影响区 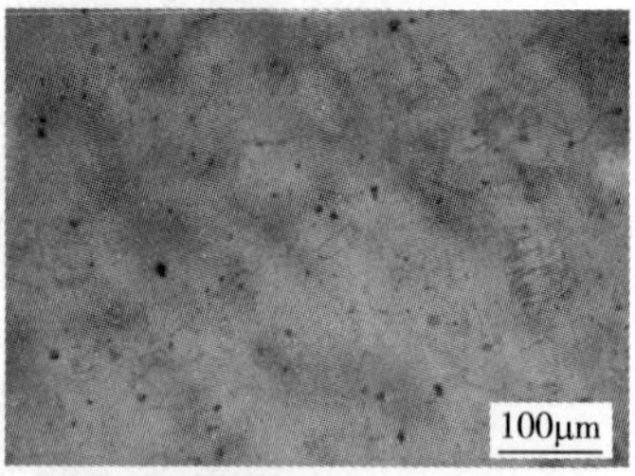 100μm 直管母材 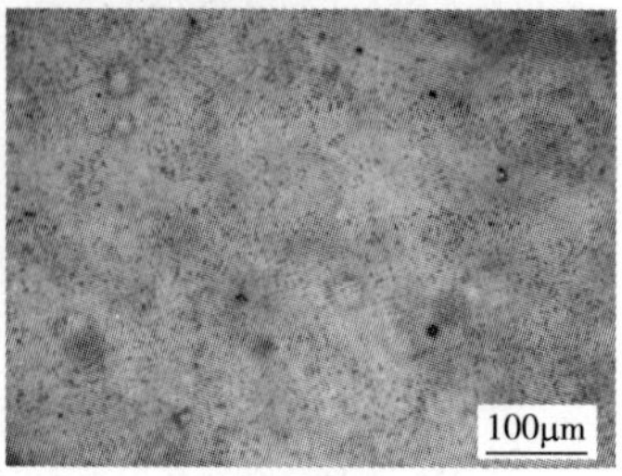 100μm 直管热影响区

续表

序号	3	4
金相组织	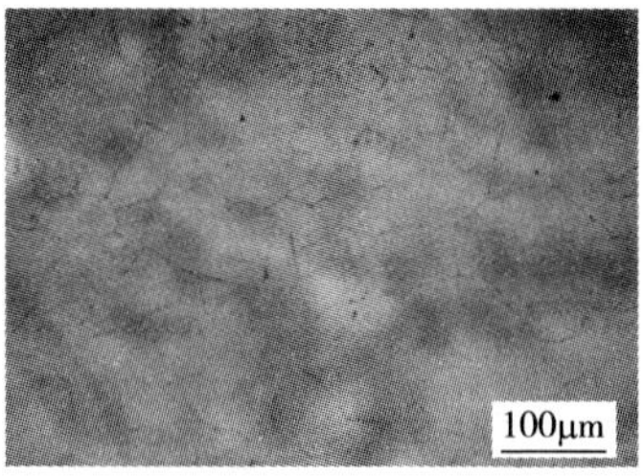 弯头焊缝	
金相检测发现问题	1. 弯头母材、弯头热影响区、直管母材及直管热影响区金相检测位置均发现奥氏体晶界有碳化物析出，个别奥氏体晶界有氧化变宽现象。2. 弯头焊缝金相检测位置发现有蠕变损伤孔洞，蠕变损伤孔洞级别为2a级	弯头母材、弯头热影响区、直管母材及直管热影响区金相检测位置均发现有蠕变损伤孔洞，蠕变损伤孔洞级别为2b级

序号	5	6
设备名称	仪表风管道	重整反应系统
介质	空气	精制油 + 氢气
工作压力/MPa	0.3	0.74
工作温度/℃	583	540
投用时间	2000年10月1日	1992年12月25日
检测时间	2017年	2019年
硬度检测值/HB	弯头母材：156、158、157、160、159 弯头热影响区：174、175、176、174、178 直管母材：145、144、146、145、144 直管热影响区：166、164、167、168、166	直管母材表面/打磨2.0mm后：166/190、167/192、168/190、167/191、168/193 直管热影响区：170、170、169、169、171
硬度检测结果	硬度值正常	直管母材打磨2.0mm后硬度值均偏高；其他检测位置硬度值在正常范围
金相组织	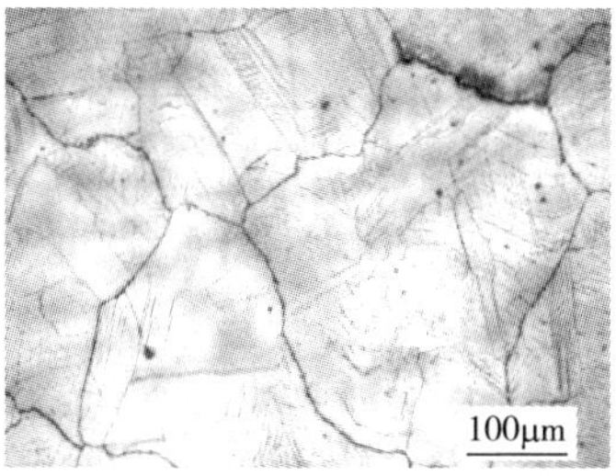 弯头母材	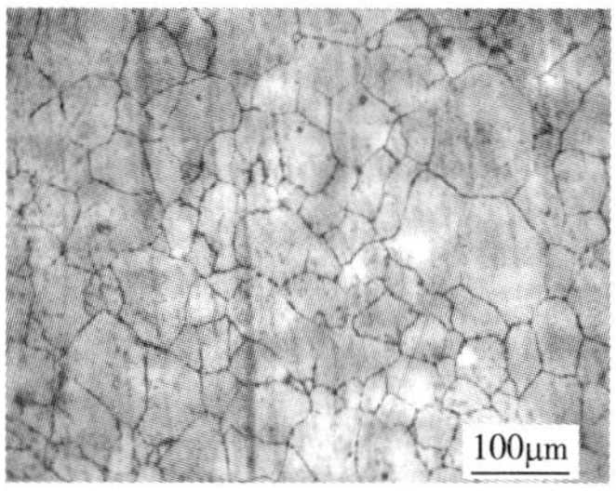 直管母材

续表

序号	5	6
金相组织	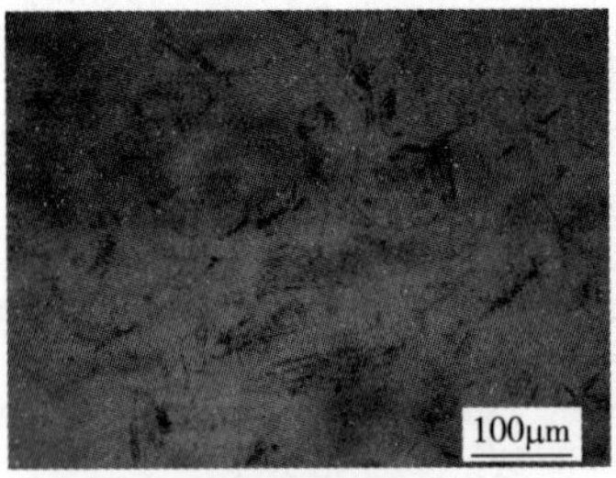 弯头热影响区 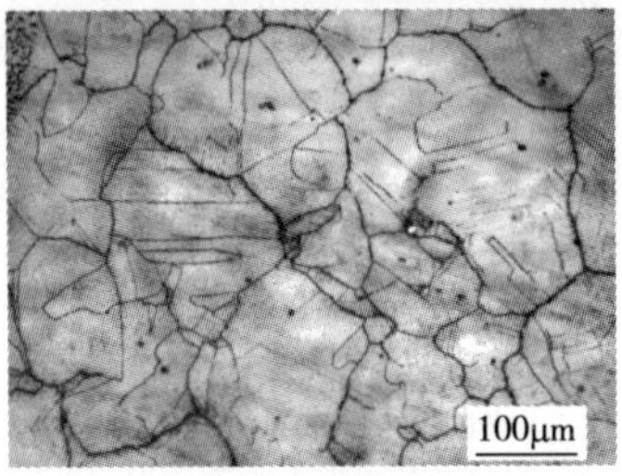 直管母材  直管热影响区	 直管母材打磨 2.0mm 后 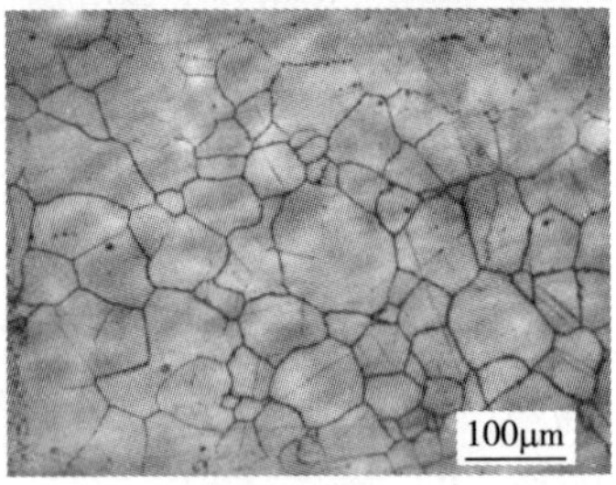 直管热影响区
金相检测发现问题	1. 弯头母材及弯头热影响区金相检测位置发现较多奥氏体晶界氧化变宽，个别奥氏体晶界有开裂现象，并已形成微观晶间裂纹，并发现有马氏体组织。2. 直管母材及直管热影响区金相检测位置发现奥氏体晶界有碳化物析出，个别奥氏体晶界氧化变宽	1. 直管母材表面及打磨 2.0mm 后均发现有马氏体组织，并发现个别奥氏体晶界有开裂现象。2. 直管热影响区表面发现有马氏体组织，并发现个别奥氏体晶界有开裂现象。其他金相检测位置组织结构正常，未见异常

7.7　S31608

7.7.1　S31608 材质介绍

S31608 奥氏体不锈钢是一种非磁性的铬镍钼不锈钢，因其化学成分中含有高比例的 Cr 和 Ni，使其具备了优异的抗腐蚀性能。此外，钼元素的添加还进一步提高了其耐腐蚀性，尤其是对于氯化物环境的抵抗能力。这使得 S31608 奥氏体不锈钢在海洋工程、化工、食品加工等领域中得到了广泛应用。除了优异的耐腐蚀性能外，S31608 奥氏体不锈钢还拥有出色的力学性能。其高强度使得它在结构工程领域中得到广泛应用，如建筑和桥梁。此外，S31608 奥氏体不锈钢还具有良好的可加工性，可以通过热处理、冷加工等工艺实现各种形状的加工。表 7 – 25 为 S31608 国内外标准近似牌号对照。

表 7 – 25　S31608 国内外标准近似牌号对照

GB/T 20878	ASTM A240/240M	EN10028 – 7 EN10088 – 1	JIS G4304 JIS G4305
06Cr17Ni12Mo2	S31600，304	1. 440 1 X5CrNiMo17 – 12 – 2	SUS316

7. 7. 2　化学成分

S31608 的化学成分参考标准 GB/T 713. 7—2023《承压设备用钢板和钢带　第 7 部分：不锈钢和耐热钢》，见表 7 – 26。

表 7 – 26　S31608 的化学成分

C	Si	Mn	P	S	Ni	Cr	Mo	N
0. 08	0. 75	2. 00	≤0. 035	≤0. 015	10. 00 ~ 14. 00	16. 00 ~ 18. 00	2. 00 ~ 3. 00	0. 10

7. 7. 3　力学性能

S31608 的力学性能参考标准 GB/T 713. 7—2023《承压设备用钢板和钢带　第 7 部分：不锈钢和耐热钢》，见表 7 – 27。

表 7 – 27　S31608 的力学性能

<table>
<tr><td rowspan="5"></td><td colspan="3" rowspan="2">冲击吸收能量/J</td><td rowspan="2">规定塑性延伸强度 $R_{p0.2}$/MPa</td><td rowspan="2">规定塑性延伸强度 $R_{p1.0}$/MPa</td><td rowspan="2">抗拉强度 R_m/MPa</td><td rowspan="2">断后伸长率 A/%</td><td colspan="3">硬度值</td></tr>
<tr><td>HBW</td><td>HRB</td><td>HV</td></tr>
<tr><td colspan="3">不小于</td><td colspan="4" rowspan="3">不小于</td><td colspan="3" rowspan="3">不大于</td></tr>
<tr><td colspan="2">20℃</td><td>– 196℃</td></tr>
<tr><td>纵向</td><td>横向</td><td>横向</td></tr>
<tr><td>固溶处理、常温下</td><td>100</td><td>60</td><td>60</td><td>220</td><td>260</td><td>520 ~ 680</td><td>45</td><td>217</td><td>95</td><td>220</td></tr>
</table>

7. 7. 4　S31608 的金相组织

7. 7. 4. 1　金相组织

S31608 主要由奥氏体和少量的铁素体组成。在适当的热处理条件下，S31608 可以通过控制冷却速度来调整其金相结构，从而改变其性能。通过适当的热处理，可以使 S31608 获得更好的耐腐蚀性和强度。S31608 的金相组织如图 7－7 所示。

图 7－7　S31608 的金相组织

7.7.4.2　现场发现问题的金相组织

现场发现问题的金相组织见表 7－28。

表 7－28　现场发现问题的金相组织（S31608）

序号	1
设备名称	再生器
介质	烟气、催化剂、空气
工作压力/MPa	0.35
工作温度/℃	580/572
投用时间	2008 年 6 月 1 日
检测时间	2017 年 6 月 10 日
硬度检测值/HB	封头母材：284、283、285、284、296 封头热影响区：204、205、201、203、200 封头焊缝：182、185、181、184、183 法兰母材：127、130、125、129、132 法兰热影响区：158、161、163、160、162
硬度检测结果	封头母材及封头热影响区金相检测位置硬度值偏高
金相组织	100μm　100μm 封头母材（打磨至 2.0mm 后）

续表

序号	1
金相组织	 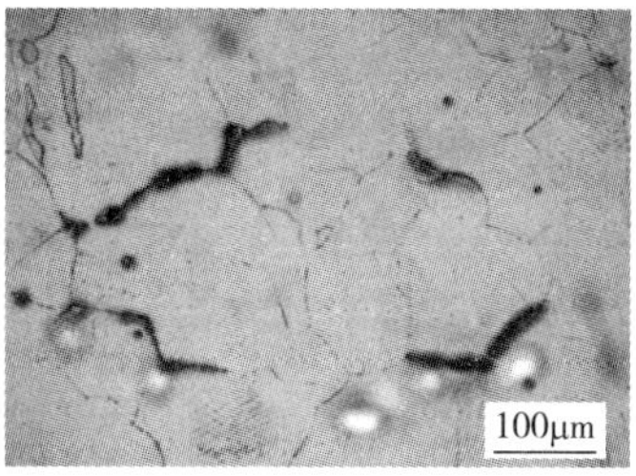 封头热影响区法兰母材(表面) 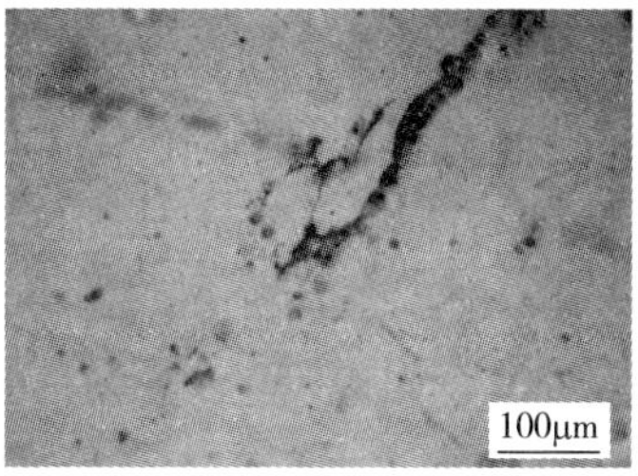 法兰热影响区
金相检测发现问题	1. 封头母材及封头热影响区金相检测位置均发现有较多马氏体组织。封头母材打磨至2.0mm后金相检测位置仍发现有较多马氏体组织。2. 法兰母材及法兰热影响区金相检测位置均发现有铁素体并有较多微观沿晶裂纹。法兰母材打磨至2.0mm后金相检测位置仍发现有较多铁素体组织及微观裂纹

序号	2
设备名称	减三线
介质	减三线油
工作压力/MPa	0.62
工作温度/℃	392
投用时间	2005年7月2日
检测时间	2019年
硬度检测值/HB	1位置：弯头母材：242、244、243、246、244 1位置：弯头热影响区：235、236、236、234、235 3位置：弯头母材：188、190、187、189、188
硬度检测结果	1位置弯头母材、弯头热影响区检测位置硬度值偏高，其他检测位置硬度值在正常范围
金相组织	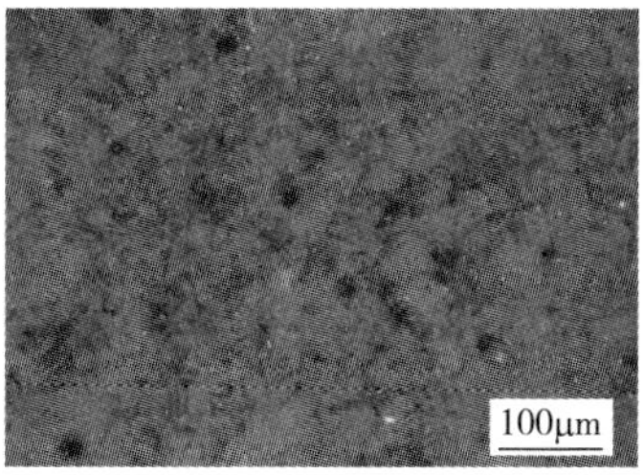 1位置弯头母材 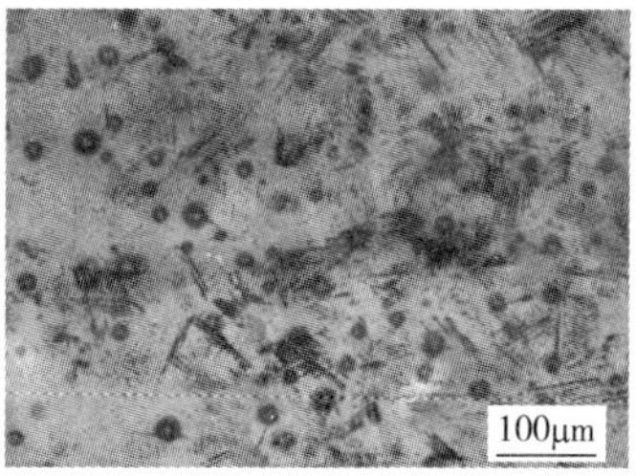　1位置弯头热影响区

续表

序号	2
金相组织	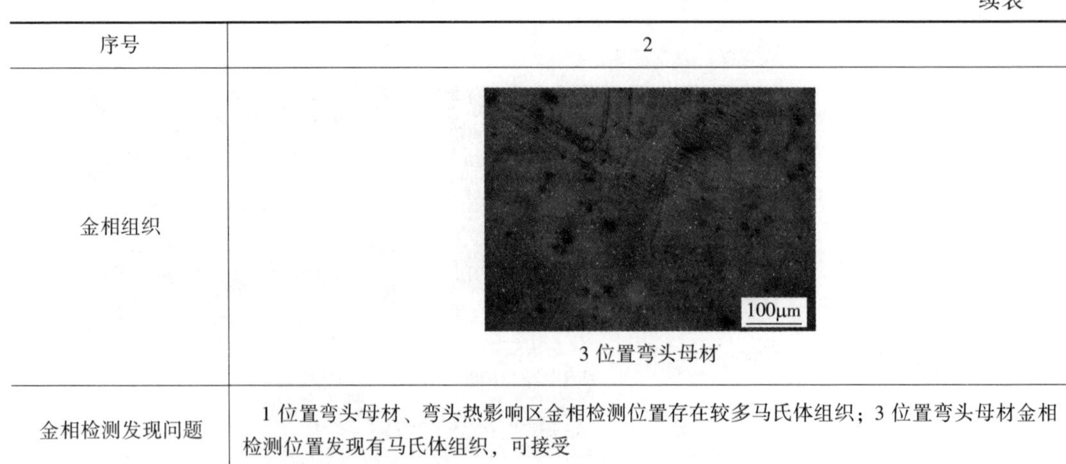 3 位置弯头母材
金相检测发现问题	1 位置弯头母材、弯头热影响区金相检测位置存在较多马氏体组织；3 位置弯头母材金相检测位置发现有马氏体组织，可接受

7.8 S32168

7.8.1 S32168 材质介绍

S32168 是一种不锈钢材料，属于铬钼钛系列。它具有优异的抗腐蚀性能和耐高温性能，被广泛应用在各种工业领域中。首先，S32168 不锈钢材料具有出色的耐腐蚀性能。它在常温下对各种有机酸、无机酸和盐溶液都具有良好的耐腐蚀性，包括硝酸、硫酸、磷酸、氟化物等。此外，它还对氯化物和碱性溶液表现出优异的耐蚀性。因此，S32168 不锈钢材料被广泛应用在化工、石油、化肥和食品等工业中，能够有效抵御腐蚀介质对设备的损害。其次，S32168 不锈钢材料具有良好的耐高温性能。它能够在高温环境下保持较好的力学性能和抗氧化性能。一般来说，它可以承受高达 800℃ 的温度，而仍然保持良好的强度和韧性。这使得 S32168 不锈钢材料特别适用于高温炉膛、热交换设备和石化装置等工业领域。此外，S32168 不锈钢材料还具有良好的可焊接性和加工性能。它可以通过各种焊接方法进行连接，包括电弧焊、气体保护焊和激光焊等。加工方面，S32168 不锈钢材料易于切割、冲压、弯曲和成形，能够满足不同工业领域对于材料形状和尺寸的要求。表 7-29 为 S32168 国内外标准近似牌号对照。

表 7-29 S32168 国内外标准近似牌号对照

GB/T 20878	ASTM A240/240M	EN10028-7 EN10088-1	JIS G4304 JIS G4305
06Cr18Ni11Ti	S32100，321	1.4541 X6CrNiTi18-10	SUS321

7.8.2 化学成分

S32168 的化学成分参考标准 GB/T 713.7—2023《承压设备用钢板和钢带 第 7 部分：

不锈钢和耐热钢》，见表 7－30。

表 7－30　S32168 的化学成分

C	Si	Mn	P	S	Ni	Cr
0.08	0.75	2.00	0.035	0.015	9.00～12.00	17.00～19.00

7.8.3　力学性能

S32168 的力学性能参考标准 GB/T 713.7—2023《承压设备用钢板和钢带　第 7 部分：不锈钢和耐热钢》，见表 7－31。

表 7－31　S32168 的力学性能

	冲击吸收能量/J			规定塑性延伸强度 $R_{p0.2}$/MPa	规定塑性延伸强度 $R_{p1.0}$/MPa	抗拉强度 R_m/MPa	断后伸长率 A/%	硬度值		
								HBW	HRB	HV
	不小于			不小于				不大于		
	20℃		－196℃							
	纵向	横向	横向							
固溶处理、常温下	—	—	—	205	250	520	40	217	95	220

7.8.4　S32168 的金相组织

7.8.4.1　金相组织

S32168 的组织为 Ni－Cr－Ti 型奥氏体，其性能与 304 非常相似，但是由于加入了金属钛，使其具有了更好的耐晶界腐蚀性及高温强度。由于添加金属钛，使其有效地控制了碳化铬的形成。S32168 的金相组织如图 7－8 所示。

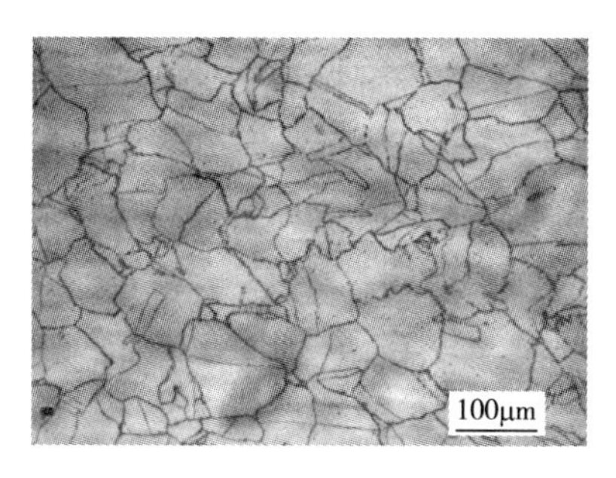

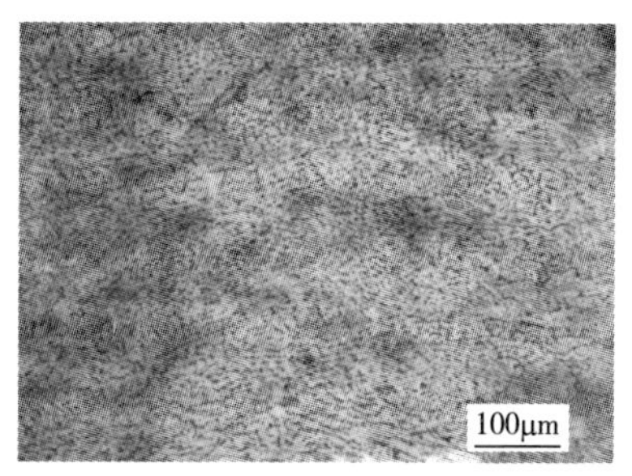

图 7－8　S32168 的金相组织

7.8.4.2 现场发现问题的金相组织

现场发现问题的金相组织见表7－32。

表7－32 现场发现问题的金相组织(S32168)

序号	1	2
设备名称	反应气管线	反应气管线
介质	反应气	反应气
工作压力/MPa	0.11	0.11
工作温度/℃	480	490
投用时间	2015年12月15日	2015年12月15日
检测时间	2018年	2018年
金相组织	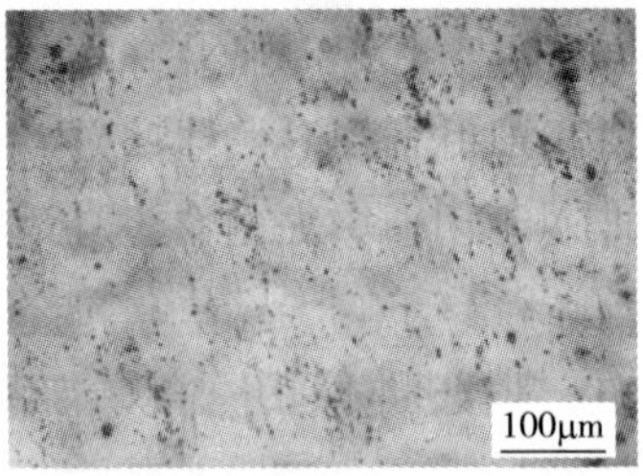 100μm 弯头母材 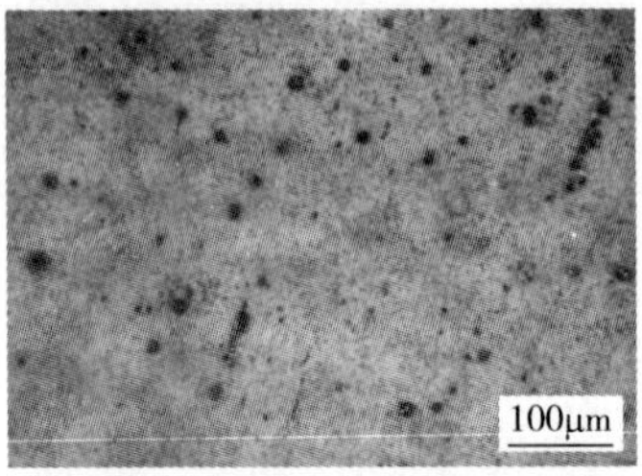 100μm 弯头热影响区  100μm 直管母材 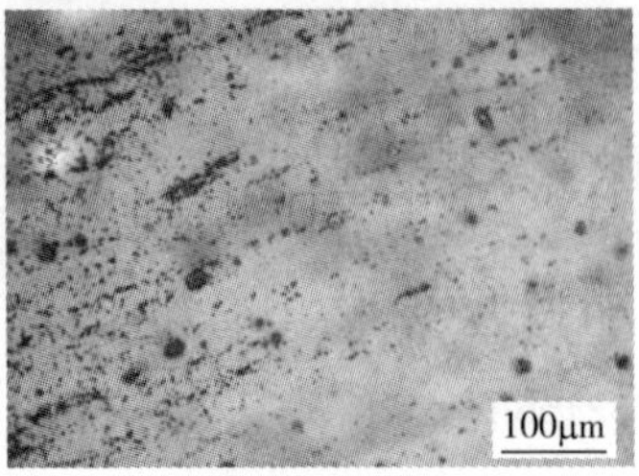 100μm 直管热影响区	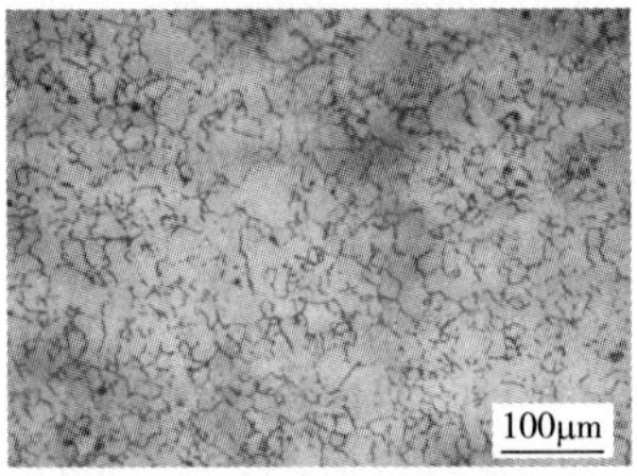 100μm 三通母材 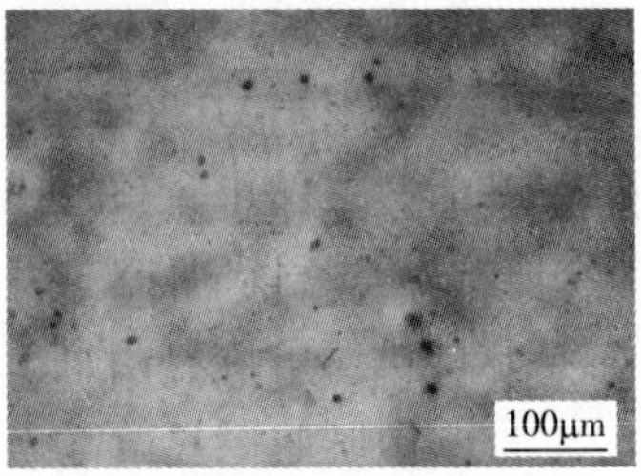 100μm 三通热影响区 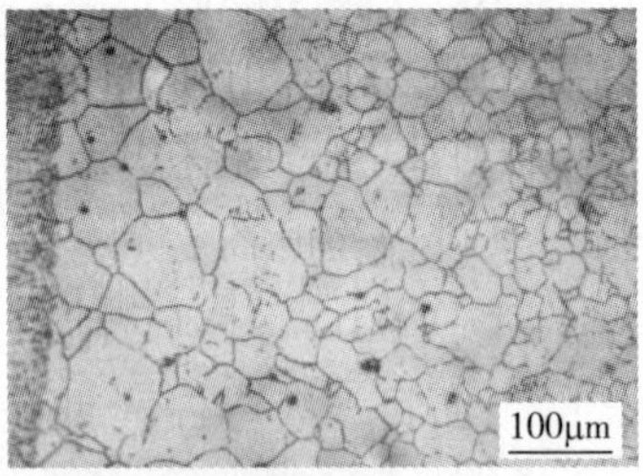 100μm 直管母材 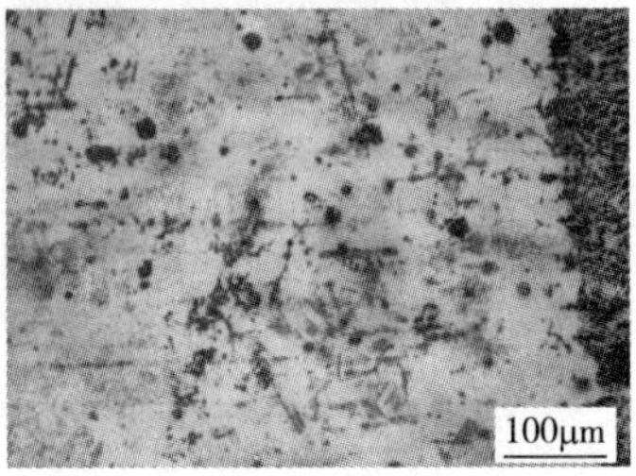 100μm 直管热影响区

续表

序号	1	2
金相检测发现问题	1. 弯头母材金相检测位置发现有蠕变损伤孔洞，蠕变损伤孔洞级别为3a级。2. 弯头热影响区金相检测位置发现有蠕变损伤孔洞，蠕变损伤孔洞级别为2a级。3. 直管母材及直管热影响区金相检测位置发现奥氏体晶界均有碳化物析出	1. 三通母材、三通热影响区金相检测位置均发现有蠕变损伤孔洞，蠕变损伤孔洞级别均为3b级。2. 直管母材金相检测位置发现有蠕变损伤孔洞，蠕变损伤孔洞级别为2a级。3. 直管热影响区金相检测位置发现有蠕变损伤孔洞，蠕变损伤孔洞级别为4级

序号	3	4
设备名称	反应器	混合原料气自烟气余热锅炉至转化炉管
介质	反应气	原料气
工作压力/MPa	6.8	3
工作温度/℃	80	520
投用时间	2011年7月15日	2012年10月1日
检测时间	2022年3月23日	2015年11月10日
金相组织	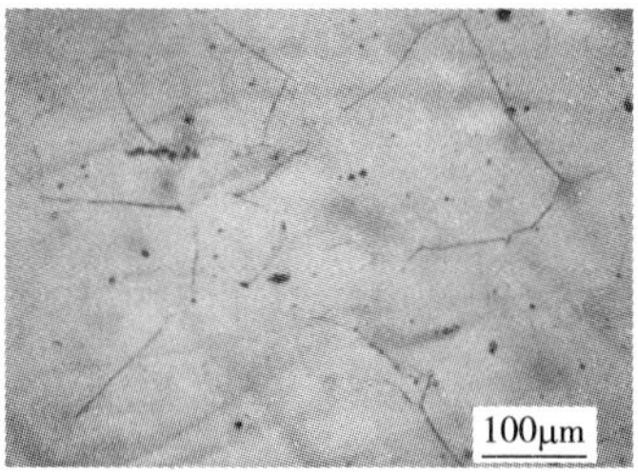 100μm 筒体母材 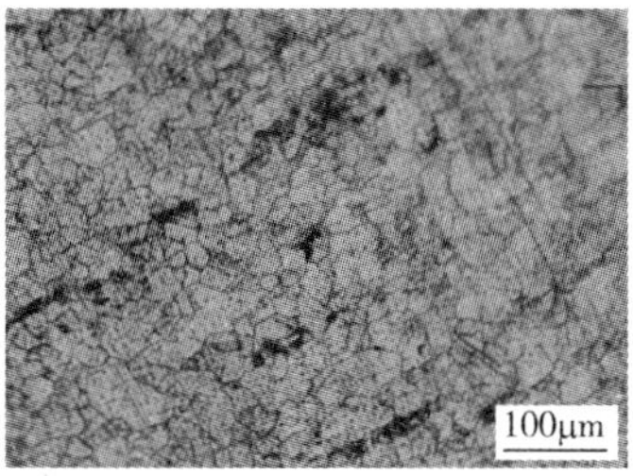 100μm 封头母材	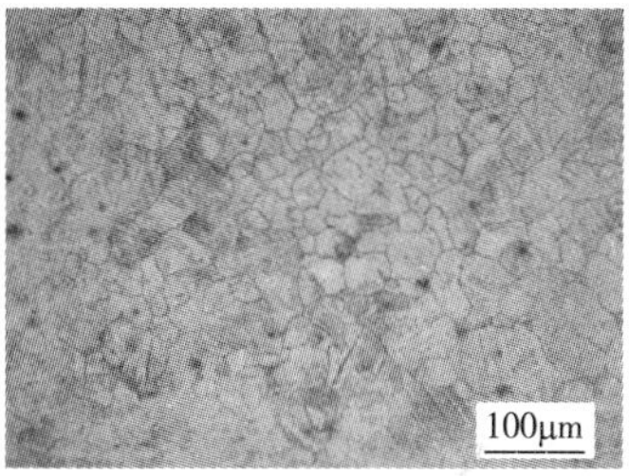 100μm 弯头母材 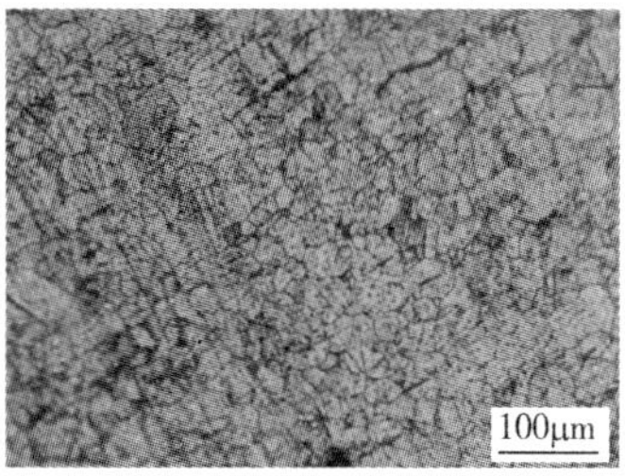 100μm 直管母材 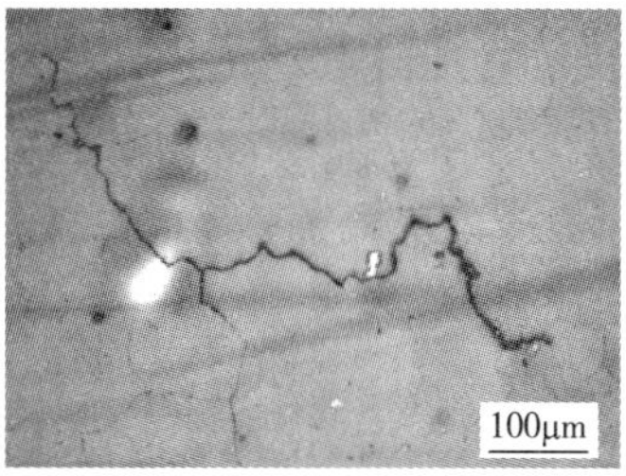 100μm 弯头热影响区

续表

序号	3	4
金相组织		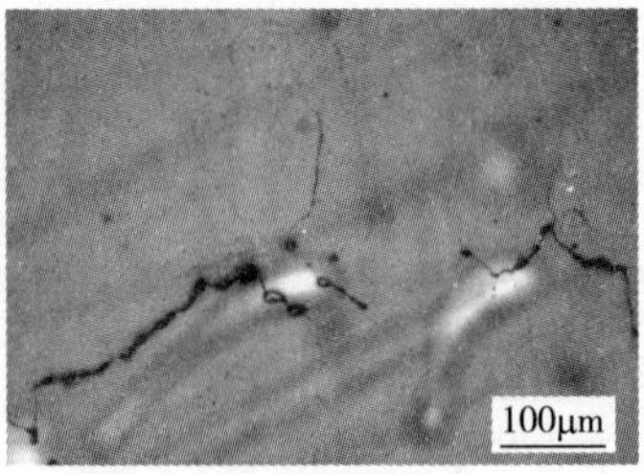 直管热影响区
金相检测发现问题	筒体、封头母材金相检测位置发现奥氏体2.5级老化	1. 弯头母材发现有碳化物析出。直管母材发现有少量马氏体组织；2. 弯头热影响区、直管热影响区及焊缝部位均发现有微观裂纹

序号	5
设备名称	再生器换热器
介质	N_2、O_2
工作压力/MPa	0.7
工作温度/℃	450
投用时间	2005年8月25日
检测时间	2015年10月12日
金相组织	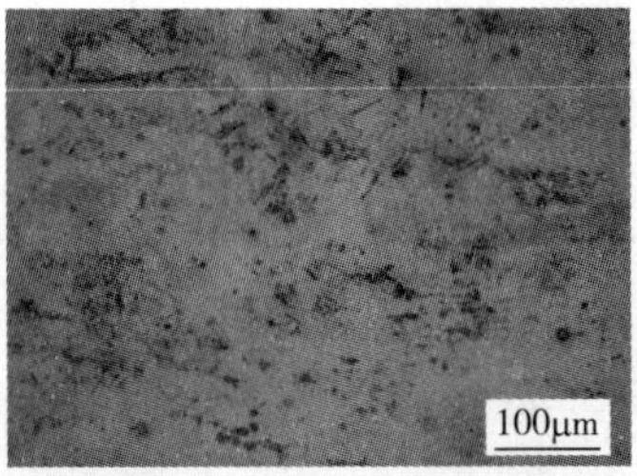 封头母材 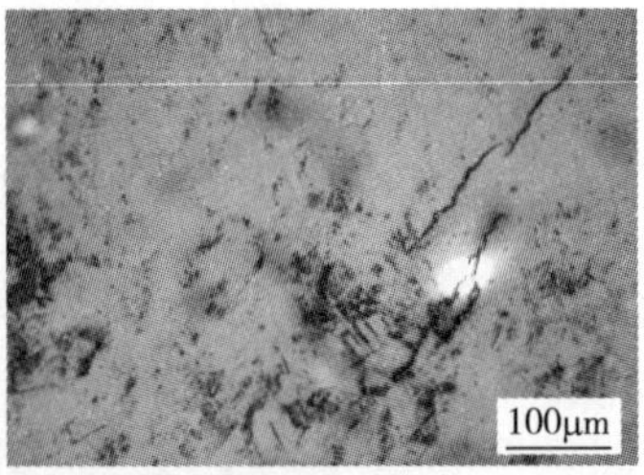 封头热影响区 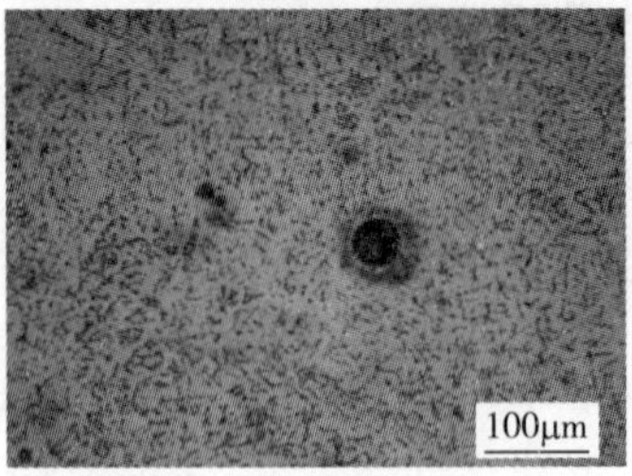 封头环焊缝 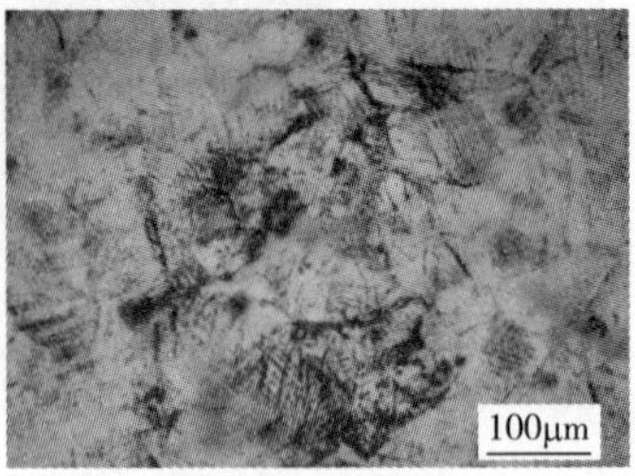 法兰母材

续表

序号	5
金相组织	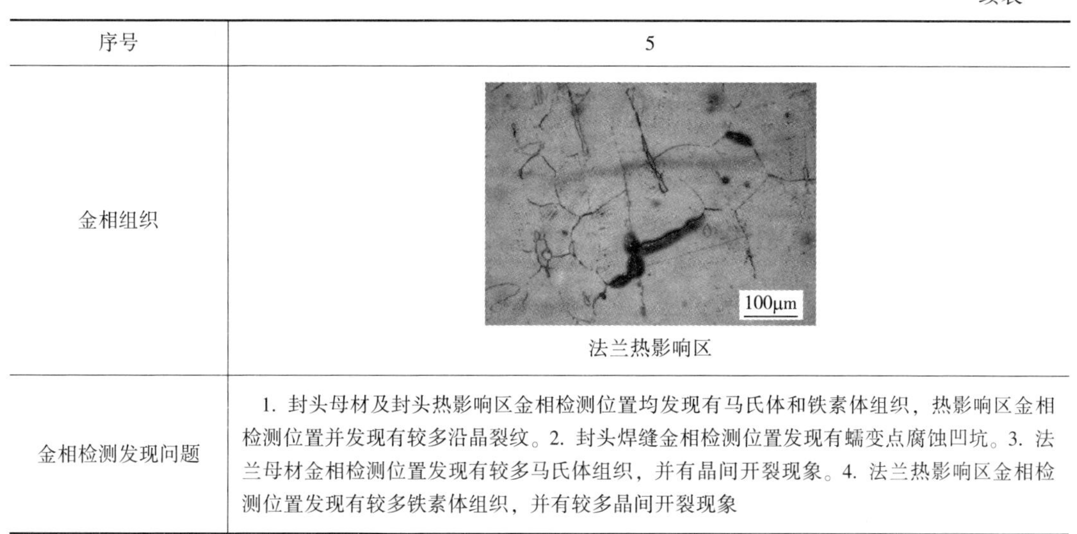 法兰热影响区
金相检测发现问题	1. 封头母材及封头热影响区金相检测位置均发现有马氏体和铁素体组织，热影响区金相检测位置并发现有较多沿晶裂纹。2. 封头焊缝金相检测位置发现有蠕变点腐蚀凹坑。3. 法兰母材金相检测位置发现有较多马氏体组织，并有晶间开裂现象。4. 法兰热影响区金相检测位置发现有较多铁素体组织，并有较多晶间开裂现象

7.9　12CrMo

7.9.1　12CrMo 材质介绍

12CrMo 是一种低合金热强钢，具有热强性和抗氧化性能，此钢的蠕变极限与持久强度值很接近，并在持久拉伸的情况下具有高的塑性。生产工艺较简单，焊接性能好，但对正火冷却速度较敏感。表 7－33 为 12CrMo 国内外标准近似牌号对照。

表 7－33　12CrMo 国内外标准近似牌号对照

GB/T 3077—2015	EN 10083－3：2006	ASTM A29/A29M—2012	JIS G 4053—2008
12CrMo	—	—	—

7.9.2　化学成分

12CrMo 的化学成分参考标准 GB/T 3077—2015《合金结构钢》，见表 7－34。

表 7－34　12CrMo 的化学成分

C	Si	Mn	Cr	Mo
0.08～0.15	0.17～0.37	0.40～0.70	0.40～0.70	0.40～0.55

7.9.3　力学性能

12CrMo 的力学性能参考标准 GB/T 3077—2015《合金结构钢》，见表 7－35。

表 7－35　12CrMo 的力学性能

钢板状态	试样毛坯尺寸/mm	抗拉强度 R_m/MPa	下屈服强度 R_{eL}/MPa	断后伸长率 A/%	断面收缩率 Z/%	冲击吸收能量 $KV_2{}^c$/J
淬火加回火	30	≥410	≥265	≥12	≥50	≥55

7.9.4　12CrMo 的金相组织

7.9.4.1　金相组织

12CrMo 主要包括铁素体、珠光体和少量的碳化物。在高温下，钢中的铁素体结构具有良好的稳定性和塑性韧性，能够有效抵御高温蠕变和氧化腐蚀。钢中的珠光体结构则能够提高钢的硬度和抗磨性能。12CrMo 的金相组织如图 7－9 所示。

图 7－9　12CrMo 的金相组织

7.9.4.2　现场发现问题的金相组织

现场发现问题的金相组织见表 7－36。

表 7－36　现场发现问题的金相组织(12CrMo)

序号	1	2
设备名称	油气管道	油气管道
介质	氢气、油气	氢气、油气
工作压力/MPa	0.5	0.48
工作温度/℃	473	548
投用时间	2008 年 7 月 11 日	2008 年 7 月 11 日
检测时间	2017 年	2017 年
硬度检测值/HB	弯头上部母材：143、141、142、140、142 弯头上部热影响区：201、204、202、202、205 上部焊缝：222、220、222、221、220	直管上部母材(打磨 2.0mm 后)：135、137、133、135、134 直管上部热影响区：167、170、170、168、169
硬度检测结果	硬度值基本正常，可接受	直管母材表面硬度值偏低

续表

序号	1	2
金相组织	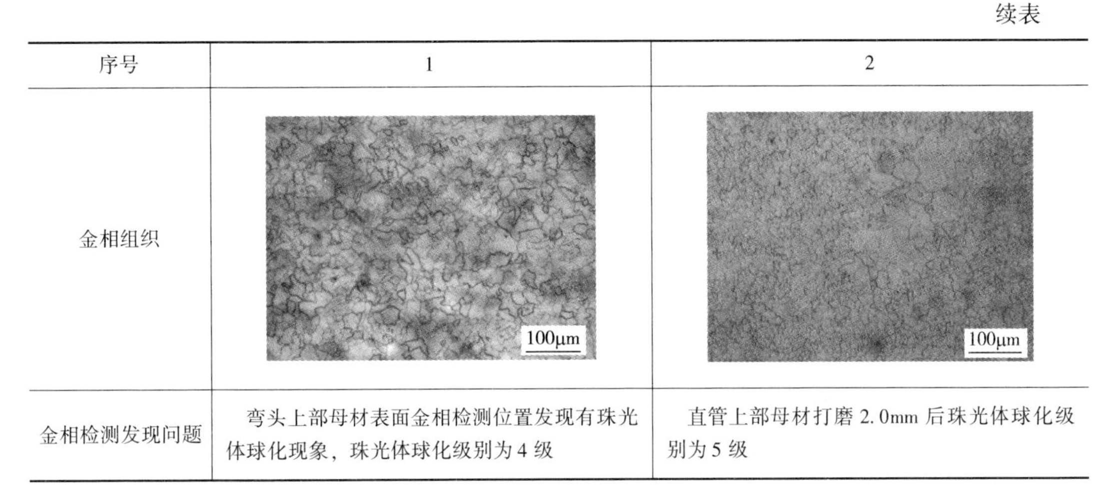	
金相检测发现问题	弯头上部母材表面金相检测位置发现有珠光体球化现象，珠光体球化级别为4级	直管上部母材打磨2.0mm后珠光体球化级别为5级

7.10　12Cr2Mo1R

7.10.1　12Cr2Mo1R材质介绍

12Cr2Mo1R属于铬钼钢材质，这种材质一般都会含有碳、铬、钼等化学成分，不仅具有良好的耐腐蚀性和耐热性，而且还具有良好的韧性和可焊性，并且还可以抵抗氢的腐蚀，同时其淬火性也比较好，因此被广泛用于制作对温度要求比较高的压力容器、阀门等。表7－37为12Cr2Mo1R国内外标准近似牌号对照。

表7－37　12Cr2Mo1R国内外标准近似牌号对照

GB/T 713—2023	ISO 9328：2018	EN 10028：2017	ASME Ⅱ－A—2021
12Cr2Mo1R	12CrMo9－10	12CrMo9－10	SA397 Gr. 22

7.10.2　化学成分

12Cr2Mo1R的化学成分参考标准GB/T 713.2—2023《承压设备用钢板和钢带　第2部分：规定温度性能的非合金钢和合金钢》，见表7－38。

表7－38　12Cr2Mo1R的化学成分

C	Si	Mn	P	S	Cr	Mo	Cu	Ni
0.08～0.15	≤0.50	0.30～0.60	≤0.020	≤0.010	2.00～2.50	0.90～1.10	≤0.20	≤0.30

7.10.3　力学性能

12Cr2Mo1R的力学性能参考标准GB/T 713.2—2023《承压设备用钢板和钢带　第2部

分：规定温度性能的非合金钢和合金钢》，见表 7－39。

表 7－39 12Cr 2Mo1R 的力学性能

钢板状态	板厚/mm	抗拉强度 R_m/MPa	屈服强度 R_{eL}/MPa	伸长率 A/%	冲击温度/℃	冲击功 KV_2/J	180°弯曲试验 $b=2a$
正火加回火	6～200	520～680	≥310	≥19	20	≥47	$D=3a$

注：a 为试样厚度；b 为试样宽度；D 为弯曲压头直径。

7.10.4 12Cr2Mo1R 的金相组织

7.10.4.1 金相组织

12Cr2Mo1R 由贝氏体和铁素体组成，合理的热处理工艺能够进一步优化材料的性能。常见的热处理工艺包括退火、正火和淬火等。这些处理过程能够改变 12Cr2Mo1R 的晶体结构和硬度，以满足具体应用的需求。12Cr2Mo1R 的金相组织如图 7－10 所示。

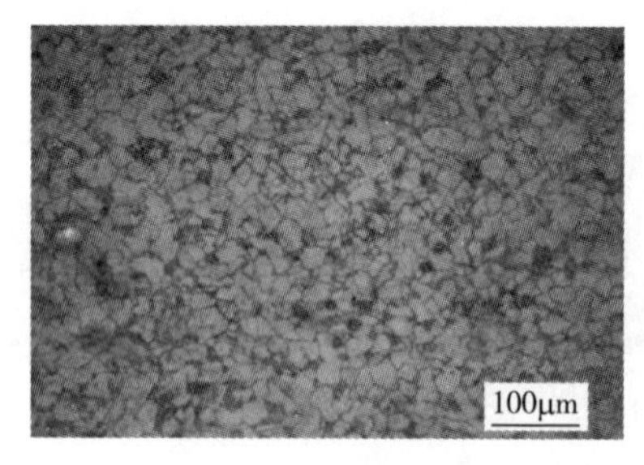

图 7－10 12Cr2Mo1R 的金相组织

7.10.4.2 现场发现问题的金相组织

现场发现问题的金相组织见表 7－40。

表 7－40 现场发现问题的金相组织（12Cr2Mo1R）

序号	1	2
设备名称	加氢裂化反应产物混氢油换热器	超高压蒸汽管道
介质	混氢油/反应产物	超高压蒸汽
工作压力/MPa	16.9	12.042
工作温度/℃	154.78～383.83	520
投用时间	2012 年 10 月 1 日	1995 年 11 月 1 日
检测时间	2019 年 12 月 26 日	2020 年 5 月 30 日
硬度检测值/HB	筒体母材：155、154、155、157、154 筒体热影响区：181、180、179、182、180	弯头母材：118、120、119、118、121
硬度检测结果	检测位置硬度值在正常范围	弯头母材检测位置硬度值偏低

续表

序号	1	2
金相组织		
金相检测发现问题	筒体热影响区金相检测位置发现有局部脱碳现象，局部呈完全脱碳状态	弯头母材金相检测位置发现有珠光体球化现象，珠光体球化级别为4级
序号	3	4
设备名称	超高压蒸汽管道	超高压蒸汽管道
介质	超高压蒸汽	超高压蒸汽
工作压力/MPa	12.042	12.042
工作温度/℃	520	520
投用时间	1995年11月1日	1995年11月1日
检测时间	2020年5月30日	2020年5月30日
硬度检测值/HB	弯头母材：120、121、121、119、120 直管母材：140、139、141、139、140	弯头母材：148、147、149、148、148 直管母材：148、147、149、148、147
硬度检测结果	弯头母材检测位置硬度值偏低	检测位置硬度值均在正常范围
金相组织		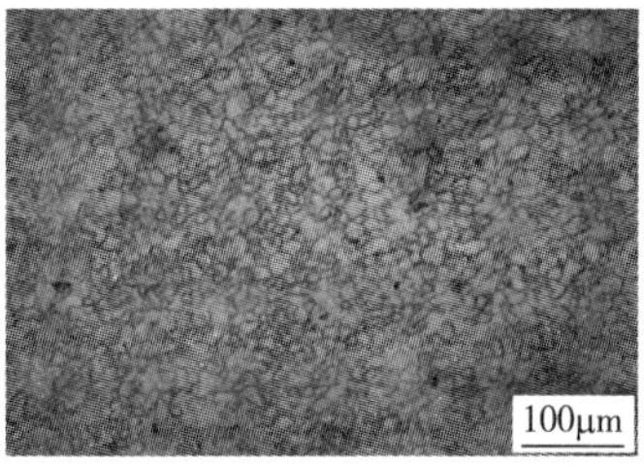
金相检测发现问题	弯头母材表面金相检测位置发现有珠光体球化现象，珠光体球化级别为4级	弯头母材表面金相检测位置发现有珠光体球化现象，珠光体球化级别为3级
序号	5	6
设备名称	超高压蒸汽管道	超高压蒸汽管道
介质	超高压蒸汽	超高压蒸汽
工作压力/MPa	12.042	12.042
工作温度/℃	520	520
投用时间	1995年11月1日	1995年11月1日
检测时间	2017年	2017年

续表

序号	5	6
硬度检测值/HB	直管母材：120、120、121、122、122 直管热影响区：159、162、161、161、160	弯头母材：187、185、188、189、187 弯头热影响区：189、186、189、186、187 焊缝：192、188、189、191、190
硬度检测结果	直管母材表面硬度值偏低	弯头母材、弯头热影响区及焊缝位置硬度值偏高
金相组织	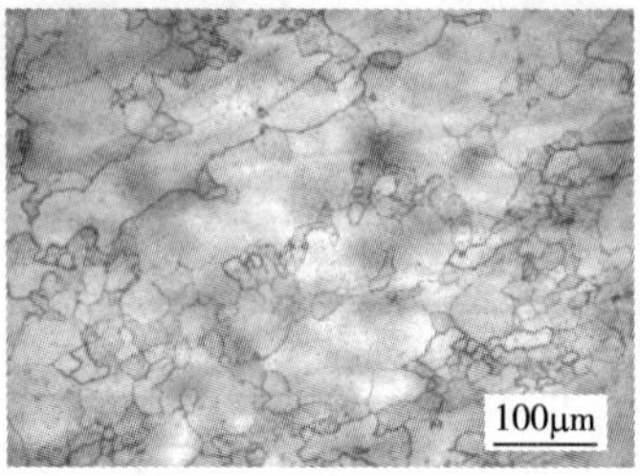 100μm	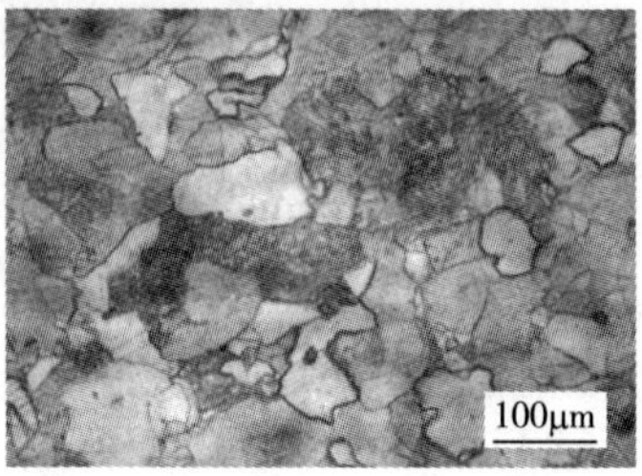 100μm
金相检测发现问题	直管母材表面有脱碳现象	弯头母材、弯头热影响区以及焊缝金相检测位置组织结构粗大，有轻微过热现象

序号	7	8
设备名称	超高压蒸汽管道	高压蒸汽管道
介质	超高压蒸汽	高压蒸汽
工作压力/MPa	12.042	8.5
工作温度/℃	520	520
投用时间	1995年11月1日	1995年11月1日
检测时间	2017年	2020年10月8日
硬度检测值/HB	弯头母材：106、105、107、108、106 弯头热影响区：157、156、155、158、154	弯头母材：113、111、113、115、117 直管母材：128、123、112、114、116
硬度检测结果	弯头母材硬度值偏低	检测位置硬度值未见异常
金相组织	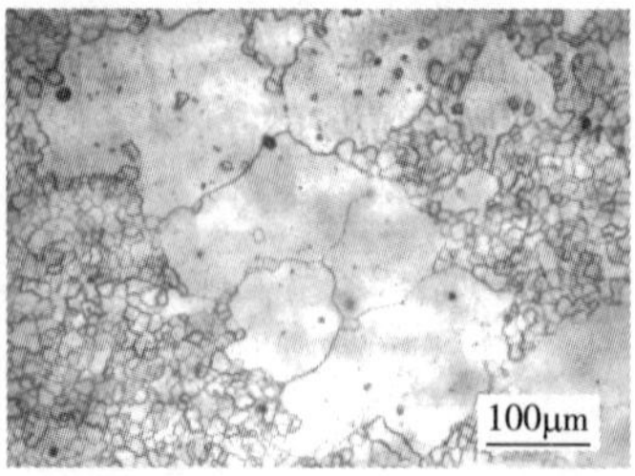 100μm	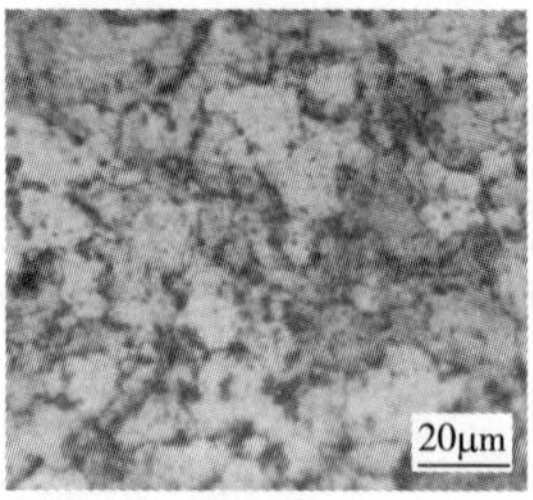 20μm
金相检测发现问题	弯头母材金相检测位置组织结构不均，并有珠光体球化现象，珠光体球化级别为5级	弯头母材珠光体球化级别为3级；直管母材珠光体球化级别为3级

7.11　14Cr1MoR

7.11.1　14Cr1MoR 材质介绍

14Cr1MoR 钢材是一种低合金钢，具有良好的综合性能，包括高温强度、抗氧化性、耐腐蚀性和良好的焊接性能等。14Cr1MoR 钢材广泛应用于石油化工、能源、航空航天、机械制造等领域。表 7－41 为 14Cr1MoR 国内外标准近似牌号对照。

表 7－41　14Cr1MoR 国内外标准近似牌号对照

GB/T 713—2023	ISO 9328：2018	EN 10028：2017	ASME Ⅱ－A—2021
14Cr1MoR	13CrMoSi5－5	13CrMoSi5－5	SA387 Gr. 11

7.11.2　化学成分

14Cr1MoR 的化学成分参考标准 GB/T 713. 2—2023《承压设备用钢板和钢带　第 2 部分：规定温度性能的非合金钢和合金钢》，见表 7－42。

表 7－42　14Cr1MoR 的化学成分

C	Si	Mn	P	S	Cr	Mo	Cu	Ni
≤0. 17	0. 50～0. 80	0. 40～0. 65	≤0. 020	≤0. 010	1. 15～1. 50	0. 45～0. 65	≤0. 30	≤0. 30

7.11.3　力学性能

14Cr1MoR 的力学性能参考标准 GB/T 713. 2—2023《承压设备用钢板和钢带　第 2 部分：规定温度性能的非合金钢和合金钢》，见表 7－43。

表 7－43　14Cr1MoR 的力学性能

钢板状态	板厚/mm	抗拉强度 R_m/MPa	屈服强度 R_{eL}/MPa	伸长率 A/%	冲击温度/℃	冲击功 KV_2/J	弯曲试验 180° $b=2a$
正火加回火	6～100	520～680	≥310	≥19	20	≥47	$D=3a$
	＞100～200	510～670	≥300				

注：a 为试样厚度；b 为试样宽度；D 为弯曲压头直径。

7.11.4　14Cr1MoR 的金相组织

7.11.4.1　金相组织

14Cr1MoR 由珠光体组成，严格控制轧制及热处理工艺，使钢板获得合理的组织结构及晶粒大小，保证钢板具有良好的综合性能。14Cr1MoR 的金相组织如图 7－11 所示。

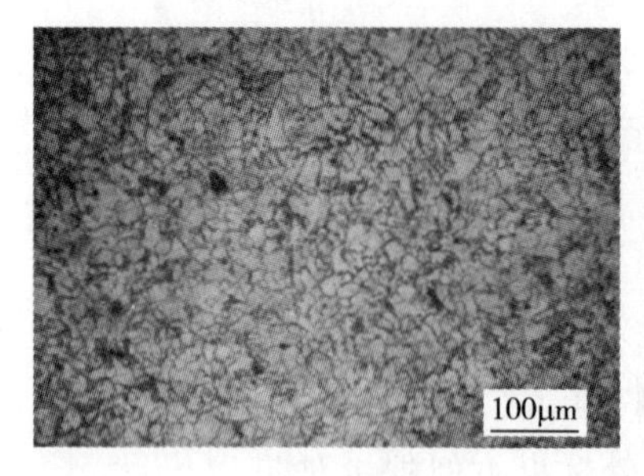

图 7－11　14Cr1MoR 的金相组织

7.11.4.2　现场发现问题的金相组织

现场发现问题的金相组织见表 7－44。

表 7－44　现场发现问题的金相组织（14Cr1MoR）

序号	1	2
设备名称	重整混合进料换热器	超高压蒸汽管道
介质	H_2 + HC	超高压蒸汽
工作压力/MPa	0.9	11.964
工作温度/℃	288～550	520
投用时间	2008 年 6 月 1 日	1995 年 11 月 1 日
检测时间	2017 年 6 月 10 日	2020 年 5 月 30 日
硬度检测值/HB	封头母材（表面）：119、122、120、121、122 封头母材（打磨 1.5mm 后）：148、151、150、152、153 封头热影响区：182、185、183、183、184 封头焊缝：199、203、200、205、204	弯头母材（表面）：109、108、110、107、109 弯头母材（表面打磨至 2.5mm 后）：121、120、122、119、121
硬度检测结果	封头母材表面硬度值偏低，打磨约为 1.5mm 后硬度值正常	弯头母材表面/直管母材表面以及弯头母材表面打磨至 2.5mm 后检测位置硬度值均偏低
金相组织	100μm	100μm

续表

序号	1	2
金相组织		
金相检测发现问题	封头母材表面金相检测位置发现有珠光体球化现象，珠光体球化级别为 4 级	弯头母材表面及直管母材表面均发现有珠光体球化现象，珠光体球化级别均为 5 级。分别打磨至 2.5mm 后，弯头母材珠光体球化级别仍为 4 级

序号	3	4
设备名称	高压蒸汽管道	高压蒸汽管道
介质	水蒸气	水蒸气
工作压力/MPa	11.564	11.564
工作温度/℃	520	520
投用时间	1986 年 1 月 1 日	1986 年 1 月 1 日
检测时间	2016 年 12 月 15 日	2016 年 12 月 19 日
硬度检测值/HB	直管母材(表面)：107、110、110、108、112 直管母材(打磨 0.5mm 后)：109、109、109、113、112 直管母材(打磨 1.5mm 后)：113、114、113、113、115 直管热影响区：138、136、137、141、144	弯头母材：120、119、120、118、119 弯头热影响区：153、155、157、160、158
硬度检测结果	直管母材表面及打磨 0.5～1.5mm 后硬度值均偏低	弯头母材硬度值偏低
金相组织	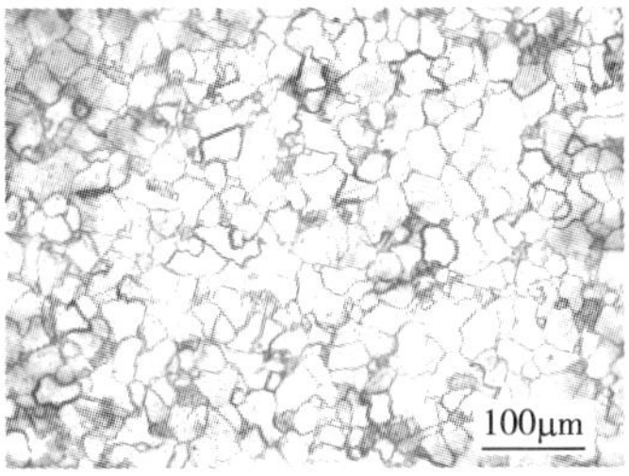	

续表

序号	3	4
金相组织	 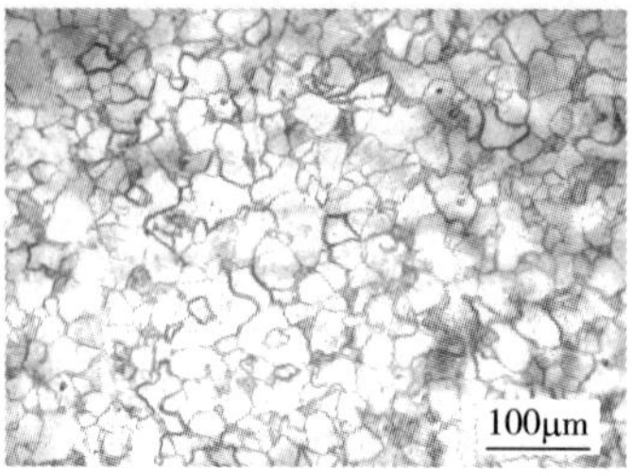	
金相检测发现问题	直管母材表面珠光体球化级别为5级，分别打磨0.5mm、1.5mm后，珠光体球化级别仍为5级	弯头金相检测位置发现有珠光体球化现象，珠光体球化级别为4级

序号	5	6
设备名称	HC－H_2管道	HC－H_2管道
介质	HC＋H_2	HC＋H_2
工作压力/MPa	0.39	0.39
工作温度/℃	549	549
投用时间	2000年10月1日	2000年10月1日
检测时间	2017年	2020年12月5日
硬度检测值/HB	弯头母材(表面)：110、112、115、113、116 弯头热影响区：154、155、153、156、155	弯头母材(表面)：120、120、122、122、121 弯头热影响区：195、191、192、193、194
硬度检测结果	弯头母材(表面)硬度值偏低	弯头母材(表面)硬度值偏低
金相组织	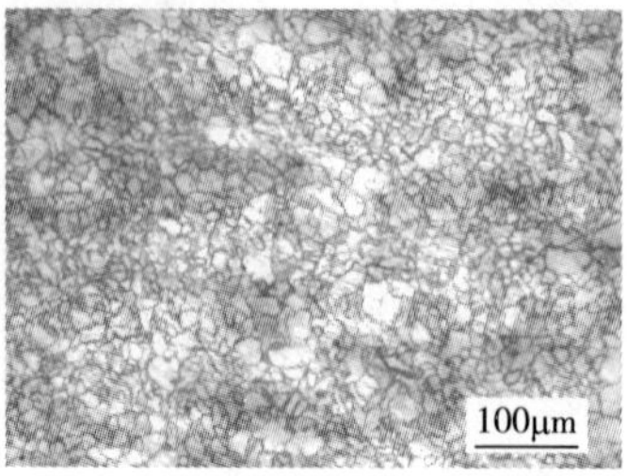	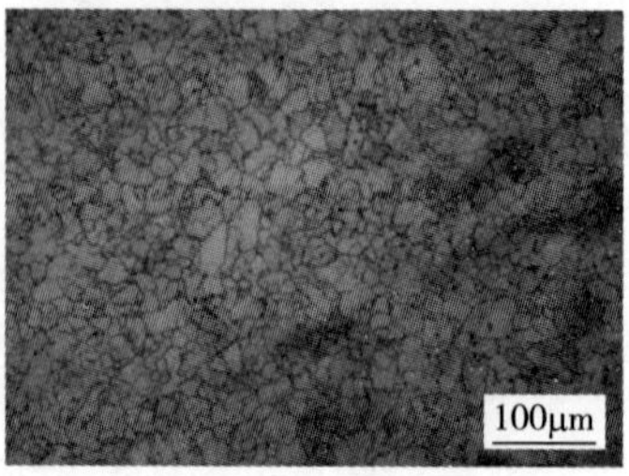

续表

序号	5	6
金相检测发现问题	弯头母材金相检测位置发现有珠光体球化现象，珠光体球化级别为4级	弯头母材表面金相检测位置发现有珠光体球化现象，珠光体球化级别为4级

7.12　Q245R

7.12.1　Q245R材质介绍

Q245R是屈服点为245MPa的锅炉压力容器钢，针对用途、温度、耐腐的不同，所应该选用的容器板材质，也不尽相同。石油石化行业、化工设备制造企业、电站建设、锅炉和压力容器制造等企业用Q245R制作的反应器、换热器、分离器、球罐、油气罐、液化气罐、核能反应堆压力壳、液化石油气瓶、水轮机蜗壳，由于石油化工、煤转化、核电、汽轮机缸体、火电等使用条件苛刻，其中腐蚀介质复杂的大型设备如水洗塔、第二变换炉、焦炭塔、脱硫槽、转化气余热锅炉、甲烷化炉、反应器、再生器、加氢反应器、甲烷化加热器、转化气蒸汽发生器等设备及构件建设制造项目中大量使用Q245R(HIC)钢板。表7－45为Q245R国内外标准近似牌号对照。

表7－45　Q245R国内外标准近似牌号对照

GB/T 713—2023	ISO 9328：2018	EN 10028：2017	ASME Ⅱ－A—2021
Q245R	P265GH	P265GH	SA516 Gr. 60

7.12.2　化学成分

Q245R的化学成分参考标准GB/T 713.2—2023《承压设备用钢板和钢带　第2部分：规定温度性能的非合金钢和合金钢》，见表7－46。

表7－46　Q245R的化学成分

C	Si	Mn	P	S	Cr	Mo	Cu	Ni	Nb	V	Ti
≤0.20	≤0.35	0.50～1.10	≤0.025	≤0.010	≤0.30	≤0.08	≤0.30	≤0.30	≤0.050	≤0.050	≤0.030

7.12.3　力学性能

Q245R的力学性能参考标准GB/T 713.2—2023《承压设备用钢板和钢带　第2部分：规定温度性能的非合金钢和合金钢》，见表7－47。

表 7－47　Q245R 的力学性能

<table>
<tr><th rowspan="2">钢板状态</th><th rowspan="2">板厚/mm</th><th rowspan="2">抗拉强度 R_m/MPa</th><th>下屈服强度 R_{eL}/MPa</th><th>断后伸长率 A/%</th><th rowspan="2">冲击温度/℃</th><th>冲击吸收能量 KV_2/J</th><th rowspan="2">180°弯曲试验 $b=2a$</th></tr>
<tr><th colspan="2">不小于</th><th>不小于</th></tr>
<tr><td rowspan="6">热轧、正火轧制或正火</td><td>3～16</td><td rowspan="3">400～520</td><td>245</td><td rowspan="3">25</td><td rowspan="6">0</td><td rowspan="6">34</td><td rowspan="3">$D=1.5a$</td></tr>
<tr><td>>16～36</td><td>235</td></tr>
<tr><td>>36～60</td><td>225</td></tr>
<tr><td>>60～100</td><td>390～510</td><td>205</td><td rowspan="3">24</td><td rowspan="3">$D=2a$</td></tr>
<tr><td>>100～150</td><td>380～500</td><td>185</td></tr>
<tr><td>>150～250</td><td>370～490</td><td>175</td></tr>
</table>

注：a 为试样厚度；b 为试样宽度；D 为弯曲压头直径。

7.12.4　Q245R 的金相组织

Q245R 由铁素体和珠光体组成，Q245R 一般的热处理是热轧、控轧、正火。钢板正火目的是使晶粒细化和碳化物分布均匀化。Q245R 的金相组织如图 7－12 所示。

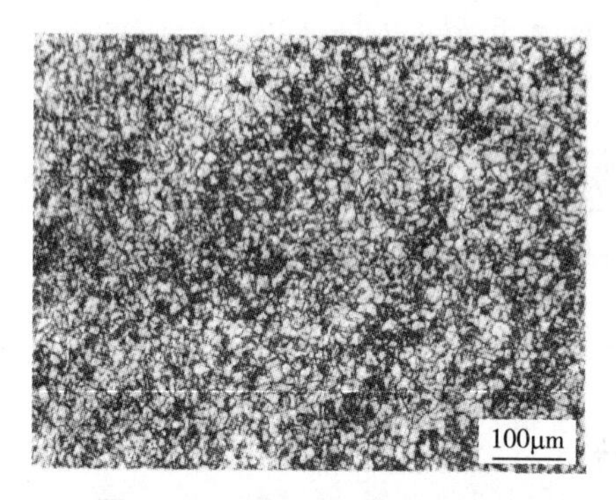

图 7－12　Q245R 的金相组织

7.13　S34778

7.13.1　S34778 材质介绍

S34778 具有优异的耐腐蚀性能，能在高温环境下保持稳定的性能，因此广泛用于制造高温设备和化学工业管道。该材质由于添加了 Nb(铌)元素，从而在高温下获得更好的焊接性和耐腐蚀性，以及更好的耐磨性和抗弯曲性。因该材料具有良好的机械性能和可加工性能，在许多领域都有重要应用，如航空航天、石油化工、化学工程、医疗设备等。表 7－48 为 S34778 国内外标准近似牌号对照。

表7－48　S34778国内外标准近似牌号对照

GB/T 20878	ASTM A240/240M	JIS G4304 JIS G4305	EN10028－7 EN10088－1
06Cr18Ni11Nb	S34700，347	SUS347	1.4550 X6CrNiNb18－10

7.13.2　化学成分

S34778的化学成分参考标准GB/T 713.7—2023《承压设备用钢板和钢带　第7部分：不锈钢和耐热钢》，见表7－49。

表7－49　S34778的化学成分

C	Si	Mn	P	S	Ni	Cr
≤0.08	≤0.75	≤2.00	≤0.035	≤0.015	9.00～12.00	17.00～19.00

7.13.3　力学性能

S34778室温下的力学性能参考标准GB/T 713.7—2023《承压设备用钢板和钢带　第7部分：不锈钢和耐热钢》，见表7－50。

表7－50　S34778室温下的力学性能

	规定塑性延伸强度 $R_{p0.2}$/MPa	抗拉强度 R_m/MPa	断后伸长率 A/%	硬度值		
				HBW	HRB	HV
	不小于			不大于		
固溶处理	205	515	40	201	92	210

7.13.4　S34778的金相组织

7.13.4.1　金相组织

S34778主要由奥氏体和少量沉淀硬化相组成。奥氏体相是软相，具有优异的塑性和耐腐蚀性。沉淀硬化相可以提高材料的强度和硬度，同时保证材料的韧性。S34778的金相组织如图7－13所示。

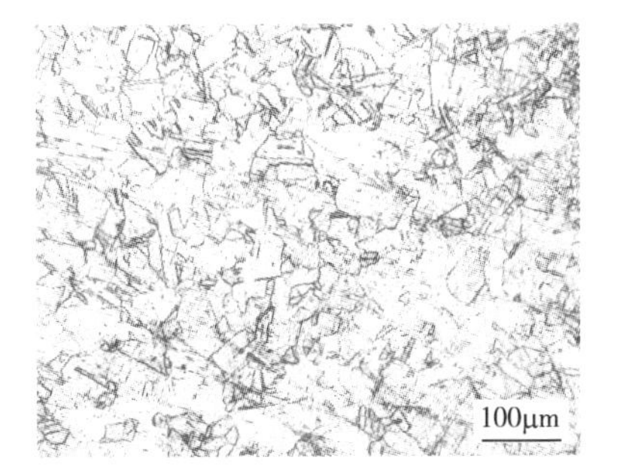

图7－13　S34778的金相组织

7.13.4.2　现场发现问题的金相组织

现场发现问题的金相组织见表7－51。

表 7－51　现场发现问题的金相组织(S34778)

序号	1	
设备名称	反应进料加热炉	
介质	蜡油，H_2S，H_2	
工作压力/MPa	出口：12.2；进口：12.7	
工作温度/℃	出口：404；进口：386	
投用时间	—	
检测时间	2015 年 10 月 13 日	
金相组织	100μm 弯头母材	100μm 直管母材
金相检测发现问题	弯头母材及直管母材均发现有马氏体组织	

7.14　35CrMo

7.14.1　35CrMo 材质介绍

35CrMo 合金结构钢，有很高的静力强度、冲击韧性及较高的疲劳极限，淬透性较 40Cr 高，高温下有高的蠕变强度与持久强度，长期工作温度可达到 500℃；冷变形时塑性中等，焊接性差。低温至 -110℃，并具有高的静强度、冲击韧度及较高的疲劳强度、淬透性良好，无过热倾向，淬火变形小，冷变形时塑性尚可，切削加工性中等，但有第 I 类回火脆性，焊接性不好，焊前需预热至 150～400℃，焊后热处理以消除应力，一般在调质处理后使用，也可在高中频表面淬火或淬火及低、中温回火后使用。用于制造承受冲击、弯扭、高载荷的各种机器中的重要零件，如轧钢机人字齿轮、曲轴、锤杆、连杆、紧固件，汽轮发动机主轴、车轴，发动机传动零件，大型电动机轴，石油机械中的穿孔器，工作温度低于 400℃的锅炉用螺栓，工作温度低于 510℃的螺母，化工机械中高压无缝厚壁的导管(温度 450～500℃，无腐蚀性介质)等；还可代替 40CrNi 用于制造高载荷传动轴、汽轮发动机转子、大截面齿轮、支承轴(直径小于 500mm)等；工艺上的设备材料、管材、焊材等等。用作在高负荷下工作的重要结构件，如车辆和发动机的传动件；汽轮发电机的转子、主轴、重载荷的传动轴，大断面零件。表 7－52 为 35CrMo 国内外标准近似牌号对照。

表7－52 35CrMo国内外标准近似牌号对照

GB/T 3077—2015	EN 10083－3：2006	ASTM A29/A29M—2012	JIS G4053—2008
35CrMo	34CrMo4	4135	SCM435

7.14.2 化学成分

35CrMo的化学成分参考标准GB/T 3077—2015《合金结构钢》，见表7－53。

表7－53 35CrMo的化学成分

C	Si	Mn	Cr	Mo
0.32～0.40	0.17～0.37	0.40～0.70	0.80～1.10	0.15～0.25

7.14.3 力学性能

35CrMo的力学性能参考标准GB/T 3077—2015《合金结构钢》，见表7－54。

表7－54 35CrMo的力学性能

钢板状态	试样毛坯尺寸/mm	抗拉强度 R_m/MPa	下屈服强度 R_{eL}/MPa	断后伸长率 A/%	断后收缩率 Z/%	冲击吸收能量 KV_2/J
		不小于				
淬火加回火	25	980	835	12	45	63

7.14.4 35CrMo的金相组织

7.14.4.1 金相组织

35CrMo由珠光体和铁素体组成，该组织是调质淬火之前的理想组织，能够保证在正常淬火工艺下获得良好的淬火组织，即细小的马氏体组织。由于淬火马氏体组织的强度、硬度很高，而韧性和塑性明显下降，不利于材料的后期加工，因此在调质处理中需对淬火材料进行高温回火处理，其目的是改善材料微观组织，以控制强度，提高其塑性和韧性。35CrMo金相组织如图7－14所示。

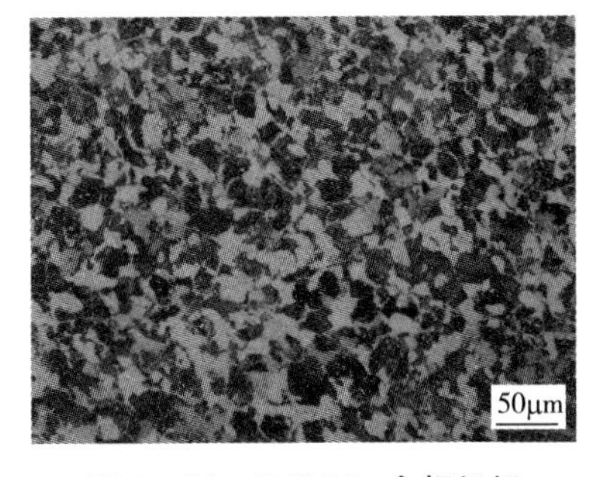

图7－14 35CrMo金相组织

7.14.4.2 现场发现问题的金相组织

现场发现问题的金相组织见表7－55。

表7-55 现场发现问题的金相组织(35CrMo)

序号	1
设备名称	北干线39K
介质	蒸汽
工作压力/MPa	3.9
工作温度/℃	400
投用时间	1994年9月
检测时间	2021年12月3日
硬度检测值/HB	直管母材：140、144、149、150、147
硬度检测结果	检测位置硬度偏低
金相组织	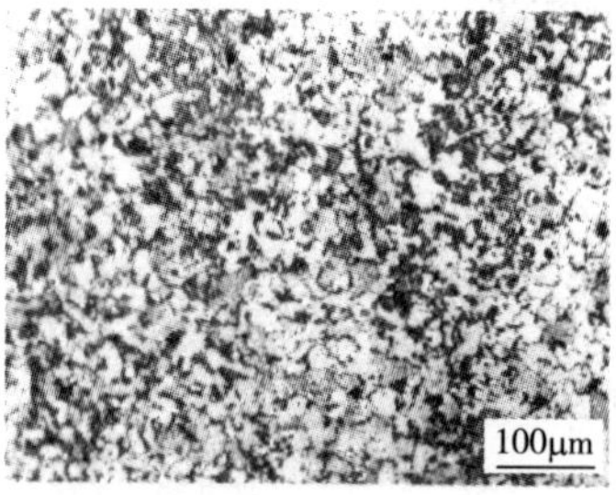 100μm
金相检测发现问题	球化级别为3级

7.15 T9

7.15.1 T9材质介绍

T9是一种高碳高合金工具钢，其主要成分包括C、Cr、W、Mn和Si等元素。它具有高硬度、高强度、高耐磨性和耐高温性能。其硬度通常可达到60~62HRC，比其他类型的工具钢更为坚硬。同时，T9也具有较高的韧性，能够在受力时保持较好的强度和韧性。此外，T9还具有出色的耐磨性和耐腐蚀性能，在重负荷和恶劣环境下仍能保持良好的工作状态。T9在机械加工、模具制造、刀具制作、车辆制造等行业中有着广泛的应用。表7-56为T9国内外标准近似牌号对照。

表7-56 T9国内外标准近似牌号对照

GB/T 1299—2014	ASTM A686/ASTM A681	JIS G4401/JIS G4404	ISO 4957
T9	W1-8 1/2	SK90	C90U

7.15.2　化学成分

T9 的化学成分参考标准 GB/T 1299—2014《工模具钢》，见表 7－57。

表 7－57　T9 的化学成分

C	Si	Mn
0.85～0.94	≤0.35	≤0.40

7.15.3　力学性能

T9 的力学性能参考标准 GB/T 1299—2014《工模具钢》，见表 7－58。

表 7－58　T9 的力学性能

退火交货状态的钢材硬度 HBW，不大于	试样淬火	
	淬火温度和冷却剂	洛氏硬度 HRC，不小于
192	760～780℃，水	62

7.15.4　T9 的金相组织

T9 由珠光体和铁素体组成，T9 的材料知识包括热处理工艺、冷却方式、淬火性能等关键方面。T9 在热处理过程中需要进行正火、淬火和回火等工艺操作，以获得理想的硬度和韧性。冷却方式是热处理过程中的关键环节，常见的冷却方式包括水淬、油淬、空气冷却等。不同的冷却方式会对 T9 的硬度和韧性产生不同的影响。淬火性能是指 T9 在淬火过程中的变形和裂纹敏感性。T9 的金相组织如图 7－15 所示。

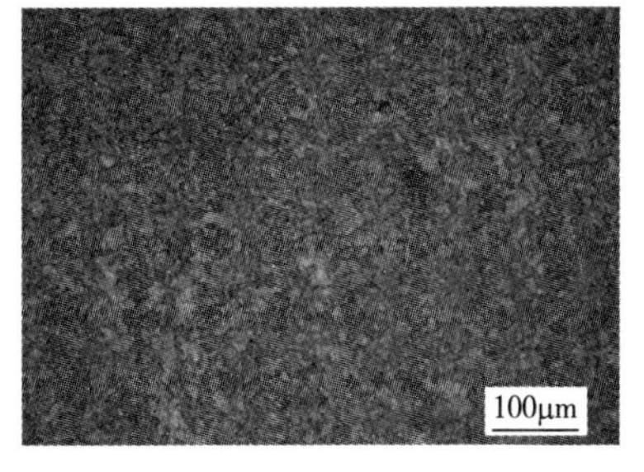

图 7－15　T9 的金相组织

7.16　12Cr9MoⅠ

7.16.1　12Cr9MoⅠ材质介绍

12Cr9MoⅠ是一种具有优良耐热性能的高合金钢，主要由 Cr、Mo 等合金元素组成。其化学成分和热处理过程可以调节最低屈服强度，并使其具有适用于不同工程应用的特性，主要用于低中压锅炉（工作压力一般不大于 5.88MPa，工作温度在 450℃以下）的受热面管子；用于高压锅炉（工作压力一般在 9.8MPa 以上，工作温度在 450～650℃）的受热面管子、省煤器、过热器、再热器、石化工业用管等。表 7－59 为 12Cr9MoⅠ国内外标准近似牌号对照。

表7－59　12Cr9MoⅠ国内外标准近似牌号对照

GB/T 9948—2013	ISO	EN	ASTM、ASME	JIS
12Cr9MoⅠ	X11CrMo9－1TA	X11CrMo9－1＋Ⅰ	T9/P9	STBA26

7.16.2　化学成分

12Cr9MoⅠ的化学成分参考标准GB/T 9948—2013《石油裂化用无缝钢管》，见表7－60。

表7－60　12Cr9MoⅠ的化学成分

C	Si	Mn	P	S	Cr	Mo	Cu	Ni
≤0.15	0.25～1.00	0.30～0.60	≤0.025	≤0.015	8.00～10.00	0.90～1.10	≤0.20	≤0.60

7.16.3　力学性能

12Cr9MoⅠ的力学性能参考标准GB/T 9948—2013《石油裂化用无缝钢管》，见表7－61。

表7－61　12Cr9MoⅠ的力学性能

抗拉强度 R_m/MPa	下屈服强度 R_{eL}/MPa 或规定塑性延伸强度 $R_{p0.2}$/MPa	断后伸长率 A/%		冲击吸收能量 KV_2/J		布氏硬度值/HBW
		纵向	横向	纵向	横向	
460～640	≥210	≥20	≥18	≥40	≥27	≤179

7.16.4　12Cr9MoⅠ的金相组织

12Cr9MoⅠ在铸态和正火态的基体金相组织是贝氏体，第二相为铁素体或铁素体＋马氏体。随着回火温度的提高，第二相铁素体有所增加从而提高钢的塑性。12Cr9MoⅠ的金相组织如图7－16所示。

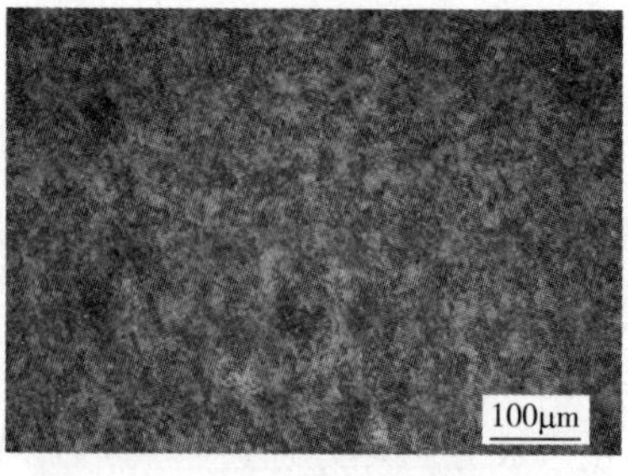

图7－16　12Cr9MoⅠ的金相组织

7.17　10Cr9Mo1VNbN

7.17.1　10Cr9Mo1VNbN材质介绍

10Cr9Mo1VNbN材质在高温高压的环境下具有良好的耐腐蚀性能，能够抵抗多种腐蚀介质的侵蚀，具有较高的强度、良好的焊接性能和耐热性能。广泛应用于石油、化工、电力、锅炉等领域。在石油化工领域主要用于输送高温、高压的石油和天然气；在电力领域，主要用于制作火电厂的锅炉蒸汽管道和汽轮机排气管道；在锅炉领域，主要用于制作高温、高压锅炉蒸汽管道。表7－62为10Cr9Mo1VNbN国内外标准近似牌号对照。

表7－62　10Cr9Mo1VNbN国内外标准近似牌号对照

GB/T 5310—2023	ASME	EN 10216－2、EN 10216－5
10Cr9Mo1VNbN	SA－213 T91/SA－335 P91	X10CrMoVNb9－1

7.17.2　化学成分

10Cr9Mo1VNbN的化学成分参考标准GB/T 5310—2023《高压锅炉用无缝钢管》，见表7－63。

表7－63　10Cr9Mo1VNbN的化学成分

C	Si	Mn	P	S	Cr	Mo	Cu	Ni	V	Ti	B	Nb	N	W
0.08～0.12	0.20～0.40	0.30～0.50	≤0.015	≤0.005	8.00～9.50	0.85～1.05	≤0.10	≤0.20	0.18～0.25	≤0.01	≤0.001	0.06～0.10	0.035～0.070	≤0.05

7.17.3　力学性能

10Cr9Mo1VNbN的力学性能参考标准GB/T 5310—2023《高压锅炉用无缝钢管》，见表7－64。

表7－64　10Cr9Mo1VNbN的力学性能

抗拉强度 R_m/MPa	下屈服强度 R_{eL}/MPa或规定塑性延伸强度 $R_{p0.2}$/MPa	断后伸长率 A/%		冲击吸收能量 KV_2/J		硬度		
		纵向	横向	纵向	横向	布氏（HBW）	维氏（HV）	洛氏（HRC或HRBW）
≥585	不小于							
	415	20	16	40	27	190～250	200～265	≤25

7.17.4　10Cr9Mo1VNbN的金相组织

10Cr9Mo1VNbN的金相组织为马氏体，材质随着冷却速度增加，铁素体的含量降低，直至组织全部转变为马氏体。10Cr9Mo1VNbN的金相组织如图7－17所示。

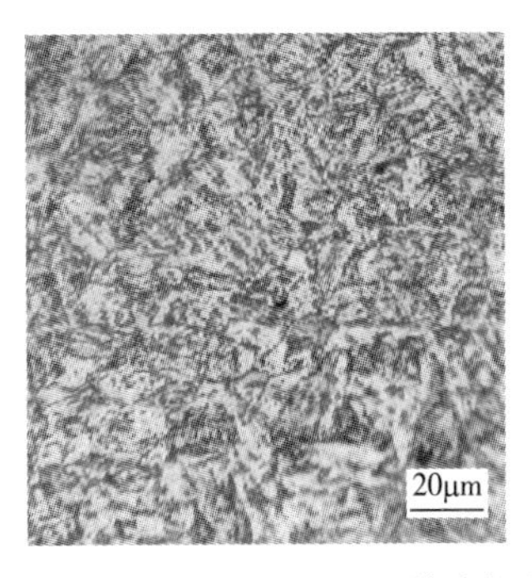

图7－17　10Cr9Mo1VNbN的金相组织

7.18 12CrMoV

7.18.1 12CrMoV 材质介绍

12CrMoV 在高温状态长期使用时具有高的组织稳定性和热强性，热处理时过热敏感性低，无回火脆性倾向；钢在冷变形时塑性高，可切削性尚好；焊接性一般，但壁厚零件需预热到 200 ~ 300℃，焊后需要进行除应力处理。这种钢通常在高温正火及高温回火状态下使用，使用温度在 −40 ~ 560℃。表 7 − 65 为 12CrMoV 国内外标准近似牌号对照。

表 7 − 65　12CrMoV 国内外标准近似牌号对照

GB/T 3077—2015	EN 10083 − 3：2006	ASTM A29/A29N—2012	JIS G4053—2008
12CrMoV	—	—	—

7.18.2 化学成分

12CrMoV 的化学成分参考标准 GB/T 3077—2015《合金结构钢》，见表 7 − 66。

表 7 − 66　12CrMoV 的化学成分

C	Si	Mn	Cr	Mo	V
0.08 ~ 0.15	0.17 ~ 0.37	0.40 ~ 0.70	0.30 ~ 0.60	0.25 ~ 0.35	0.15 ~ 0.30

7.18.3 力学性能

12CrMoV 的力学性能参考标准 GB/T 3077—2015《合金结构钢》，见表 7 − 67。

表 7 − 67　12CrMoV 的力学性能

钢板状态	试样毛坯尺寸/mm	抗拉强度 R_m/MPa	下屈服强度 R_{eL}/MPa	断后伸长率 A/%	断后收缩率 Z/%	冲击吸收能量 KV_2/J
		不小于				
淬火加回火	30	440	225	22	50	78

7.18.4 12CrMoV 的金相组织

7.18.4.1 金相组织

12CrMoV 主要由马氏体、残余奥氏体和少量铁素体组成。其中，马氏体是主要的组织相，具有高强度和耐腐蚀性；残余奥氏体是由于合金中 Cr 含量较高而形成的，在高温下稳定，对于合金的强度和韧性都有重要影响；铁素体含量较少，主要存在于热处理后的细小组织中。12CrMoV 的金相组织如图 7 − 18 所示。

图 7 − 18　12CrMoV 的金相组织

7.18.4.2　现场发现问题的金相组织

现场发现问题的金相组织见表7-68。

表7-68　现场发现问题的金相组织(12CrMoV)

序号	1	2
设备名称	油气管道	P—2010
介质	氢气、油气	油气+氢气
工作压力/MPa	0.43	0.323
工作温度/℃	475	515
投用时间	2008年7月11日	2001年10月
检测时间	2017年	2017年4月25日
硬度检测值/HB	弯头母材：138、142、139、141、138	管箱母材：222、226、230、235
硬度检测结果	弯头母材硬度值偏低	管箱母材硬度值偏高
金相组织	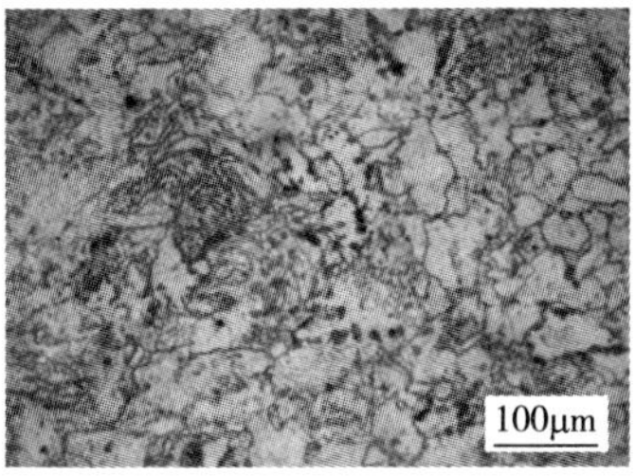 100μm	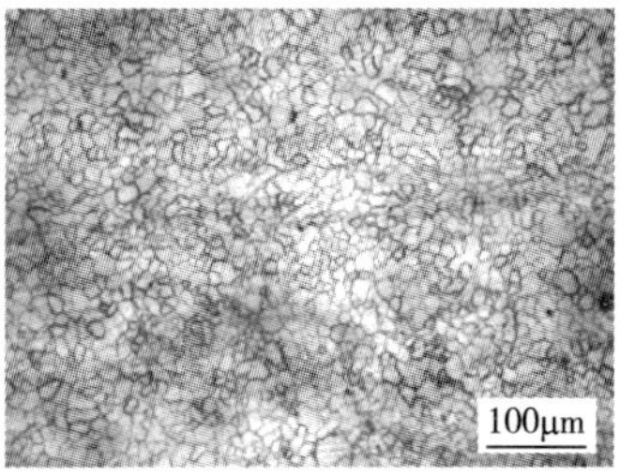 100μm 打磨前 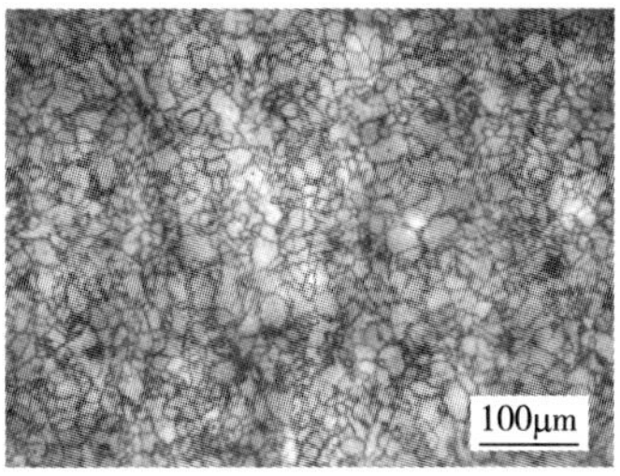 100μm 打磨后
金相检测发现问题	弯头母材金相检测位置发现有珠光体球化现象，珠光体球化级别为4级	管箱母材金相检测部位发现有珠光体球化现象，珠光体球化级别为5级。打磨约1.5mm后仍有轻微珠光体球化现象，珠光体球化级别为3级

7.19　12Cr2Mo1VR

7.19.1　12Cr2Mo1VR材质介绍

12Cr2Mo1VR钢材是一种具有高强度、高耐蚀性和较好的可加工性能的高温合金钢，被广泛应用于炼油、化工、锅炉、核电等领域，以保证设备的正常运行和延长使用寿命。表 7－69 为 12Cr2Mo1VR 国内外标准近似牌号对照。

表 7－69　12Cr2Mo1VR 国内外标准近似牌号对照

GB/T 713—2023	ISO 9328：2018	EN 10028：2017	ASME Ⅱ－A—2021
12Cr2Mo1VR	13CrMoV9－10	13CrMoV9－10	SA542 TypeD

7.19.2　化学成分

12Cr2Mo1VR 的化学成分参考标准 GB/T 713.2—2023《承压设备用钢板和钢带　第 2 部分：规定温度性能的非合金钢和合金钢》，见表 7－70。

表 7－70　12Cr2Mo1VR 的化学成分　%

C	Si	Mn	P	S	Cr	Mo	V	Ni	Cu	Ti	Nb
0.11～0.15	≤0.10	0.30～0.60	≤0.010	≤0.005	2.00～2.50	0.90～1.10	0.25～0.35	≤0.25	≤0.20	≤0.030	≤0.07

7.19.3　力学性能

12Cr2Mo1VR 的力学性能参考标准 GB/T 713.2—2023《承压设备用钢板和钢带　第 2 部分：规定温度性能的非合金钢和合金钢》，见表 7－71。

表 7－71　12Cr2Mo1VR 的力学性能

钢板状态	板厚/mm	抗拉强度 R_m/MPa	屈服强度 R_{eL}/MPa	断后伸长率 A/%	－20℃冲击试验冲击吸收能量 KV_2/J	180°弯曲试验 $b=2a$
				不小于		
正火加回火	6～200	590～760	≥415	17	60	$D=3a$

注：a 为试样厚度；b 为试样宽度；D 为弯曲压头直径。

7.19.4　12Cr2Mo1VR 的金相组织

12Cr2Mo1VR 的金相组织为贝氏体，通过热处理之后可以得到细小均匀的贝氏体组织。12Cr2Mo1VR 的金相组织如图 7－19 所示。

图 7－19　12Cr2Mo1VR 的金相组织

7.20　40CrNiMo

7.20.1　40CrNiMo 材质介绍

40CrNiMo 具有高的强度、韧度和良好的淬透性和抗过热的稳定性，但白点敏感性高，有回火脆性。焊接性较差，焊前需经高温预热，焊后需消除应力，经调质后使用。主要用途：高强零件如航空发动机轴、轴类、齿轮、紧固件等。表7－72为40CrNiMo国内外标准近似牌号对照。

表7－72　40CrNiMo国内外标准近似牌号对照

GB/T 3077—2015	EN 10083－3：2006	ASTM A29/A29M—2012	JIS G4053—2008
40CrNiMo	39NiCrMo3	—	—

7.20.2　化学成分

40CrNiMo的化学成分参考标准GB/T 3077—2015《合金结构钢》，见表7－73。

表7－73　40CrNiMo的化学成分

C	Si	Mn	Cr	Mo	Ni
0.37～0.44	0.17～0.37	0.50～0.80	0.60～0.90	0.15～0.25	1.25～1.65

7.20.3　力学性能

40CrNiMo的力学性能参考标准GB/T 3077—2015《合金结构钢》，见表7－74。

表7－74　40CrNiMo的力学性能

钢板状态	试样毛坯尺寸/mm	抗拉强度 R_m/MPa	下屈服强度 R_{eL}/MPa	断后伸长率 A/%	断后收缩率 Z/%	冲击吸收能量 KV_2/J
		不小于				
淬火加回火	25	980	835	12	55	78

7.20.4　40CrNiMo的金相组织

40CrNiMo的金相组织为回火索氏体，其热处理规范：900℃正火，850℃油淬，620℃回火，油冷。40CrNiMo的金相组织如图7－20所示。

图7－20　40CrNiMo的金相组织

第8章 失效分析案例

8.1 某企业废热锅炉泄漏失效分析

8.1.1 背景

2023年6月15日，某企业近期发现乙烯生产装置中的一台废热锅炉汽包液位急速下降，导致裂解炉低联锁停炉，观察现场废锅出口温度趋势，判断废锅泄漏，由于蒸汽侧压力大，造成大量蒸汽泄漏至裂解气系统。停炉后，拆开废锅发现一根换热管断裂，还有部分换热管外表面存在凹坑。爆管位置位于下管板折流板上方30~50mm处，同时发现断口附近存在明显减薄，如图8-1所示。

图8-1 断口位置

废热锅炉的主要参数见表8-1。

表8-1 废热锅炉的主要参数

项目	壳程	管程
设计压力/MPa	13.7	0.32
设计温度/℃	335	895
操作温度(进/出)/℃	326/326	794/403
介质	水、蒸汽	裂解气
换热管材质	16Mo3	
换热管规格(mm×mm)	Φ50.8×5	
管板材质	16Mo3	

8.1.2 实验方法

在发生泄漏的废热锅炉上取两个典型试样，一件为发生爆管换热管的其中一部分，标为4#，另一件为表面带有明显凹坑的一整根换热管。对带有凹坑的换热管进行宏观检查及标号(图 8－2)，发现换热管第一道折流板 1#和第二道折流板 2#处均有不同程度的腐蚀，第二道折流板有白色物质附着，如图 8－3 所示。同时距离下管板 800～1000mm(3#位置)和距离上管板 1650～1700mm(5#位置)分布大小不一的坑，如图 8－4 所示。

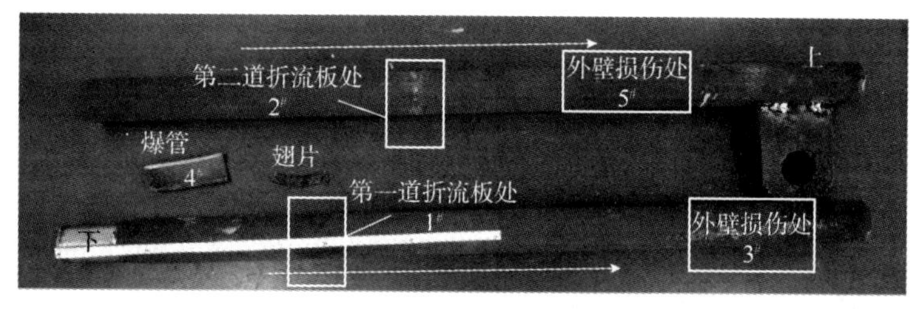

图 8－2　分析位置标号

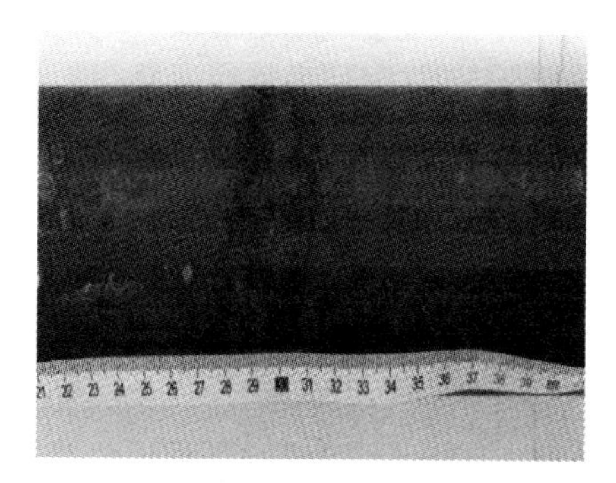
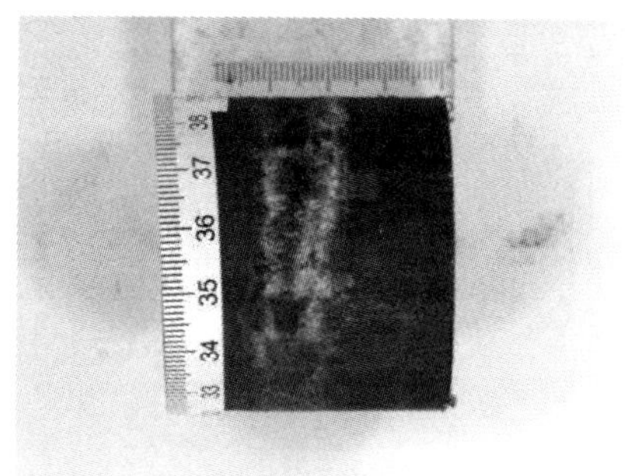

图 8－3　折流板处腐蚀形貌

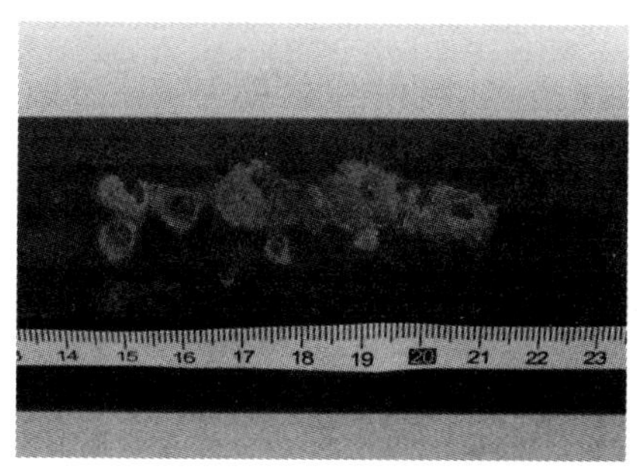
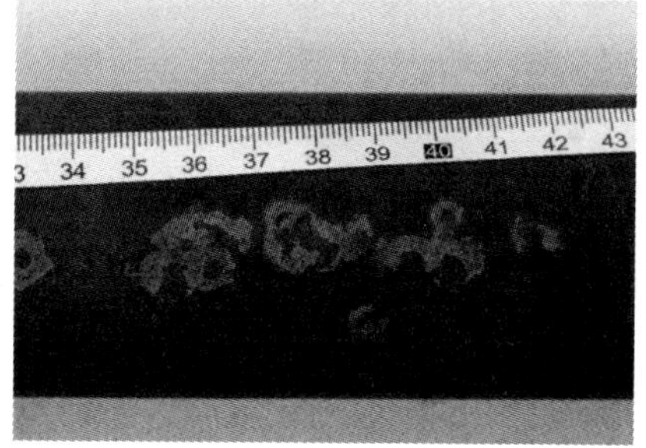

图 8－4　外壁损伤形貌

将带有外表面凹坑的外部损伤部位(3#位置和 5#位置)剖开后进行观察，对 3#位置附近的凹坑取样并进行截面金相分析，对 3#位置内表面附着物进行 XRD 分析，由于 2#位置(由下至上第二道折流板处)的白色物质可取下量较小，无法开展 XRD 物相分析，故进行能谱分析，对 4#爆管进行截面金相和扫描电镜分析。

8.1.3　实验结果

8.1.3.1　换热管外表面凹坑分析

(1)内外表面宏观检查

将带有外表面凹坑的外部损伤部位(3#位置和 5#位置)剖开后，如图 8－5 所示，发现

3#位置内表面也有损伤痕迹，管子内表面并未发生腐蚀，同时内外表面损伤痕迹位置几乎是一一对应的。5#位置内表面未发现明显腐蚀和损伤痕迹，图 8－6 所示为 5#位置剖开后内外表面形貌。

图 8－5　3#位置剖开后形貌

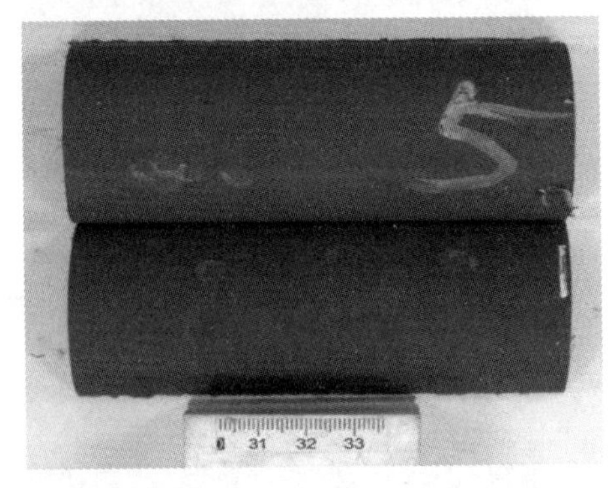

图 8－6　5#位置剖开后形貌

(2)金相分析

对 3#位置附近的凹坑取样并进行截面金相分析，发现截面存在由机械损伤造成的凹坑，如图 8－7 所示。同时由图 8－8 可知，金相组织为铁素体＋珠光体，管外表面有一层氧化层，部分位置呈现裂纹的形态向内壁扩展。内表面有轻微脱碳，局部位置有氧化物，并且凹坑内部组织有变形。

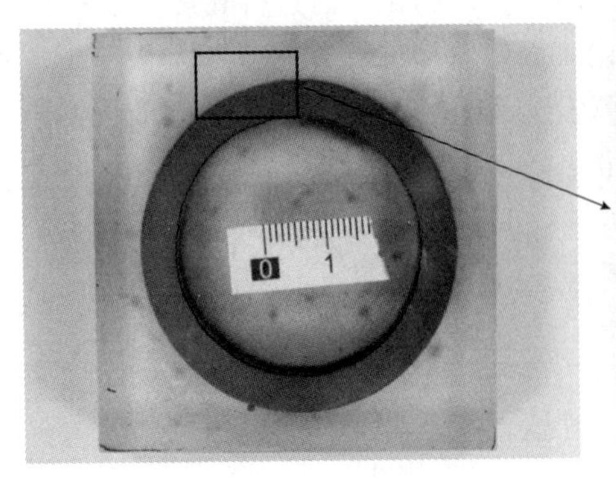

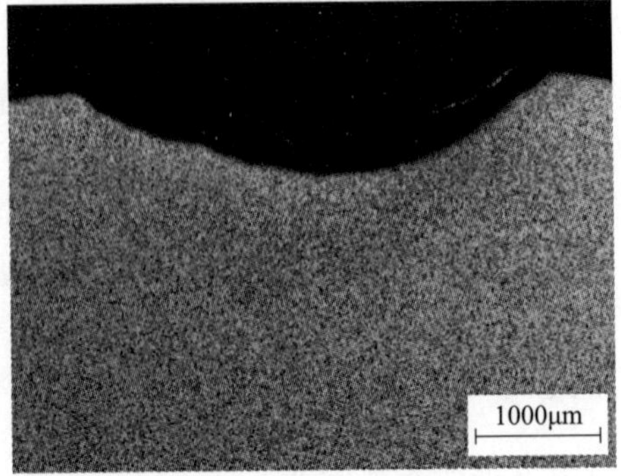

图 8－7　3#位置截面金相

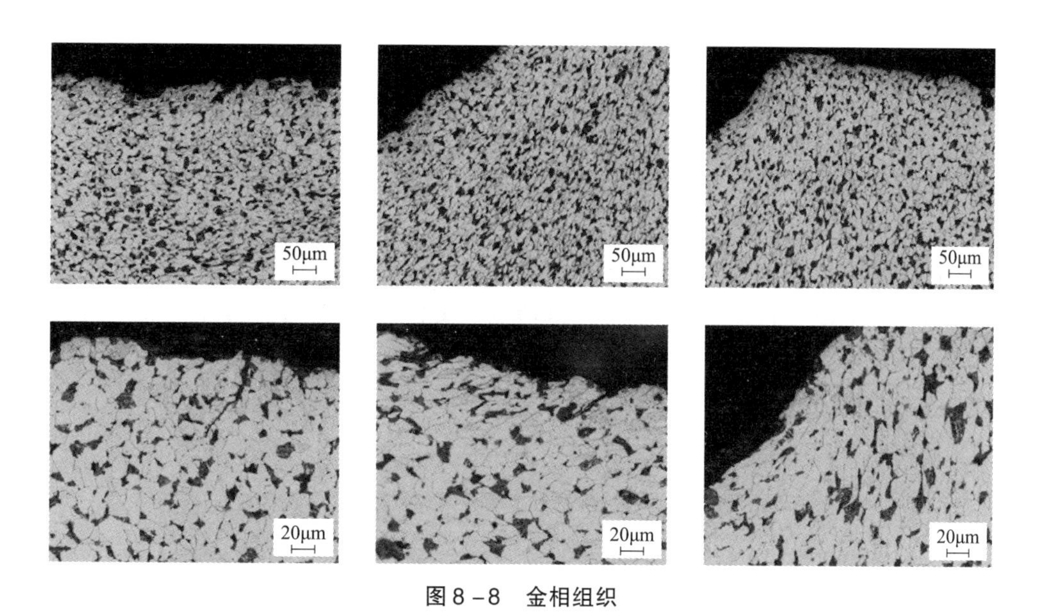

图 8-8　金相组织

(3)物相分析

对 3#位置内表面附着物进行 XRD 分析，如图 8-9 所示，结果为 Fe_3O_4、Fe、Al_2O_3、FeO。

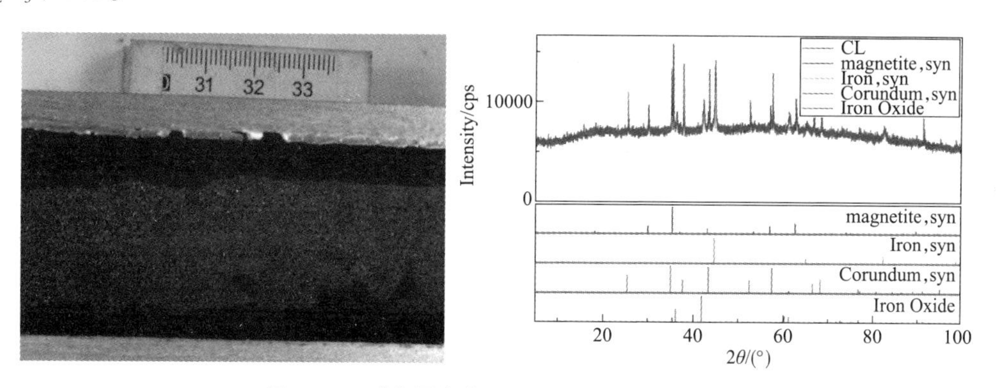

图 8-9　3#位置内表面附着物 XRD 分析结果

综合以上实验及分析结果，可判断 3#和 5#位置处的凹坑损伤均为机械外力所致。

8.1.3.2　折流板处白色物质分析

折流板处白色物质被刮除后，管壁未见明显的腐蚀。由于 2#位置(由下至上第二道折流板处)的白色物质可取下量较小，无法进行 XRD 物相分析，故只能进行能谱分析。结果显示，白色物质中含有 C、O、P、Na、Fe、Ca、Mg、Al。因只有能谱分析结果，不能准确给出白色物质的物相，根据经验推断白色物质可能为水垢和垢下腐蚀产物，成分大概为碳酸钙、氢氧化镁、碳酸镁、亚铁酸钠(Na_2FeO_2)等。

8.1.3.3 爆管分析

(1)宏观检查

对所送爆管试样进行宏观检查，发现断口呈明显的塑性变形，壁厚减薄严重，管壁为从外部开始腐蚀减薄。

(2)金相分析

对爆管进行截面金相分析，如图8－10所示，爆管金相组织为铁素体＋珠光体，管外表面有一层氧化层，最终断裂处组织变形严重。断口区域内表面有轻微脱碳，局部位置有氧化物。分析是由于断口位置管段外表面发生了结垢，导致该区域温度升高，从而造成内表面组织发生了轻微脱碳。

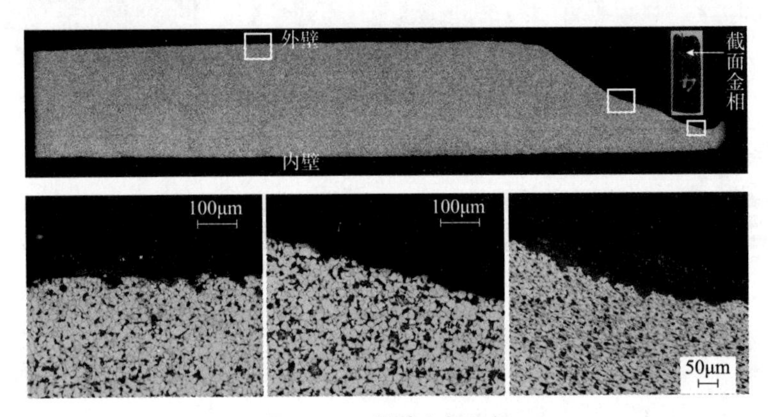

图8－10 爆管金相组织

(3)扫描电镜分析

爆管位置磨损较为严重，在爆管位置外壁残存部分氧化层，主要为Fe的氧化物，局部位置有Ca、Si、P。

8.1.4 分析讨论

通过实验结果分析，3#和5#位置处的凹坑损伤均为机械外力所致，与本次废热锅炉泄漏无直接关联。4#爆管处有明显的塑性变形，爆口处减薄严重，从形貌可判定为过载断裂。爆管处材料组织正常为铁素体＋珠光体。废热锅炉壳程进口介质为326℃的饱和水，经裂解气加热成326℃蒸汽从壳程出口出去，由于介质进出口温度均为326℃，进口介质水吸收热量后很快即转变成蒸汽，爆管位置处于水入口附近，该处水不会快速地变成水蒸气，水中的部分杂质由于无法伴随蒸汽排出，逐渐浓缩，且在换热管表面可能发生局部结垢。能谱分析也显示断口处含有Na^{+}、Ca^{2+}杂质。锅炉水pH值大部分维持在8.5～9.6，同时还检测出钠、溶硅等成分，这些介质共同构成了碱性环境，又由于锅炉水不断蒸发，介质逐渐积累浓缩，最终形成碱腐蚀，造成换热管壁厚不断减薄，满足不了强度要求，最终发生过载断裂。

锅炉系统中碱腐蚀是一种常见的腐蚀。当锅炉的金属表面附着水垢和其他附着物时，在水垢和附着物下面就会发生严重的坑状腐蚀，碱腐蚀多表现为局部腐蚀。一般情况下，经过化学清洗且在正常工况下运行的锅炉系统设备表面都有一层磁性的 Fe_3O_4 薄膜，正常情况下该膜是致密的，对金属起着良好的保护作用，只有当 Fe_3O_4 薄膜发生破坏时设备才会发生腐蚀。但当金属表面有附着物时，由于附着物的导热性比较差，导致附着物下的金属温度急剧升高，使渗透到附着物下的锅炉给水发生急剧浓缩，使附着物下炉水的碱浓度变得很高，同时炉管温度急剧升高。当锅炉给水中存在游离的 NaOH 时，附着物下的碱浓度会变得很高，从而发生碱腐蚀。

在这些附着物下面，在局部高温以及局部高浓度 NaOH 的共同作用下，无论是炉管的钝化膜还是基体金属均遭到腐蚀溶解：

$$Fe_3O_4 + 4NaOH \longrightarrow 2NaFeO_2 + Na_2FeO_2 + 2H_2O$$

$$Fe + 2NaOH \longrightarrow Na_2FeO_2 + H_2$$

腐蚀产物亚铁酸钠可水解，产生氢氧化钠和氧化亚铁($Na_2FeO_2 + H_2O \longrightarrow 2NaOH + FeO$)，前者使腐蚀继续进行，后者成为腐蚀产物。可见，炉管的碱腐蚀是在腐蚀发生的闭塞区内反复进行的，无须从外界补充碱性物质(NaOH)，炉管最终腐蚀泄漏。

8.1.5 结论及建议

废热锅炉泄漏的直接原因是换热管发生碱腐蚀，造成壁厚减薄，最终发生断裂。废热锅炉中发现的换热管外表面的凹坑，是由于机械损伤造成的，和废热锅炉的泄漏无直接关联。

发生爆管的换热管位置处于水入口附近，该处水不会快速地变成水蒸气，水中的部分杂质由于无法伴随蒸汽排出，逐渐浓缩，且在换热管表面可能发生局部结垢，构成了碱性环境，最终发生碱腐蚀，造成换热管壁厚不断减薄。

建议控制废热锅炉中锅炉水的品质，降低杂质的含量，严格控制 pH 值。停机检查时对换热管厚度进行检测，尤其是位于水入口附近的换热管，从而防控爆管的突发，避免造成较大的经济损失和安全风险。

8.2 某企业甲醇合成装置合成气压缩机回流冷却器换热管腐蚀分析

8.2.1 背景

某企业甲醇合成装置，来自合成气压缩机合成段出口的 5.34MPa 合成气，经过合成气压缩机回流冷却器管程被壳程循环水冷却后送入合成气压缩机入口，合成气温度由 90℃降至 45℃，管程进口合成气为间歇性供气，其流量由压缩机负荷决定。合成气压缩机回流冷却器基本信息见表 8－2。

表 8－2 E－102 合成气压缩机回流冷却器主要参数

设备编号	E－102	设备名称	合成气压缩机回流冷却器	投用日期	2016－06
壳程设计压力/MPa	1.69	管程设计压力/MPa	8.9	换热器直径/mm	1600
壳程设计温度/℃	115	管程设计温度/℃	115	换热器/换热管长度/mm	9300/6015
壳程工作压力/MPa	0.44	管程工作压力/MPa	5.34	换热管直径/mm	25
壳程工作温度/℃	进 30 出 40	管程工作温度/℃	进 96 出 45	换热管壁厚/mm	2.5
壳程介质	冷却水	管程介质	合成气	换热管材质	20#

8.2.2 实验方法

通过损伤模式分析可知，该合成气压缩机回流冷却器换热管束外表面主要的损伤模式有冷却水腐蚀、冲刷，内表面主要的损伤模式有 CO_2 腐蚀、冲刷。针对以上损伤模式，本次失效分析主要采取对换热管束进行宏观检查、壁厚测定、XRD 分析、金相分析和化学成分分析。

8.2.3 实验结果

8.2.3.1 宏观检查

合成气压缩机回流冷却器存在大面积腐蚀，换热管束共计 691 根，其中堵管 46 根，堵管率6.66%，取样换热管位于上部第十排左侧第一根，见图 8－11。取样位置位于上侧进气口部位以及弯管部位。

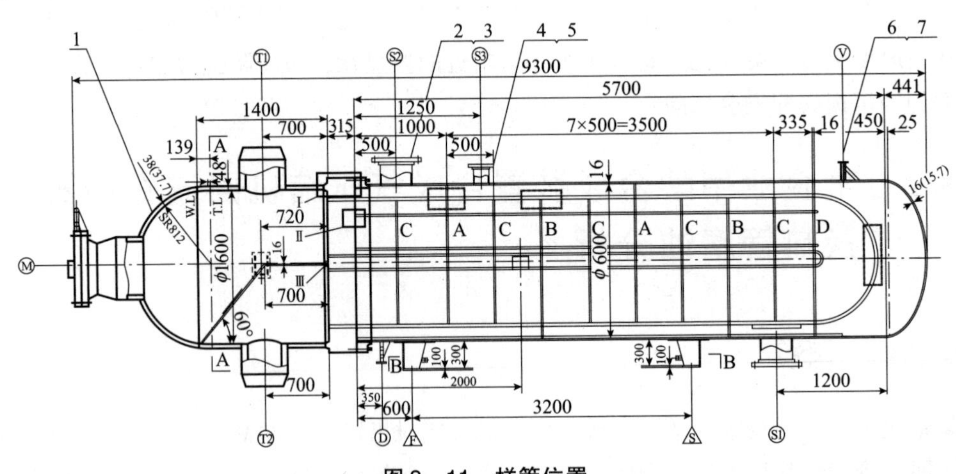

图 8－11 样管位置

取样后，对取样部位进行宏观检查，见图 8－12 ~ 图 8－14。由图 8－12 可见，换热管外表面锈蚀严重，有一层厚厚的锈垢，呈黄褐色。通过对比图 8－14，外表面锈垢被打磨后的外观形貌可见，外表面已经被锈蚀出很多不规则的凹坑，有明显的点蚀特征。对换热管沿轴线剖开，观察换热管内壁形貌，见图 8 – 13。内壁也存在深褐色的锈蚀痕迹，但是整体锈蚀程度小于外壁，同时未见明显的腐蚀凹坑。

图 8 – 12　样管外表面宏观形貌

图 8 – 13　样管剖开内表面宏观形貌

图 8 – 14　样管外表面打磨后宏观形貌

8.2.3.2　壁厚测定

对样管进行壁厚测定，测厚位置如图 8 – 15 所示，壁厚测定发现腐蚀坑处壁厚减薄率为 45.6%，具体数据如表 8 – 3 所示。

图 8-15　测厚数据

表 8-3　测厚数据

序号	测厚部件名称	公称壁厚/mm	腐蚀坑处壁厚/mm	腐蚀坑附近壁厚/mm	截面壁厚/mm
1	管束	2.5	1.362	1.524	2.219

8.2.3.3　XRD 分析

对样管外壁的腐蚀产物进行 XRD 分析，分析结果如图 8-16 所示，XRD 分析结果显示腐蚀产物主要成分为 Fe_2O_3。

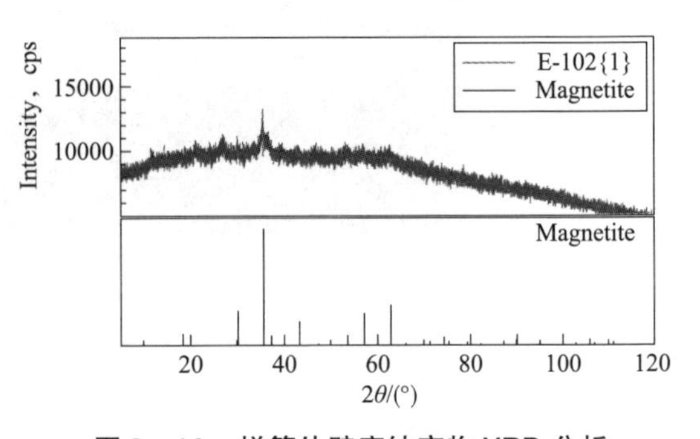

图 8-16　样管外壁腐蚀产物 XRD 分析

8.2.3.4　金相分析

对样管外壁进行金相分析，金相分析结果显示样管组织为铁素体 + 珠光体，珠光体有带状组织，金相组织见图 8-17。

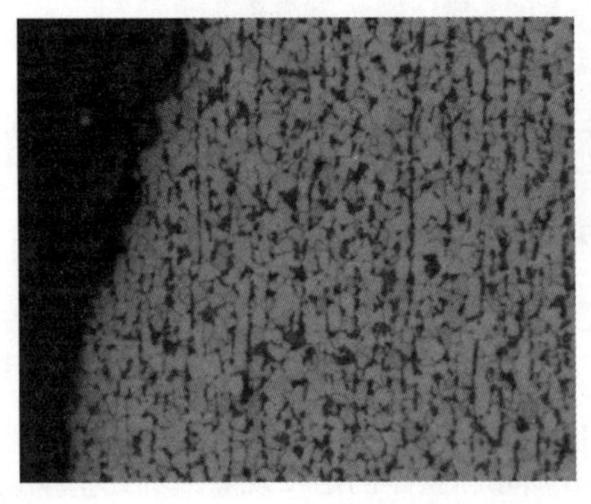

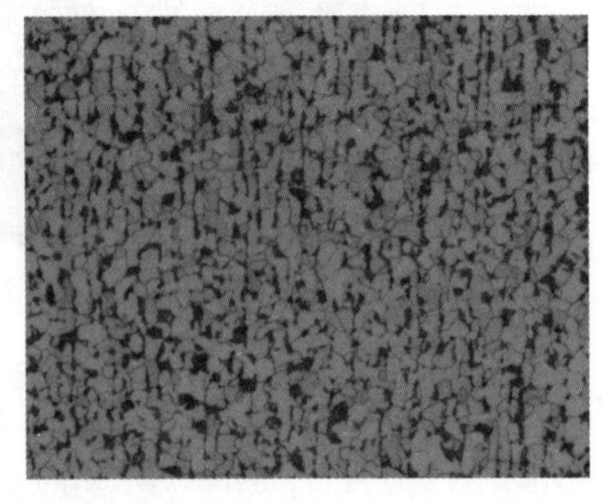

图 8-17　样管金相组织

8.2.3.5　化学成分分析

对样管材质进行化学成分分析，分析参照 GB/T 9948—2013《石油裂化用无缝钢管》进行，化学成分分析结果显示，该样管的材料成分满足标准要求，具体成分详见表 8-4。

表 8-4　化学成分分析

名称	C	Si	Mn	Cr	Mo	Ni	V	Cu	P	S
标准范围	0.07～0.23	0.17～0.37	0.35～0.65	≤0.25	≤0.15	≤0.25	≤0.08	≤0.20	≤0.25	≤0.15
样管	0.206	0.187	0.448	0.140	—	0.019	—	0.010	0.019	0.006

8.2.4　结论

通过宏观检查可以看出，本次换热管内外壁均存在腐蚀现象，均可看到腐蚀垢，但是明显外壁的腐蚀要更为严重，对腐蚀垢打磨后，可以看到外壁存在密集的腐蚀凹坑，而内壁未见明显的腐蚀凹坑。对样管进行壁厚测定，公称壁厚为 2.5mm 的管束，在腐蚀凹坑处的最小壁厚只有 1.362mm，减薄率高达 45.6%。同时对外壁的腐蚀产物进行 XRD 分析，可知腐蚀产物主要是 Fe_2O_3，而换热管的金相分析和化学成分分析都未见异常。外壁主要接触介质为壳程的冷却水，考虑外壁的损伤模式，综合以上实验结果，本次腐蚀减薄的主要原因是冷却水腐蚀造成的。

8.2.5　改进建议

针对冷却水腐蚀问题，可以采取以下措施进行防护：

(1)对换热器管程焊接阳极块，减缓冷却/循环水腐蚀速率；

(2)在水溶液中除 O_2，改变溶液的 pH 值，在环境中加入缓蚀剂等；

(3)用金属和非金属涂层改变材料的表面结构，使材料表面具有耐蚀的特性，将材料与腐蚀介质隔开；

(4)加强对腐蚀与防护的管理，提高各类人员对腐蚀与防护的重视，建立相应的教育体制，开展腐蚀与防护的教育工作，提高腐蚀与防护的自觉性。

8.3　典型加氢反应器衬里开裂原因分析

8.3.1　背景

以某石化企业加氢装置在用 5 台加氢反应器为例，该 5 台反应器自 2006 年投用，其基本参数如表 8-5 所示。

表 8－5　加氢反应器基本参数

位号	容积/m^3	基材材质及规格	堆焊层材质及规格	操作压力/MPa	操作温度/℃	介质
R101	40.4	2.25Cr－1Mo－0.25 钢 筒体厚度：120mm 封头厚度：70mm(球形封头)	TP309L＋TP347 厚度 6.5mm	15.48	415	油、H_2、H_2S、NH_3
R102	40.4			15.48	415	
R103	36.4			15.48	415	
R104	45.8			15.48	442	
R105	63.9			15.48	442	

R103、R104、R105 使用过程中，须向反应器内通入急冷氢，R103 反应器有 2 处急冷氢注入点，R104、R105 反应器各有 3 处急冷氢注入点。该 3 台反应器的急冷氢接管结构相同，如图 8－18 所示。

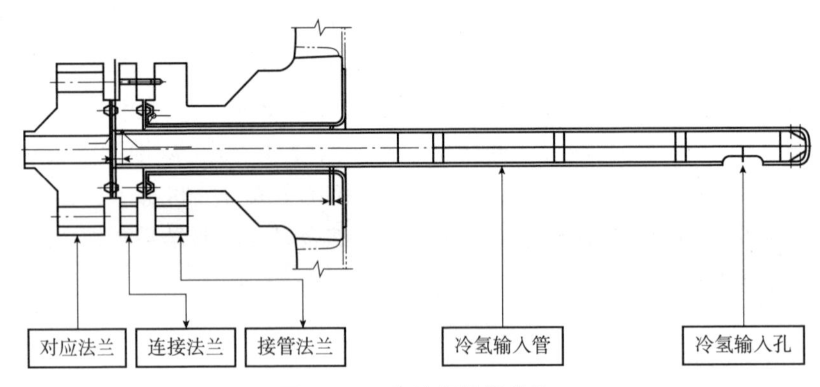

图 8－18　急冷氢接管结构

3 台加氢反应器的急冷氢输入部分均由对应法兰、连接法兰、接管法兰、冷氢输入管四部分组成。冷氢输入孔位于冷氢输入管的末端，在反应器中心线位置。接管法兰部分为整体锻造，与反应器筒壁采用对接焊缝的形式连接。对应法兰与冷氢输入管直接连接，插入反应器内部(检修时根据需要可以抽出)，温度为 80℃左右的急冷氢由此流入注入加氢反应器内。

8.3.2　现场检测结果

检验单位于 2016 年(反应器运行使用第 10 年)对 5 台加氢反应器进行检验时，通过内表面渗透检测，发现 R104、R105 反应器急冷氢接管(各 3 根)内表面堆焊层裂纹。

裂纹沿急冷氢接管内壁轴向分布，遍布整个接管内壁环向。反应器 R104 及 R105 除急冷氢接管内壁以外的其他部位，均未发现堆焊层裂纹，反应器 R101、R102、R103 也未发现堆焊层开裂的情况(其中 R101、R102 无急冷氢接管，R103 有 2 个急冷氢接管)。裂纹形态及发生部位，如图 8－19 所示。从宏观上看，裂纹有多条，整体基本是平直的，未见明显分叉，沿轴向平行分布的，环向整圈都有。

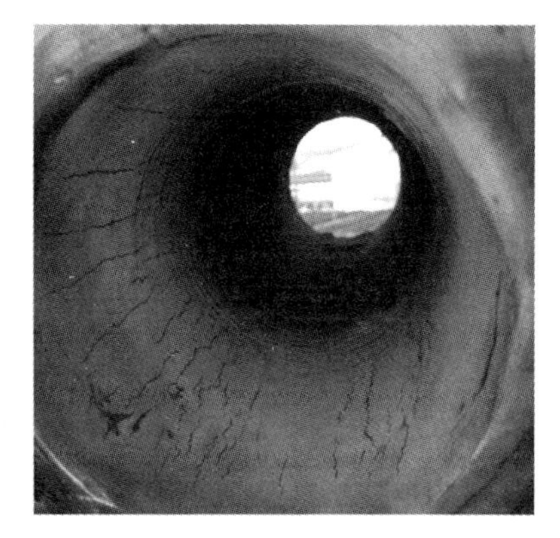

图8－19　加氢反应器急冷氢接管内表面裂纹

需要补充说明的是，在检验过程中发现R104及R105反应器用来安置热电偶的接管内表面，没有出现任何形式的开裂情况，所有裂纹均发生在急冷氢接管内表面。

对裂纹位置进行金相检测，发现裂纹呈树枝状，有分叉，显示为穿晶特性，如图8－20所示。

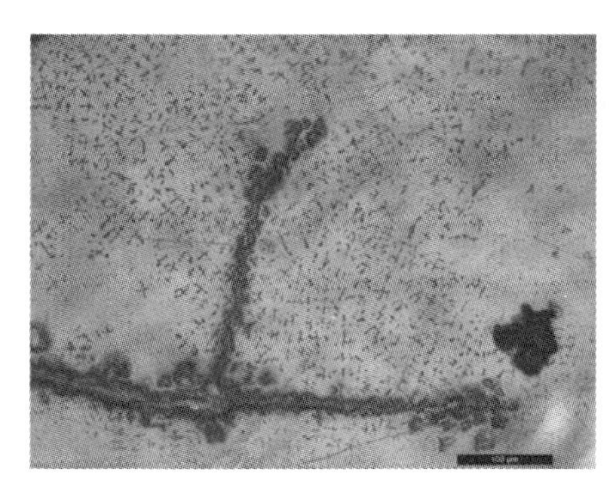
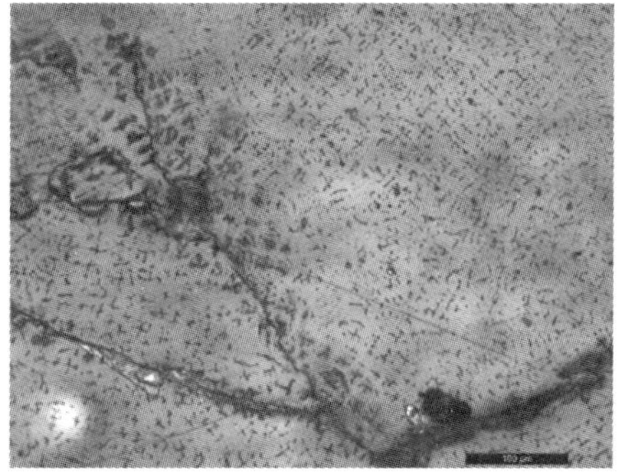

图8－20　加氢反应器急冷氢接管内表面裂纹位置金相

8.3.3　分析讨论

根据裂纹形态、发生部位等，结合反应器的运行使用情况，对加氢反应器急冷氢接管内壁堆焊层裂纹产生的原因进行分析。

（1）介质内氯离子含量升高

根据现场调查的结果，该企业加氢装置油品加工原料（2015—2016年投料）中氯离子含量较往年有所升高（按进厂原料采样分析数据）。

在加氢反应器使用过程中，2006年投用至2016年检验发现裂纹的十年间，分别在2009年、2012年对反应器进行了内检，两次检测项目均包括100%的堆焊层渗透检测，未发现堆焊层开裂的情况。自反应器R103至反应器R105，氯离子浓度依次升高（越到工艺流向下游，氯离子聚集浓度越大）。在处于上游的R103急冷氢接管内表面未发现开裂的情况，而最下游的R105反应器急冷氢接管内裂纹数量最多，分布最为密集。

由此可以看出，生产原料中的氯离子含量升高是造成两台加氢反应器急冷氢接管发生堆焊层开裂的重要原因。

(2)急冷氢接管内部局部环境温度低于反应器操作温度

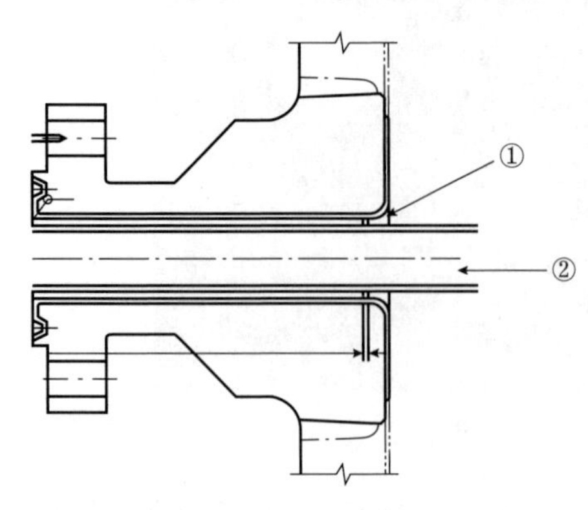

图 8-21 加氢反应器急冷氢接管位置示意

急冷氢接管向反应器内注入约80℃的 H_2(从图8-21中位置②通入 H_2),会造成急冷氢接管内局部位置(图8-21中位置①内的狭小空间内)温度低于加氢反应器的操作温度。

5台加氢反应器的操作压力均为15.48MPa,在该压力下,水的沸点约为345℃(R104、R105的操作温度为442℃),在上述的狭小空间内会造成液态水凝结从而产生游离态的氯离子。同时,因为图8-21中位置①介质流速较为缓慢,故更容易造成氯离子的聚集,引起局部堆焊层发生应力腐蚀开裂。

8.3.4 结论及建议

堆焊层裂纹产生的原因是氯离子应力腐蚀开裂,而反应器的基材是2.25Cr-1Mo-0.25钢,并没有可能发生此种开裂。则堆焊层中的裂纹扩展到堆焊层与基材的界面时,只要基材具有一定的断裂韧性,裂纹就会终止在界面,不会再发生扩展。现场对部分裂纹进行打磨消除后,也未发现基材出现裂纹的情况。

急冷氢接管内部堆焊层发生的开裂,因裂纹所处的位置较狭小,且遍布整个接管内部(360°方向均发生开裂),即使对裂纹打磨消除,现场补焊的难度也十分巨大。在确认堆焊层裂纹未扩展至母材之后,使用单位对两台加氢反应器进行了监控使用,并于次年(2017年)对两台反应器进行整体更换。

建议控制介质内氯离子含量,脱氯系统负荷应满足装置要求,使得氯离子浓度控制在设计允许的范围内。近年来设计的部分此类加氢反应器,已在图8-21中位置①增加隔挡,避免介质进入急冷氢接管内部狭小的空腔,可有效地防止此类损伤的发生;或部分加氢反应器的设计采用其他方式注入急冷氢,避免冷热介质相遇可能造成的热冲击等其他问题。

8.4 某甲醇中心净化装置冷凝液汽提系统夹套管泄漏失效分析

8.4.1 背景

2021年10月25日,某甲醇中心净化装置冷凝液汽提整改项目变更增加夹套管,新增夹套管投入运行过程中,先进行外管通蒸汽,却发现蒸汽进入内管中,施工单位配合某甲醇中心对净化装置逐段排查，查明部位在12~13段前部，切割外管后发现，夹套管的管段内管中部有明显裂纹，造成蒸汽泄漏，出现滴水现象，经工程项目部、属地甲醇中心、施工单位、监理单位人员现场确认后，决定整段切除更换，切段更换后于10月27日再次外管通蒸汽，仍发现蒸汽进入内管中，施工单位配合某甲醇中心对净化装置逐段排查，查明部位在12~13段后部，切割外管后发现，夹套管内管的管段有明显裂纹，经工程项目部、属地甲醇中心、施工单位、监理单位人员现场确认后，决定整段切除更换，内管切割段已恢复，外管待分析原因后恢复。外管开裂情况如图8-22所示。

本次分析管线全长约为650m，半夹套焊缝外露型设计，管径为6″、8″，设计压力为0.65MPa，介质为酸性气，起点在净化装置汽提区域内，经公用工程2#、6#管廊、终点在硫黄回收装置。2020年8月开始预制，2021年4月开始将夹套管吊装上管廊架，2021年7—8月施行焊接工作，2021年9月30日施工完成。

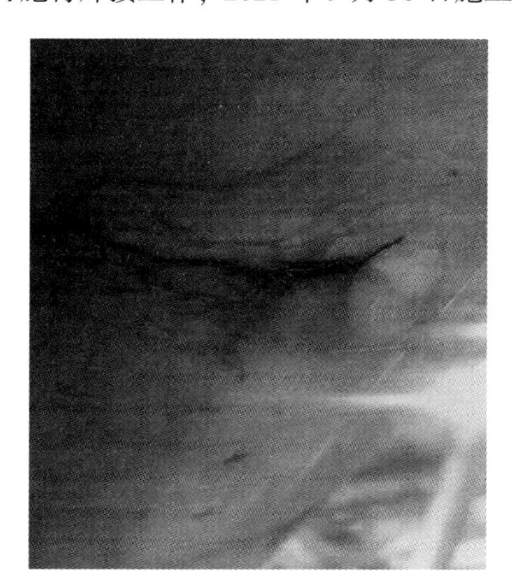

图8-22 夹套管开裂照片

8.4.2 实验方法

本次实验拟对两次失效的夹套管内管进行分析，将分别进行化学成分分析、金相分析、硬度测试、力学性能测试、扫描电镜分析、能谱分析等，以确认失效原因。

8.4.3 实验结果

8.4.3.1 化学成分分析

依据GB/T 11170—2008《不锈钢 多元素含量的测定 火花放电原子发射光谱法(常规法)》分析夹套管的化学成分，结果如表8-6所示。结果显示，夹套管化学成分满足GB/T 14976—2012《流体输送用不锈钢无缝钢管》的要求。

表 8－6　化学成分(wt. %，Fe ＝Bal.)ss

元素	C	Si	Mn	P	S	Cr	Ni
样品	0. 0209	0. 384	1. 169	0. 0212	0. 0018	17. 57	9. 09
GB/T 14976—2012	0. 08	1. 00	2. 00	0. 035	0. 030	17. 00 ~ 19. 00	9. 00 ~ 12. 00
元素	Mo	Al	Cu	Co	Ti	Nb	V
样品	0. 012	0. 032	0. 026	0. 280	0. 207	0. 043	0. 105
GB/T 14976—2012	—	—	—	—	≥5C	—	—
元素	W	Pb	B	Sb	Sn	As	Ta
样品	0. 030	0. 0063	0. 0003	0. 0050	0. 0034	<0. 0015	<0. 010
GB/T 14976—2012	—	—	—	—	—	—	—
元素	Se	N	Fe	—			
样品	0. 052	0. 036	Bal.				
GB/T 14976—2012	—	—	Bal.				

8. 4. 3. 2　金相分析

1#夹套管裂纹处、凹坑处、小裂纹处金相组织如图 8 －23 ~ 图 8 －25 所示。2#夹套管补焊处金相组织如图 8 －26 所示。

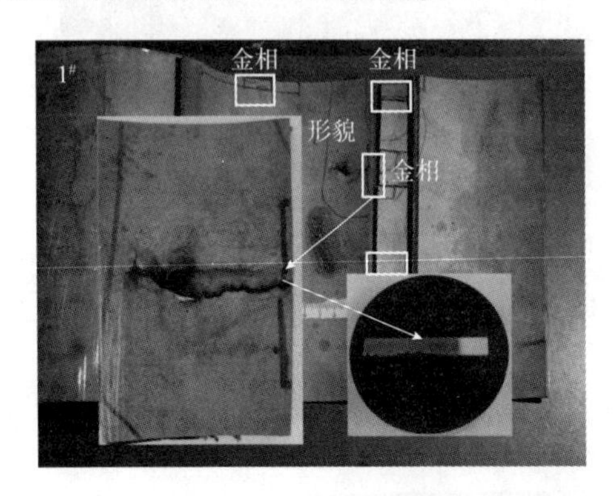

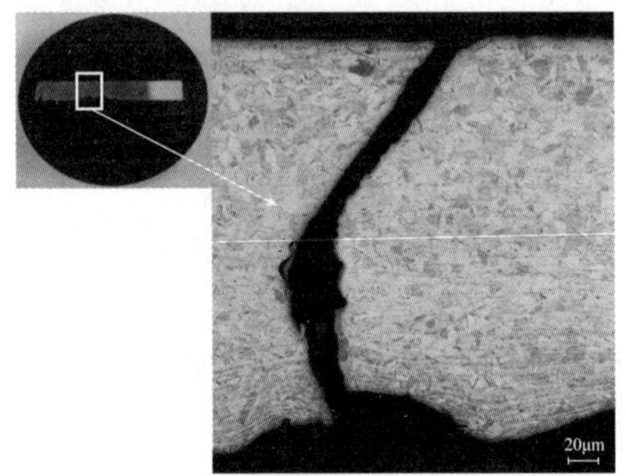

图 8 －23　1#夹套管裂纹处金相组织

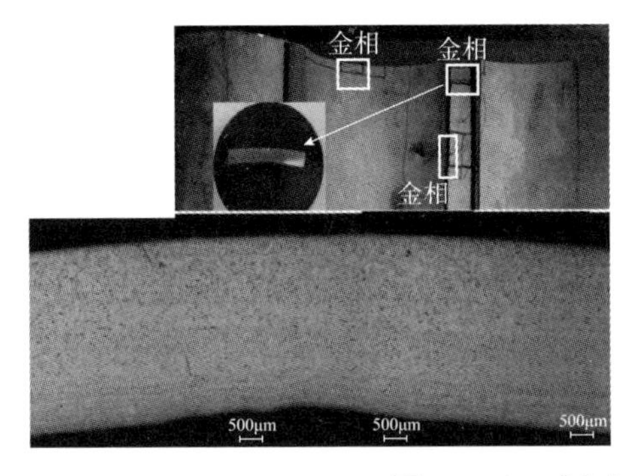

图8－24　1#夹套管凹坑处金相组织

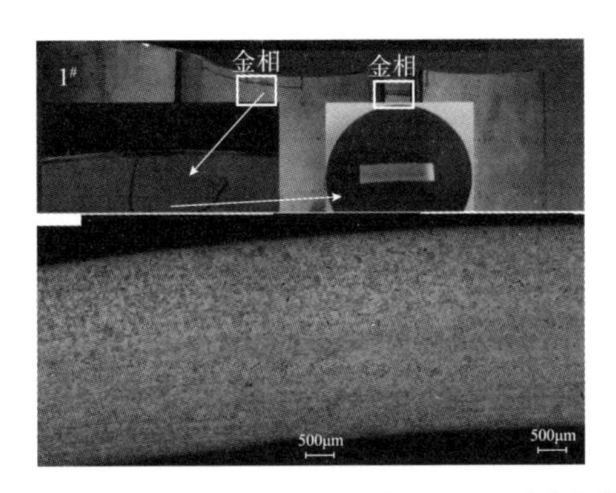

图8－25　1#夹套管小裂纹处金相组织

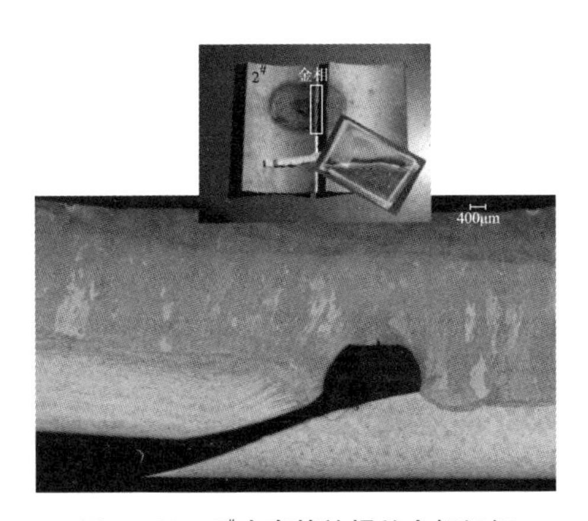

图8－26　2#夹套管补焊处金相组织

金相结果显示：1#夹套管开裂处有明显凹坑，截面金相显示凹坑处组织有变形。2#夹套管补焊处有夹杂，开裂处组织有变形。

8.4.3.3　硬度测试

采用GB/T 4340.1—2009《金属材料　维氏硬度试验　第1部分：试验方法》对夹套管的硬度进行测试，结果如表8－7所示。

表 8-7　夹套管硬度测试结果

序号	测试位置	HV5		
硬度 1	小裂纹处	110	118	111
硬度 2	凹坑处	114	115	114
硬度 3	凹坑开裂处	116	133	118
硬度 4 母材	补焊处母材	131	137	126
硬度 4 焊缝	补焊处焊缝	157	154	150

注：硬度测试位置如图 8-27 所示。

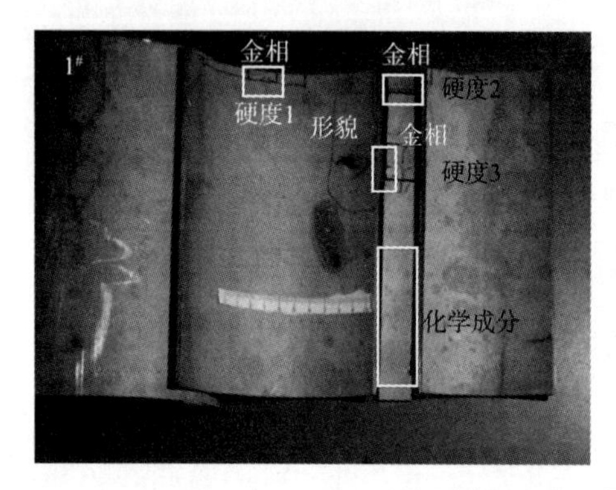

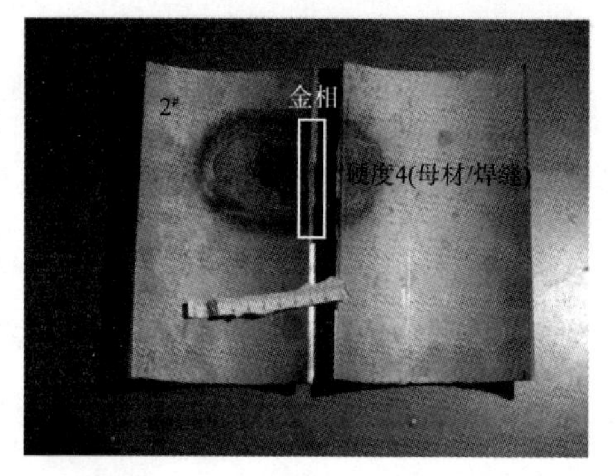

图 8-27　硬度测试位置

8.4.3.4　力学性能实验

从两段失效管段取样进行拉伸实验，从实验结果(表 8-8)可以看出，管段屈服强度平均值为 158.17MPa，低于标准最低值 205MPa，抗拉强度和伸长率满足标准要求。

表 8-8　拉伸实验结果

序号	试样编号	屈服强度 R_{eL}/MPa	抗拉强度 R_m/MPa	伸长率 A/%
1	1# -1	157	570	55.0
2	1# -2	152	572	54.5
3	1# -3	155	565	54.9
4	2# -1	163	578	54.5
5	2# -2	156	578	54.5
6	2# -3	166	585	55.0
平均值		158.17	574.67	54.73
GB/T 14976—2012		不小于 205MPa	不小于 520MPa	不小于 35%

8.4.3.5 微观分析

1#夹套管各处形貌及成分如图 8-28 ~ 图 8-32 所示。

2#夹套管各处形貌及成分如图 8-33 ~ 图 8-34 所示。

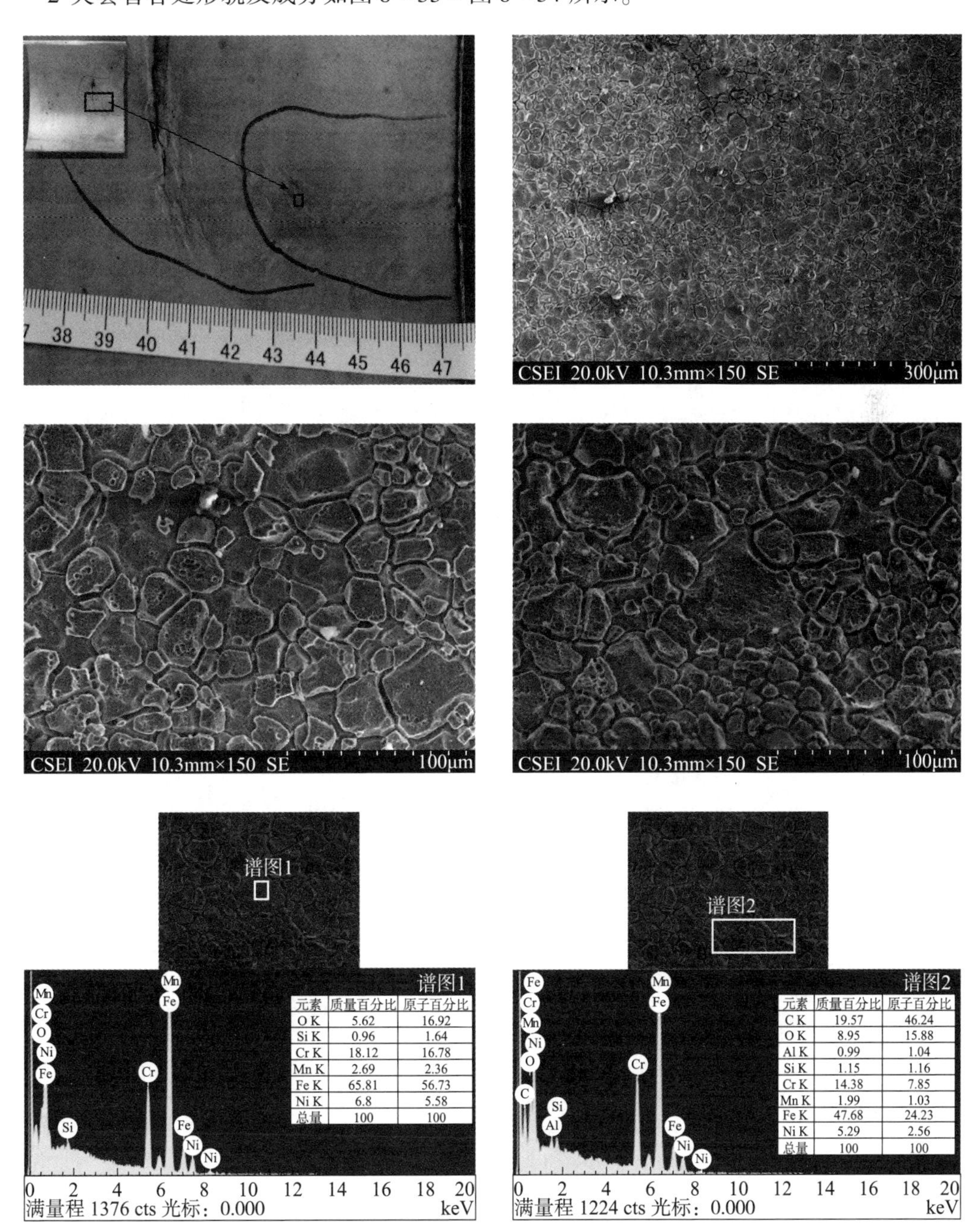

谱图1

元素	质量百分比	原子百分比
O K	5.62	16.92
Si K	0.96	1.64
Cr K	18.12	16.78
Mn K	2.69	2.36
Fe K	65.81	56.73
Ni K	6.8	5.58
总量	100	100

谱图2

元素	质量百分比	原子百分比
C K	19.57	46.24
O K	8.95	15.88
Al K	0.99	1.04
Si K	1.15	1.16
Cr K	14.38	7.85
Mn K	1.99	1.03
Fe K	47.68	24.23
Ni K	5.29	2.56
总量	100	100

图 8-28 1#夹套管凹坑处内壁形貌及成分

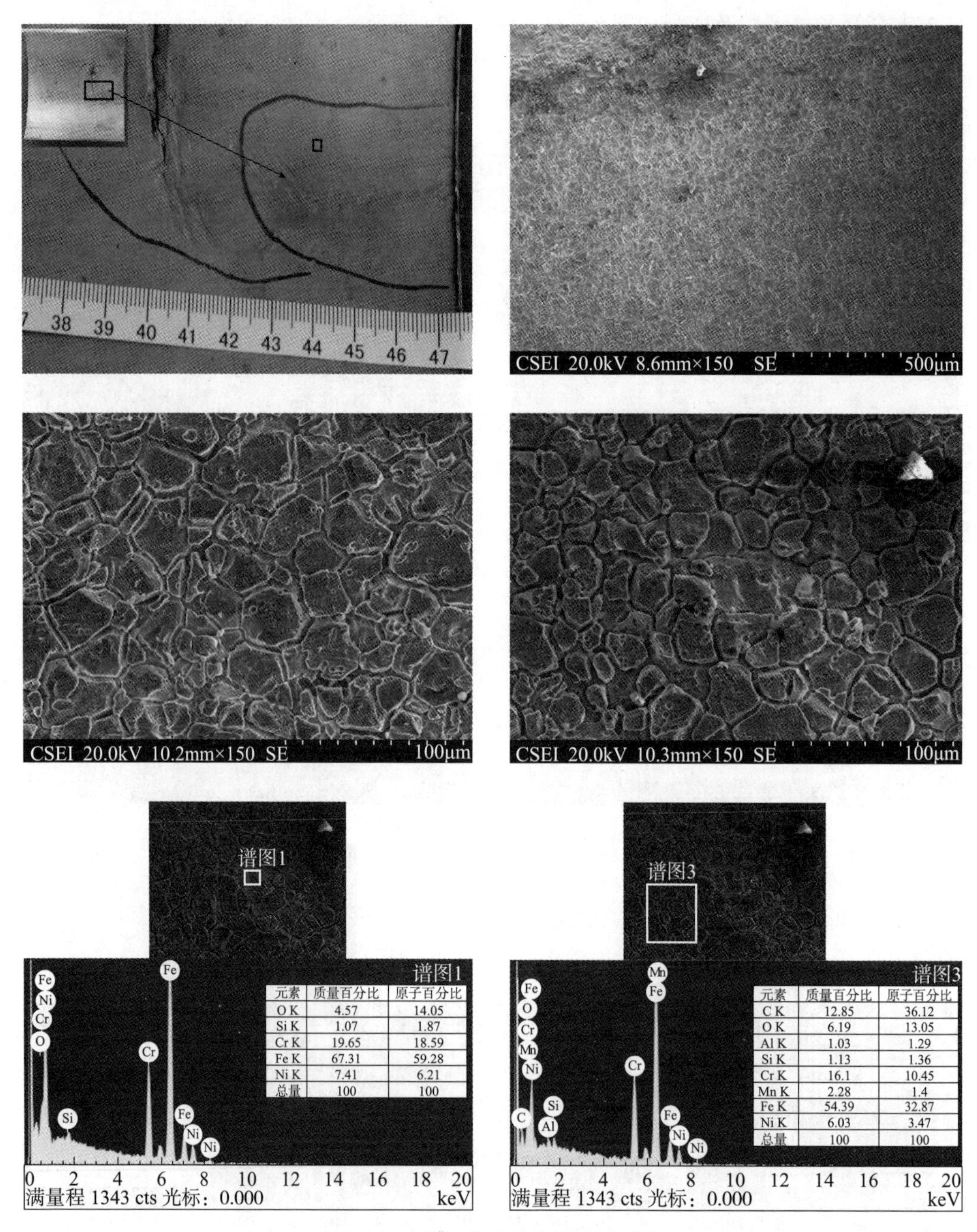

谱图1

元素	质量百分比	原子百分比
O K	4.57	14.05
Si K	1.07	1.87
Cr K	19.65	18.59
Fe K	67.31	59.28
Ni K	7.41	6.21
总量	100	100

谱图3

元素	质量百分比	原子百分比
C K	12.85	36.12
O K	6.19	13.05
Al K	1.03	1.29
Si K	1.13	1.36
Cr K	16.1	10.45
Mn K	2.28	1.4
Fe K	54.39	32.87
Ni K	6.03	3.47
总量	100	100

图 8－29　1#夹套管内壁形貌及成分

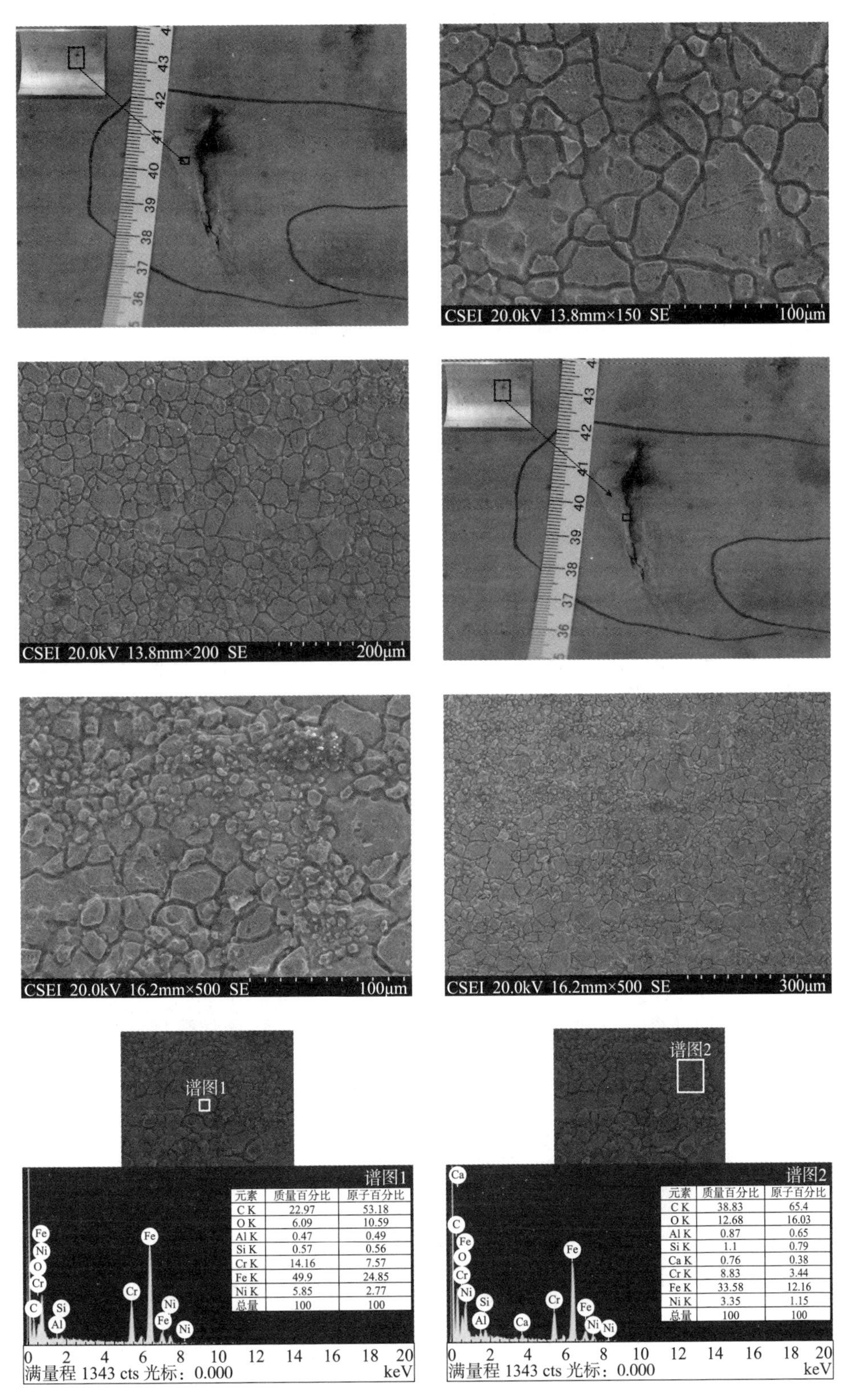

谱图1

元素	质量百分比	原子百分比
C K	22.97	53.18
O K	6.09	10.59
Al K	0.47	0.49
Si K	0.57	0.56
Cr K	14.16	7.57
Fe K	49.9	24.85
Ni K	5.85	2.77
总量	100	100

谱图2

元素	质量百分比	原子百分比
C K	38.83	65.4
O K	12.68	16.03
Al K	0.87	0.65
Si K	1.1	0.79
Ca K	0.76	0.38
Cr K	8.83	3.44
Fe K	33.58	12.16
Ni K	3.35	1.15
总量	100	100

图8－30　1#夹套管带裂纹凹坑处形貌及成分

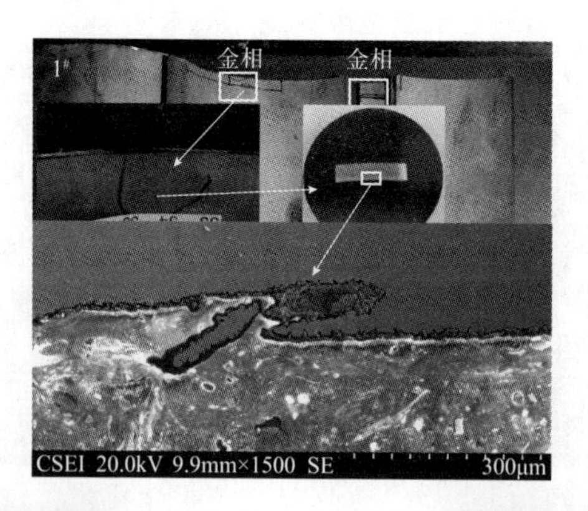

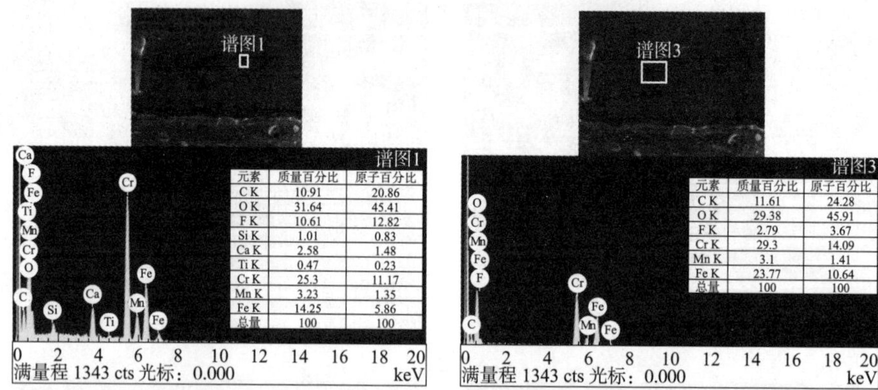

谱图1

元素	质量百分比	原子百分比
C K	10.91	20.86
O K	31.64	45.41
F K	10.61	12.82
Si K	1.01	0.83
Ca K	2.58	1.48
Ti K	0.47	0.23
Cr K	25.3	11.17
Mn K	3.23	1.35
Fe K	14.25	5.86
总量	100	100

谱图3

元素	质量百分比	原子百分比
C K	11.61	24.28
O K	29.38	45.91
F K	2.79	3.67
Cr K	29.3	14.09
Mn K	3.1	1.41
Fe K	23.77	10.64
总量	100	100

图 8-31　1#夹套管小裂纹处截面形貌及成分

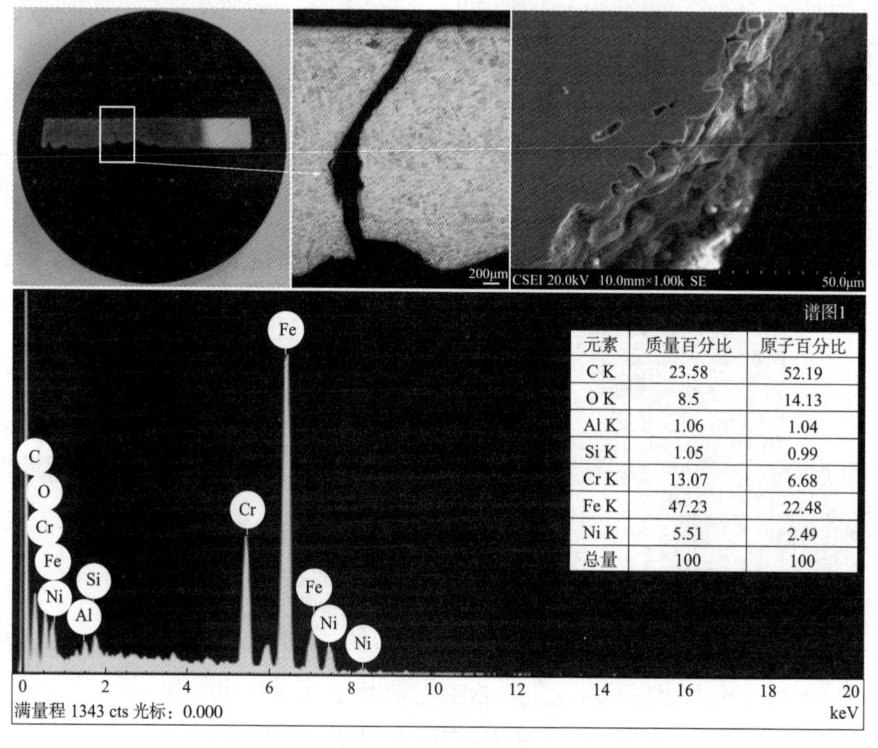

元素	质量百分比	原子百分比
C K	23.58	52.19
O K	8.5	14.13
Al K	1.06	1.04
Si K	1.05	0.99
Cr K	13.07	6.68
Fe K	47.23	22.48
Ni K	5.51	2.49
总量	100	100

图 8-32　1#夹套管裂纹处截面形貌及成分

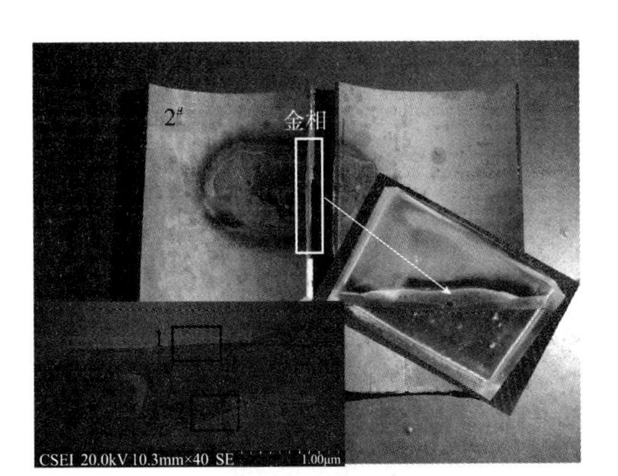

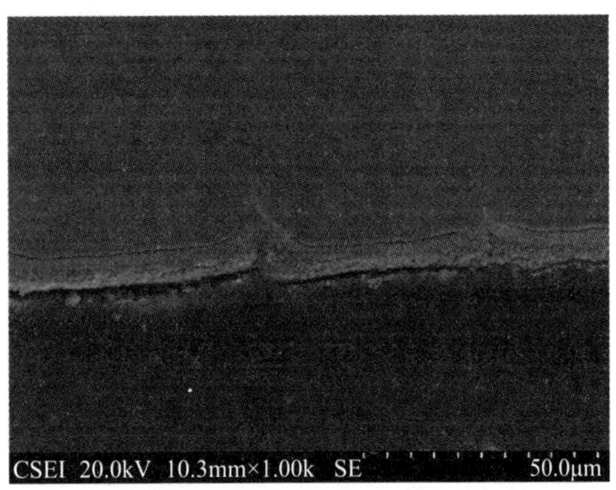

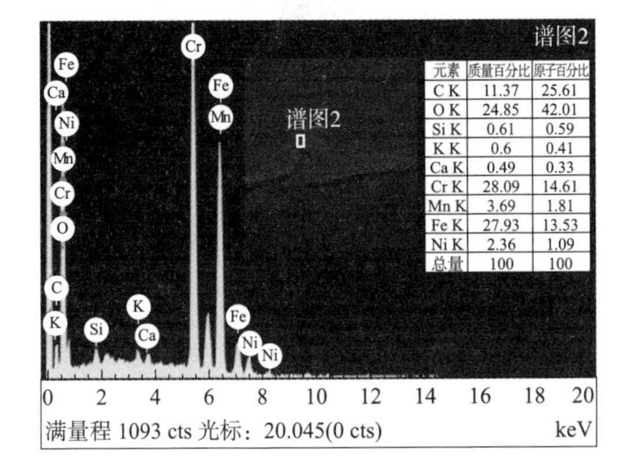

元素	质量百分比	原子百分比
C K	11.37	25.61
O K	24.85	42.01
Si K	0.61	0.59
K K	0.6	0.41
Ca K	0.49	0.33
Cr K	28.09	14.61
Mn K	3.69	1.81
Fe K	27.93	13.53
Ni K	2.36	1.09
总量	100	100

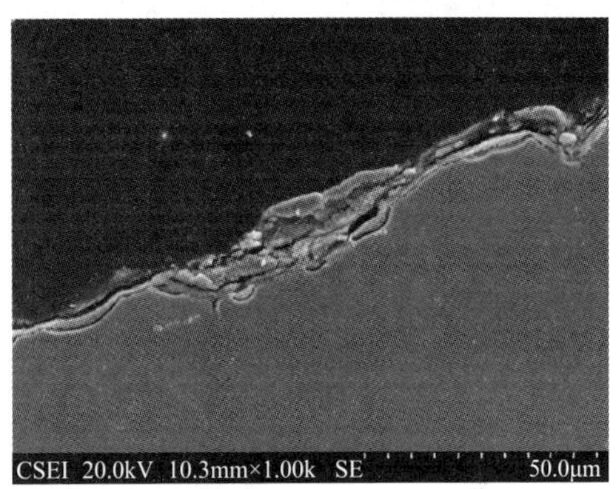

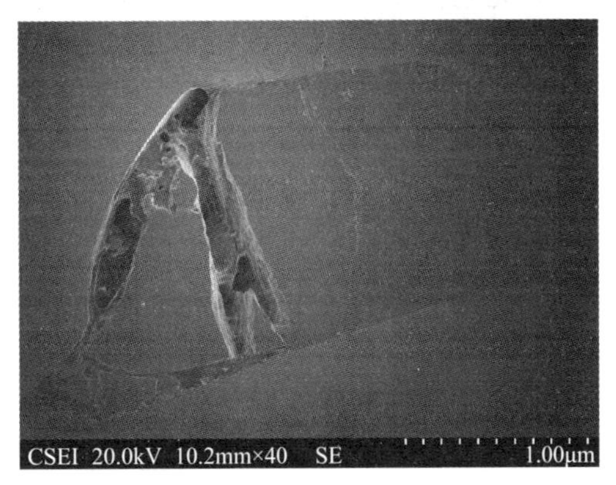

图8-33　2#夹套管补焊处截面形貌及成分

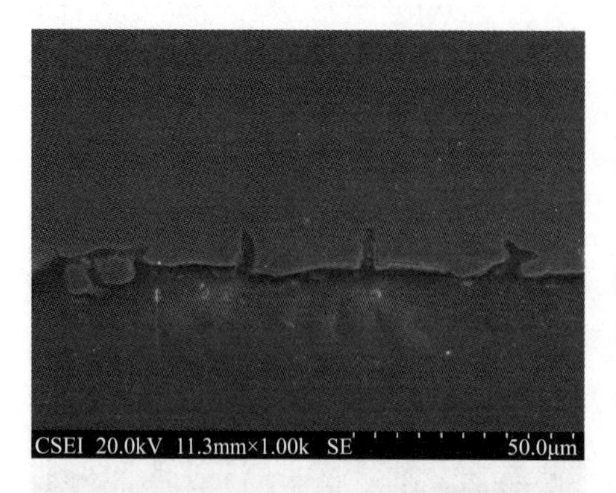

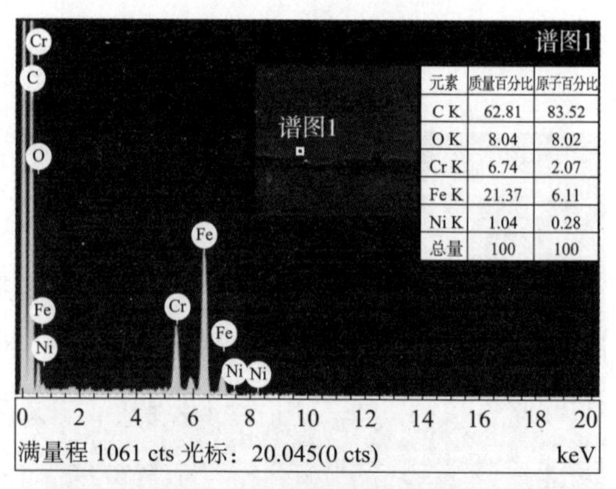

元素	质量百分比	原子百分比
C K	62.81	83.52
O K	8.04	8.02
Cr K	6.74	2.07
Fe K	21.37	6.11
Ni K	1.04	0.28
总量	100	100

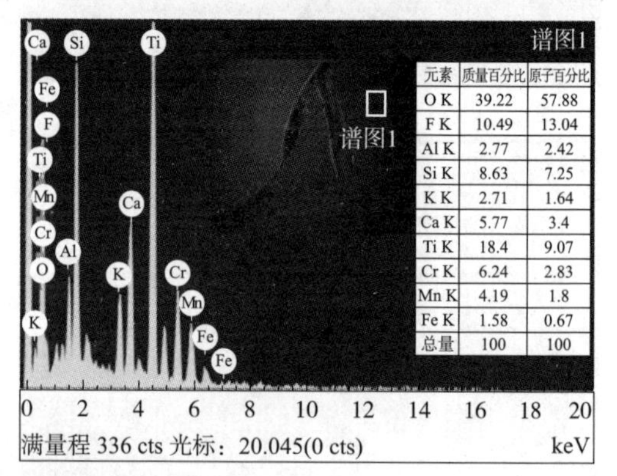

元素	质量百分比	原子百分比
O K	39.22	57.88
F K	10.49	13.04
Al K	2.77	2.42
Si K	8.63	7.25
K K	2.71	1.64
Ca K	5.77	3.4
Ti K	18.4	9.07
Cr K	6.24	2.83
Mn K	4.19	1.8
Fe K	1.58	0.67
总量	100	100

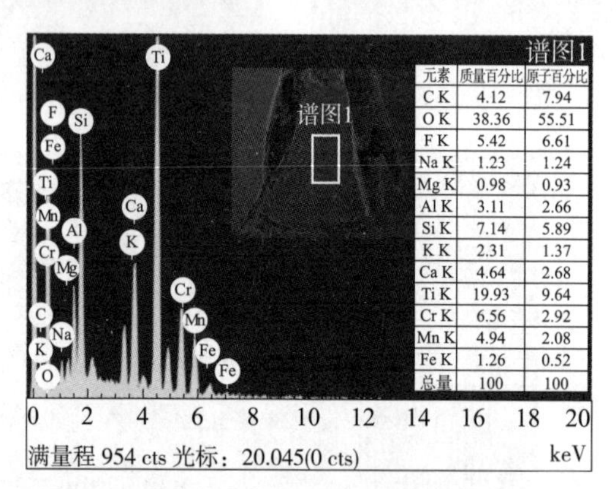

元素	质量百分比	原子百分比
C K	4.12	7.94
O K	38.36	55.51
F K	5.42	6.61
Na K	1.23	1.24
Mg K	0.98	0.93
Al K	3.11	2.66
Si K	7.14	5.89
K K	2.31	1.37
Ca K	4.64	2.68
Ti K	19.93	9.64
Cr K	6.56	2.92
Mn K	4.94	2.08
Fe K	1.26	0.52
总量	100	100

图 8－34　2#夹套管补焊处远离焊缝内壁截面形貌及成分

微观组织特征显示，送检管件内壁及凹坑内均为酸洗后形貌特征，在裂纹截面缝隙发现有 F 元素存在，补焊管件的裂纹及附近内壁有氧化层，远离焊缝的内壁上没有氧化层。由此可知，此裂纹在补焊前已经存在。

8.4.4　结论

综合以上分析，可以得出如下结论：

(1)送检夹套管材料牌号为 0Cr18Ni10Ti，化学成分满足标准要求；屈服强度低于标准要求；外观可见凹坑和裂纹。

(2)1#夹套管开裂处有明显凹坑，截面金相显示凹坑处组织有变形。2#夹套管补焊处有夹杂，开裂处组织有变形。

(3)送检管件内壁及凹坑内均为酸洗后形貌特征，在裂纹截面缝隙发现有F元素存在；补焊管件的裂纹及附近内壁有氧化层，远离焊缝的内壁上没有氧化层，裂纹在补焊前已经存在。

(4)夹套管内部凹坑及裂纹在酸洗之前已存在，为制管原始缺陷。

8.4.5 改进建议

(1)建议排查制管工艺及流程，确定缺陷发生的时间及原因。

(2)该批管道存在原始裂纹及力学性能不符合标准要求，建议扩检该批其他管道是否存在类似问题，以明确是否可以继续投用该批管道。

8.5 某石化公司低温省煤器失效分析

8.5.1 背景

某石化公司2#催化裂化装置低温省煤器于2014年11月初投用，其主要参数见表8-9。2014年12月2日下午5:30左右，二联合车间发现有水从余热锅炉尾部烟道漏出，并于晚上7:20左右停炉。12月3日将尾部烟道人孔打开，发现低温省煤器下部有两处存在泄漏痕迹(图8-35)，接着试压低温省煤器，发现北侧第11列、从上数第12根，直管段管子下部有一个泄漏孔；北侧第11列、从上数第13根，发现纵向有一道裂纹。为避免同样的问题再次发生，特别对低温省煤器(图8-36)进行失效分析。

表8-9 低温省煤器的主要参数

项目	管外	管内
设计压力/MPa	—	6.0
操作压力/MPa	—	5.6
设计温度/℃	—	194
烟气温度/℃	—	180~220
除氧水温度(出口)/℃	—	140
介质	烟气	除氧水
管子材质	09CrCuSb	
换热管规格(mm×mm)	$\Phi42\times4$	

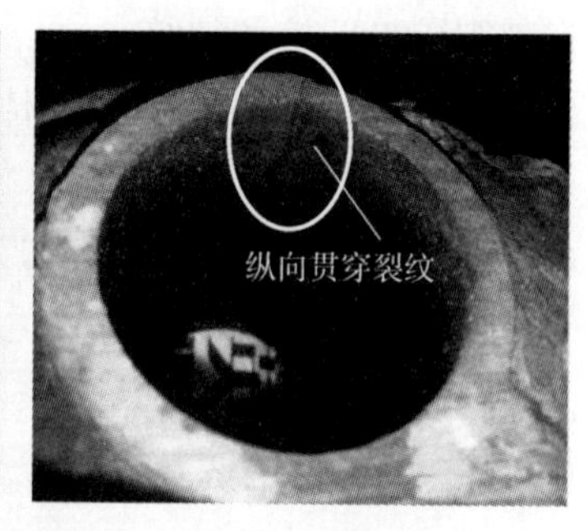

图 8－35　低温省煤器管子开裂情况

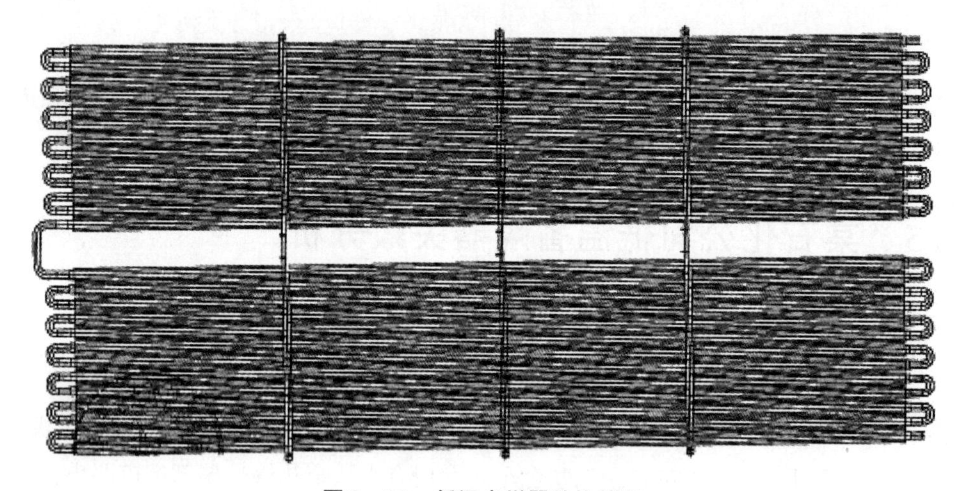

图 8－36　低温省煤器结构简图

8.5.2　实验方法

对泄漏部位进行宏观检查及材料成分分析，同时对材料进行机械性能分析，对裂纹尖端进行金相检验及扫描电镜分析，确认组织成分及表面形貌特征，对内部腐蚀产物进行能谱分析，由以上实验来分析失效原因。

8.5.3　实验结果

8.5.3.1　宏观检查

将低温省煤器管子翅片打磨掉，将其沿轴向剖开，管子内、外表面形貌如图 8－37 所示。由管子裂纹形貌可知，裂纹由管子内部起裂。管子的内外表面无尖锐的裂纹尖端，呈钝形。由图 8－38 和图 8－39 可见，在裂纹端部有明显的凹坑，由于材质本身耐蚀性较好，凹坑由于腐蚀产生的可能性不大，所以判断该裂纹可能是由于管子制造时产生。

(a) 管子内表面

(b) 管子外表面

图 8－37 管子内外表面的形貌

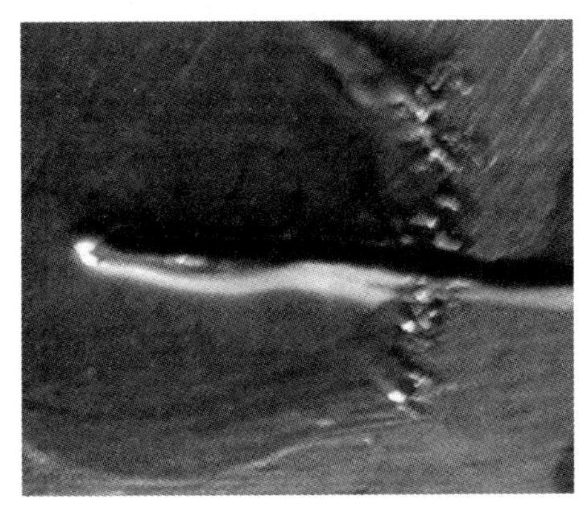

(a) 管子内表面

(b) 管子外表面

图 8－38 管子内、外表面裂纹尖端的形貌

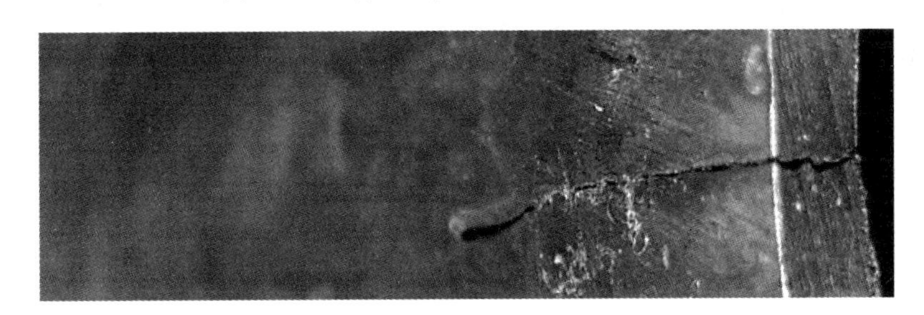

图 8－39 管子外表面裂纹端部的形貌

8.5.3.2 化学成分分析

管子的化学成分分析结果见表 8－10，管子材质符合 GB/T 150《压力容器》的要求。

表 8－10 管子材质化学成分分析结果 %

元素/(质量分数)	C	Si	Mn	P	S	Cr	Cu	Sb
GB/T 150	≤0.12	0.20～0.40	0.35～0.65	≤0.030	≤0.020	0.70～1.10	0.25～0.45	0.04～0.10
失效管子	0.077	0.27	0.46	0.0091	0.0015	0.94	0.34	0.064

8.5.3.3 金相分析

取管子内表面裂纹尖端进行金相分析，管子内表面裂纹尖端及其附近金相组织如图 8－40 所示。管子外表面裂纹尖端及其附近金相组织如图 8－41 所示。从图 8－40～图 8－43 可以看出，其金相组织主要为铁素体和珠光体，有珠光体球化现象；管子内表面裂纹附近有珠光体带状组织，带状组织与裂纹开裂方向平行；裂纹尖端未见微裂纹产生，且其尖端呈钝形，未见沿晶或穿晶裂纹；裂纹内存在大量夹杂物；裂纹由管子内表面起裂。

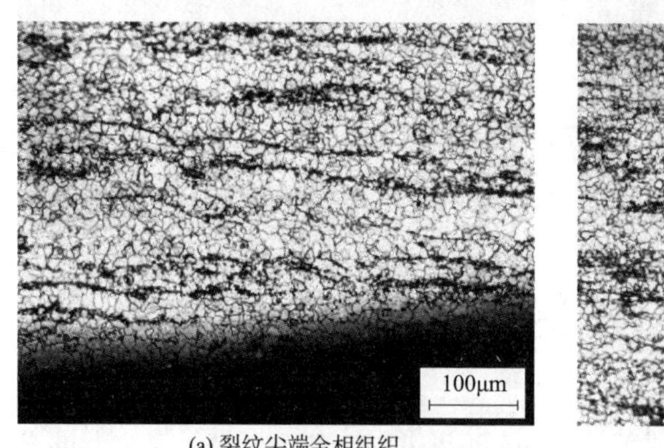

(a) 裂纹尖端金相组织

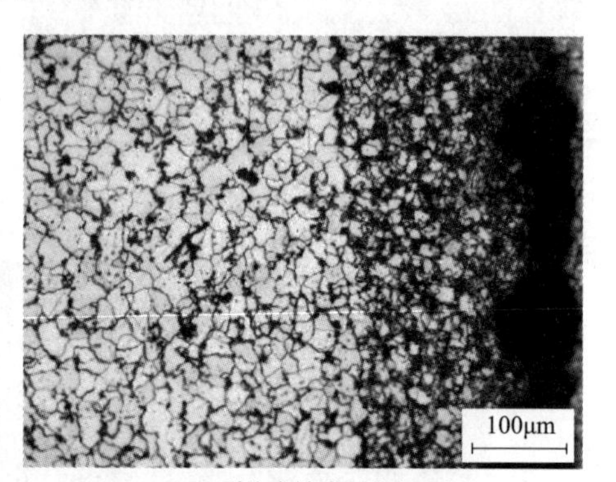

(b) 裂纹尖端附近金相组织

图 8－40　裂纹内表面金相组织

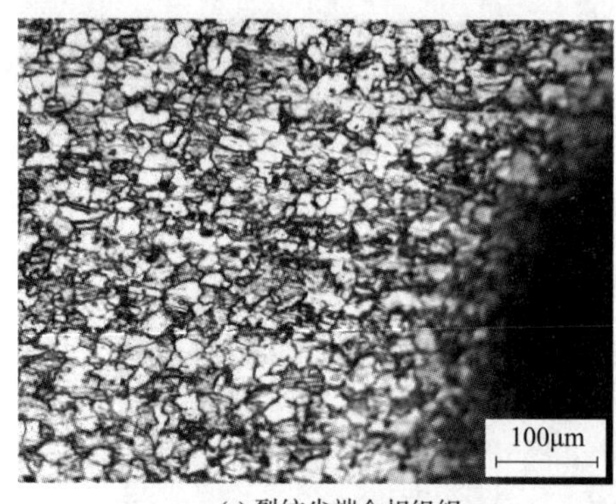

(a) 裂纹尖端金相组织

(b) 裂纹尖端附近金相组织

图 8－41　裂纹外表面金相组织

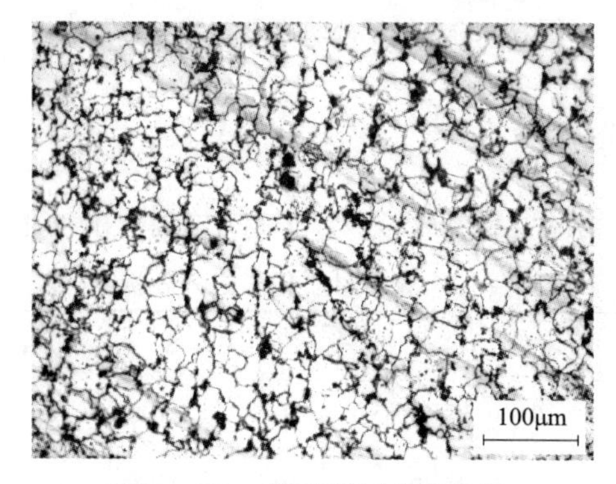

图 8－42　管子端面金相组织

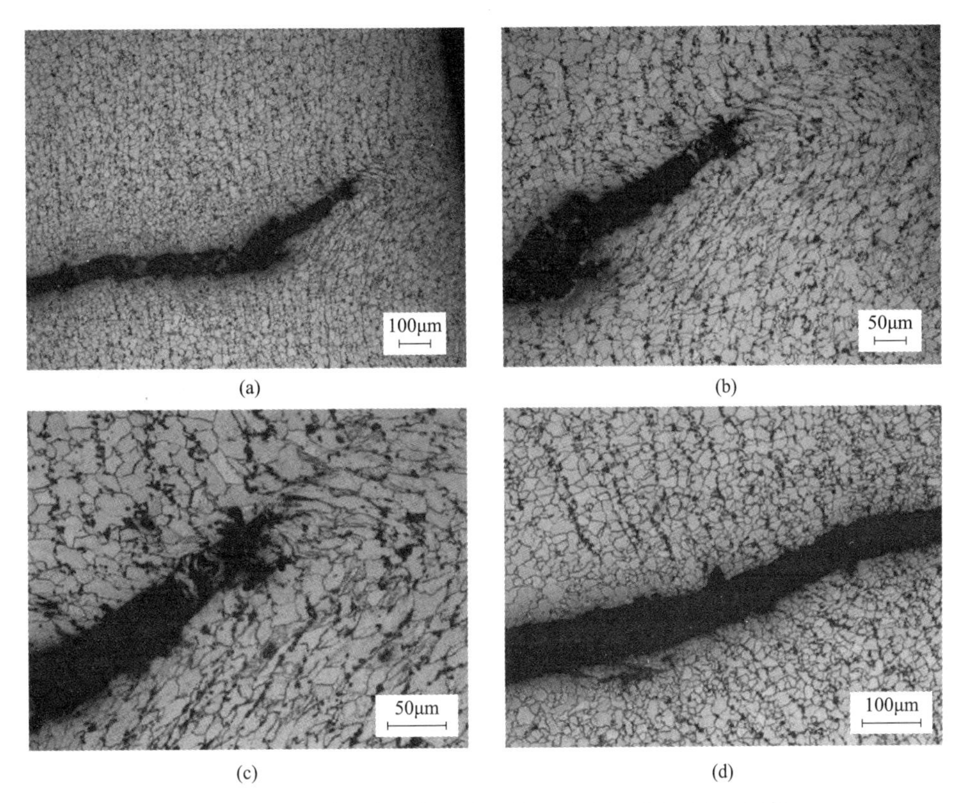

图 8－43　裂纹尖端金相组织(裂纹由管子内表面向外开裂)

由图 8－41(b)和图 8－43(a)可以观察到裂纹附近组织与其余位置组织存在异常，其晶粒较小。图 8－43(a)、(b)、(c)在裂纹尖端晶粒存在变形拉长现象。

8.5.3.4　能谱分析

为分析裂纹内的腐蚀产物，将裂纹打开，对裂纹表面沿厚度方向进行能谱分析，分析区域见图 8－44，试样清洗前和清洗后的能谱分析结果见表 8－11。由表可知：能谱分析未见除材质本身元素以外的其他元素，但是清洗前和清洗后的对比结果可知，裂纹表面有明显的氧化物生成。试样 A 区中 Cu 元素在清洗前含量明显偏高，材料本身可能存在微区内化学成分分布不均情况，这可能与图 8－41(b)中的金相组织异常存在一定的关系。

图 8－44　能谱分析位置及裂纹断面

表 8-11 试样能谱分析结果

试样	元素	清洗前		清洗后	
		质量分数/%	原子分数/%	质量分数/%	原子分数/%
试样 A 区	O K	4.34	13.75	1.64	5.49
	Si K	1.04	1.88	0.43	0.83
	Cr K	1.37	1.34	1.16	1.20
	Mn K	0.56	0.59	0.69	0.68
	Fe K	77.15	70.05	91.04	87.55
	Cu K	15.54	12.40	5.04	4.26
试样 B 区	O K	2.30	7.59	1.11	3.75
	Si K	0.62	1.16	0.50	0.96
	Cr K	1.34	1.36	1.17	1.22
	Mn K	0.79	0.76	0.73	0.72
	Fe K	89.58	84.66	93.65	90.92
	Cu K	5.38	4.47	2.85	2.43
试样 C 区	O K	2.30	7.59	1.05	3.56
	Si K	0.62	1.16	0.24	0.47
	Cr K	1.34	1.36	1.11	1.16
	Mn K	0.79	0.76	0.67	0.66
	Fe K	89.58	84.66	93.89	91.54
	Cu K	5.38	4.47	3.05	2.61

8.5.3.5 扫描电镜分析

打开的裂纹断面未经清洗，其表面形貌如图 8-44 所示。可以看出，从沿厚度方向(从图左侧至图右侧)分为三个明显不同的区域，A 区(图 8-45)靠近管子外表面区域，有大量的韧窝，管子在此区域为韧性断裂；B 区(图 8-46)为管子沿厚度的中间区域，呈解理断口，为脆性断裂，有大量的二次裂纹；C 区(图 8-47)为未清洗干净区域，表面附着大量的杂质。

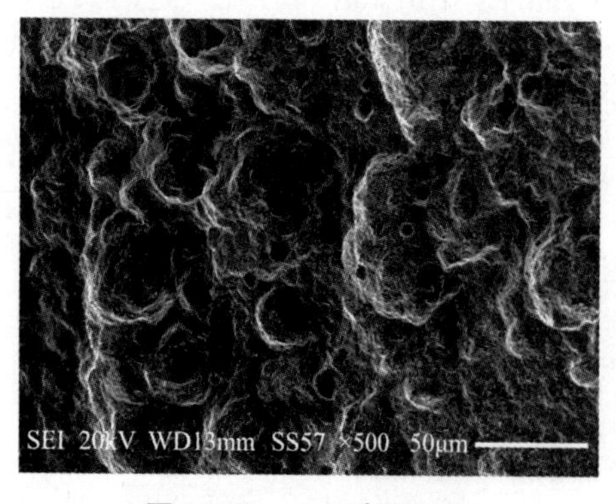

图 8-45 A 区表面形貌

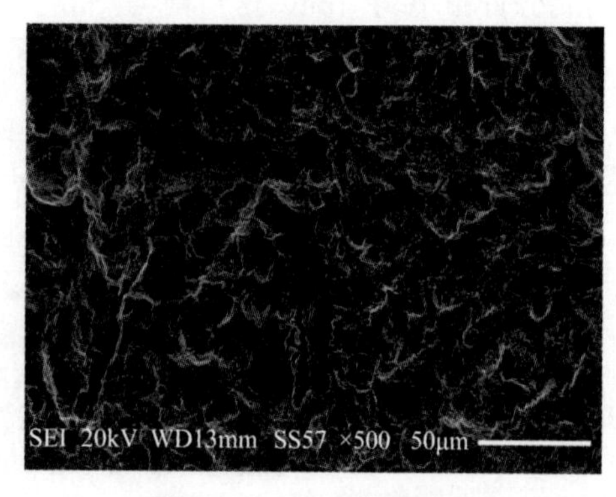

图 8-46 B 区表面形貌

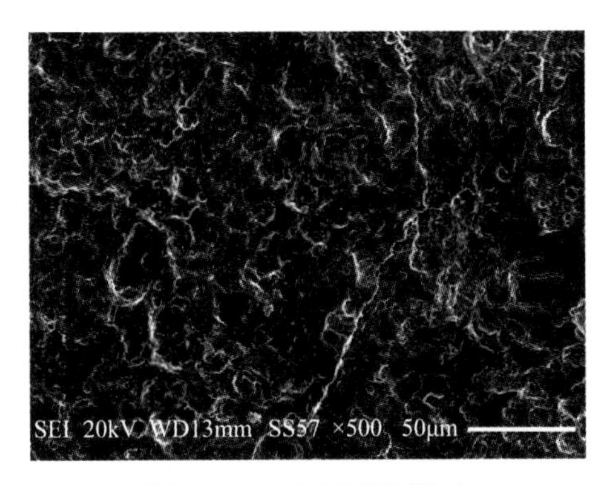

图 8 -47　C 区表面形貌

8.5.3.6　机械性能分析

为了测试管子的机械性能，特选取管子制作成 4 个试样，测试其常温下的机械性能指标，拉伸实验的结果如表 8 - 12 所示。GB 150—2011 对 09CrCuSb 的抗拉强度要求为常温下 390MPa，屈服强度为不小于 245MPa，伸长率大于 25%。由表 8 - 12 可知，材料在抗拉强度、屈服强度和伸长率方面满足 GB 150—2011 的要求。

表 8 -12　室温下拉伸实验结果

试样编号	抗拉强度/MPa	屈服强度/MPa	伸长率/%
1	464	354	31.0
2	465	346	31.0
3	468	355	31.5
4	470	372	31.5

8.5.4　分析讨论

(1)由宏观检查可以看出裂纹附近无明显的腐蚀减薄。裂纹由管内起裂，向管外扩展，裂纹端部组织异常，存在坑状形貌。

(2)由金相组织可以看出，材质有明显的珠光体球化现象；裂纹附近存在大量的珠光体带状组织，带状组织与裂纹方向平行；裂纹端部晶粒变形拉长；裂纹表面存在大量的杂质。

(3)由能谱分析可知，裂纹表面存在大量的氧化物，除材质本身的元素以外，未见其他元素；试样中可能存在区内的元素分布不均情况。

(4)材料的抗拉强度、屈服强度和伸长率符合 GB 150—2011 的要求。

(5)由扫描电镜可知，裂纹端面沿厚度方向存在明显不同的组织形貌，管子外部一侧存在大量韧窝，为韧性断裂；管子中部存在解理断裂形貌，存在大量二次裂纹，为脆性断裂；由于管子内部一侧存在大量的氧化物，未能明显观察到其组织形貌。

从力学性能结果来看，管子力学性能正常，可见开裂是由局部缺陷引起的。从裂纹尖端可以看出，有大量条带状组织。条带状组织主要在轧制过程中产生，条带状组织的存在会降低管子的强度，特别是在存在局部偏析，条带状组织中有其他杂质存在的情况下，会极大降低材料韧性，在局部形成微裂纹，微裂纹在使用过程中连接形成宏观裂纹，强度不足，导致最后韧性撕裂，该分析和材料实际断口形貌相符。还需要进一步试验验证条带状组织中是否有局部偏析或杂质的存在。

在本研究中，对于低温省煤器使用的环境来说，其操作温度不足200℃，且投用时间仅有1个月左右，操作温度较低，投用时间也较短，在这种条件下应该不会发生材质珠光体球化现象。考虑金相组织中存有大量的珠光体带状组织，而且与裂纹方向平行，与管子的轴向方向一致，这可能是由于制造过程中即产生了珠光体球化现象，在管子拉拔的过程中进而形成珠光体带状组织。

8.5.5 结论

综合以上分析结果，本次低温省煤器发生开裂，主要是由于管子本身存在凹坑、带状组织、珠光体球化、局部偏析等缺陷，这些缺陷在内压的作用下使局部强度不足，导致投用不久后即发生起裂。